21世纪高职高专规划教材

公共课系列

高等数学

（上册）

■ 主　审　纪谦茂

■ 主　编　孙建波　王建辉　范洪军

■ 副主编　雷　亮　丁志良　张　平　柳清兰
　　　　　　高兴花　王　辉　周庆祥

U0386130

中国人民大学出版社

·北京·

图书在版编目（CIP）数据

高等数学. 上册 / 孙建波，王建辉，范洪军主编
. -- 北京：中国人民大学出版社，2021.5
21 世纪高职高专规划教材. 公共课系列
ISBN 978-7-300-29370-7

Ⅰ.①高… Ⅱ.①孙… ②王… ③范… Ⅲ.①高等数
学－高等职业教育－教材 Ⅳ.①O13

中国版本图书馆 CIP 数据核字（2021）第 086433 号

21 世纪高职高专规划教材·公共课系列
高等数学（上册）
主　审　纪谦茂
主　编　孙建波　王建辉　范洪军
副主编　雷　亮　丁志良　张　平　柳清兰　高兴花　王　辉　周庆祥
Gaodeng Shuxue（Shangce）

出版发行	中国人民大学出版社		
社　　址	北京中关村大街 31 号	邮政编码	100080
电　　话	010－62511242（总编室）	010－62511770（质管部）	
	010－82501766（邮购部）	010－62514148（门市部）	
	010－62515195（发行公司）	010－62515275（盗版举报）	
网　　址	http://www.crup.com.cn		
经　　销	新华书店		
印　　刷	北京溢漾印刷有限公司		
开　　本	787 mm×1092 mm　1/16	版　　次	2021 年 5 月第 1 版
印　　张	15.5	印　　次	2024 年 8 月第 7 次印刷
字　　数	275 000	定　　价	49.00 元

版权所有　侵权必究　　印装差错　负责调换

　　高等数学是高等院校理工科专业必修的一门重要基础课程，对培养大学生的思维品质、创造能力、科学精神以及利用数学知识分析解决实际问题的能力，具有极其重要的作用。

　　党的二十大报告指出，"推进文化自信自强，铸就社会主义文化新辉煌"。本书有机融合了课程思政，充分体现大学数学的通识属性以及与其他学科的交叉性。本着简明基础、实用的原则，综合现阶段学生的学习特点及其他相关因素精心编写而成，适用于高等院校理工及经管类各专业的学生。在编写中力求做到以下几点。

　　1. 以"掌握概念、强化应用、培养技能"为重点，以应用为目的，以"必需、够用"为原则，以提高学生的综合能力为指导思想，以培养高素质的技能型人才为根本任务。

　　2. 适当选材，由浅入深，循序渐进。不过于追求数学体系的逻辑性及理论的完整性，突出基本概念和定理的几何背景和实际应用背景的介绍；强调对基本概念的理解，而不注重概念的抽象性；强调基本理论的实际应用，而不强调理论的证明技巧；强调基本计算方法的运用，而不追求运算的技巧。

　　3. 充分考虑高职高专学生的认知特点，在内容处理上兼顾对学生抽象概括能力、逻辑推理能力、自学能力，以及较熟练的运算能力和综合运用所学知识分析问题、解决问题的能力培养。对课程的每一主题都尽量从几何、数值、解析、文字四个方面加以体现，避免只注重解析推导。

4. 注意有关概念及结果的实际情况解释，力求表述确切、思路清晰、通俗易懂，并注重数学思想与方法的阐述，注意培养学生综合素质，体现数学课程改革的新思路。数学教学不仅要具备工具功能，还要具备思维训练和文化素质教育的功能，也就是要立足于综合素质教育，重视培养学生的科学精神、创新意识和综合运用数学解决实际问题的能力。

5. 在每章或每节开始，都用了尽可能短的语言点题，以使读者了解本章或本节所研究的问题的来龙去脉，起到承上启下的作用，增加了可读性。

6. 注重贯彻循序渐进的教学原则，精心设置了教学内容，配置了每节的例题、习题和每章的复习题，特别注意知识点、例题、习题之间的相互呼应，便于学生对有关知识点的消化吸收。

本书配有"微课"，选取与高职高专专业相结合的、在数学领域做出贡献的名人事迹进行介绍，激发学生民族自豪感。

本书为学生学习后继课程和解决实际问题提供必不可少的数学基础知识及常用数学方法，培养运用所学知识分析解决问题的能力及创新意识和自学能力，进而实现发展学生智力、提升就业能力等高等教育培养目标。本书适合作为高职高专、本科院校及成人高校等各类院校教学用书。

本书由山东信息职业技术学院孙建波老师牵头联合山东电力高等专科学校、青岛远洋船员职业学院老师共同讨论编写，其中山东信息职业技术学院孙建波老师、王建辉老师，青岛远洋船员职业学院范洪军老师担任主编，山东电力高等专科学校雷亮老师，山东信息职业技术学院张平、柳清兰、高兴花、王辉、周庆祥，怀化师范高等专科学校丁志良担任副主编，最后由山东信息职业技术学院纪谦茂教授对书稿进行了审订。

由于编者水平所限，时间比较仓促，本书如有不足之处，敬请读者斧正。

编　者

目 录

01 第1章 函数 极限与连续

　　函数是描述事物变化过程中变量相依关系的数学模型，是数学的基本概念之一．极限是高等数学中研究函数的一个重要工具，连续则是函数的一个重要性质，连续函数是高等数学研究的主要对象．

　　本章在复习中学已有函数知识的基础上，进一步阐述初等函数的概念，介绍高等数学最基本的工具——极限的概念，进而研究极限的性质、极限的运算法则以及有关函数连续性的基本知识，为后续知识的学习奠定必要的基础．

1.1　函数

1.1.1　函数的概念

1. 区间与邻域

　　区间是高等数学中常用的实数集．

　　设 a，$b \in \mathbf{R}$，且 $a < b$，我们称数集 $\{x \mid a < x < b\}$ 为开区间，记作 (a, b)；数集 $\{x \mid a \leqslant x \leqslant b\}$ 为闭区间，记作 $[a, b]$；数集 $\{x \mid a \leqslant x < b\}$ 和 $\{x \mid a < x \leqslant b\}$ 都称为半开半闭区间，分别记作 $[a, b)$ 和 $(a, b]$．

　　以上这几类区间统称为有限区间．

　　区间在数轴上表示如图 1-1 所示．

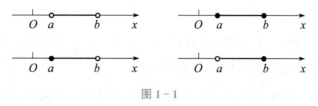

图 1-1

　　满足关系式 $x \geqslant a$ 的全体实数 x 的集合记作 $[a, +\infty)$，这里符号"∞"读作无

穷大，"$+\infty$"读作正无穷大，类似地，我们记

$$(-\infty,a]=\{x|x\leqslant a\},(a,+\infty)=\{x|x>a\},(-\infty,a)=\{x|x<a\},$$
$$(-\infty,+\infty)=\{x|-\infty<x<+\infty\}=\boldsymbol{R},$$

其中，"$-\infty$"读作负无穷大.

以上这几类数集都称为无限区间.

有限区间和无限区间统称为区间.

设 $a\in\boldsymbol{R}$，$\delta>0$，满足绝对值不等式 $|x-a|<\delta$ 的全体实数 x 的集合称为点 a 的 δ 邻域，记作 $U(a,\delta)$，即

$$U(a,\delta)=\{x\||x-a|<\delta\}=(a-\delta,a+\delta)$$

$U(a,\delta)$ 表示分别以 $a-\delta$，$a+\delta$ 为左右端点的开区间，区间长度为 2δ，a 称为邻域的中心，δ 称为邻域的半径.

在 $U(a,\delta)$ 中，去掉中心点 a 得到的实数集 $\{x|0<|x-a|<\delta\}$ 称为点 a 的去心（或空心）δ 邻域，记作 $\mathring{U}(a,\delta)$.

注意 $\mathring{U}(a,\delta)$ 与 $U(a,\delta)$ 的差别在于：$\mathring{U}(a,\delta)$ 不包含点 a（见图 1-2）.

图 1-2

2. 函数的概念

在同一个过程中往往有几个变量同时存在，变量与变量之间的依赖关系正是高等数学研究的主要问题，本章只讨论两个变量的情况，请看下面的例子.

例 1 自由落体运动. 设物体下落的时间为 t，下落的距离为 S. 假定开始下落的时刻为 $t=0$，那么 S 与 t 之间的依赖关系由下式给定

$$S=\frac{1}{2}gt^2$$

式中，g 是重力加速度。假定物体着地时刻为 $t=T$，那么当时间 t 在闭区间 $[0,T]$ 上任取一值时，由上式就可以确定相应的 S 值.

例 2 普通快件收费以"首重＋续重"的方式计算，不超过 1 公斤按 1 公斤计算，超过 1 公斤不超过 2 公斤按 2 公斤计算，超过 2 公斤不超过 3 公斤按 3 公斤计算，以此类推. 某快递官网收费为首重 1 公斤 10 元，续重每公斤 5 元，建立快件重

量 x 与快递费 y 的函数关系.

解 当 $0<x\leqslant1$ 时，运费 $y=10$；

当 $1<x\leqslant2$ 时，运费 $y=10+5=15$；

当 $2<x\leqslant3$ 时，运费 $y=10+5\times2=20$；

$\vdots$

于是函数 y 可以写成

$$y=\begin{cases}10 & 0<x\leqslant1\\15 & 1<x\leqslant2\\20 & 2<x\leqslant3\\\cdots & \cdots\end{cases}$$

这样便建立了快件重量 x 与快递费 y 的函数关系.

以上两个例子均表达了两个变量之间的依赖关系，每个依赖关系对应一个法则，根据各自的法则，当其中一个变量在某一数集内任取一值时，另一变量就有确定值与之对应，两个变量之间的这种依赖关系称为函数关系.

定义 1 设 x 与 y 是同一变化过程中的两个变量，D 和 M 是两个实数集. 如果对于任意的一个 $x\in D$，按照对应法则 f，都有唯一确定的一个 $y\in M$ 与之对应，那么称 y 是 x 的函数，记作

$$y=f(x)$$

称 D 为该函数的定义域，称 x 为自变量，称 y 为因变量(或函数).

当自变量 x 取数值 $x_0\in D$ 时，与 x_0 对应的因变量 y 的值称为函数 $y=f(x)$ 在点 x_0 处的函数值，记作 $f(x_0)$ 或 $y|_{x=x_0}$. 当自变量 x 取遍 D 内所有数值时，对应的因变量 y 的全体组成的数集称为这个函数的值域.

在函数 $y=f(x)$ 中，f 表示自变量与因变量 y 的对应法则，也可用 F，G，f_1，f_2 等表示. 如果两个函数的定义域相同，并且对应法则也相同，那么它们就应该用同一个记号来表示.

确定函数定义域主要有两种情况：在研究由公式表达的函数时，函数的定义域是使函数表达式有意义的自变量的一切实数值所组成的数集，也可用区间表示. 而在实际问题中，函数的定义域是由实际意义确定的，如例1中的定义域为 $[0,T]$.

例 3 求下列函数的定义域：

(1) $y=\dfrac{1}{\sqrt{1-x^2}}$；   (2) $y=\sqrt{16-x^2}+\lg(x-2)$.

解 (1) 要使函数 $y=\dfrac{1}{\sqrt{1-x^2}}$ 有定义，须 $1-x^2>0$ 即 $-1<x<1$，所以 $y=$

$\dfrac{1}{\sqrt{1-x^2}}$ 的定义域是 $\boldsymbol{D}=(-1,1)$.

(2) 要使函数 $y=\sqrt{16-x^2}+\lg(x-2)$ 有定义，须 $\begin{cases}16-x^2\geqslant 0 \\ x-2>0\end{cases}$ 成立，即

$\begin{cases}-4\leqslant x\leqslant 4 \\ x>2\end{cases}$，所以函数定义域为 $(2,4]$.

例 4 设 $f(x)=\sqrt{4+x^2}$，求 $f(-1)$，$f(-a)$.

解 $f(-1)=\sqrt{4+(-1)^2}=\sqrt{5}$， $f(-a)=\sqrt{4+(-a)^2}=\sqrt{4+a^2}$.

例 5 设函数 $f(x)=x-1$，$g(x)=\dfrac{x^2-1}{x+1}$，问它们是否为同一个函数？

解 $f(x)$ 的定义域为 $(-\infty,+\infty)$，$g(x)$ 在 $x=-1$ 点无定义，其定义域为 $(-\infty,-1)\bigcup(-1,-\infty)$. 由于 $f(x)$ 与 $g(x)$ 的定义域不同，所以它们不是同一个函数.

3. 函数的表示法

解析法 用解析表达式表示一个函数的方法称为函数的解析法. 高等数学中讨论的函数，大多由解析法表示. 用解析法表示函数，不一定总是用一个式子表示，也可以分段用几个式子来表示一个函数. 例如 $y=f(x)=\begin{cases}x^2, & x\leqslant 0 \\ x+1, & x>0\end{cases}$，这是用两个解析式子给定的一个函数，其定义域是 $(-\infty,+\infty)$，当自变量在区间 $(-\infty,0]$ 内取值时，对应的函数值按 $y=x^2$ 计算[例如 $f(-3)=(-3)^2=9$]，当 x 在区间 $(0,+\infty)$ 内取值时，函数值按 $y=x+1$ 计算[例如 $f(4)=4+1=5$]，这种在自变量的不同变化范围中，对应法则用不同式子来表示的函数称为分段函数.

例 6 设 $f(x)=\begin{cases}1, & x>0 \\ 0, & x=0 \\ -1, & x<0\end{cases}$，求 $f(2)$，$f(0)$，$f(-2)$.

解 因为 $2\in(0,+\infty)$，$0\in\{0\}$，$-2\in(-\infty,0)$，所以 $f(2)=1$，$f(0)=0$，

$f(-2)=-1$.

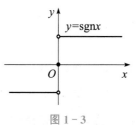

图 1-3

例 6 给出的函数称为符号函数，记为 $\mathrm{sgn}x$. 其定义域为 $(-\infty, +\infty)$，值域为 $\{-1, 0, 1\}$，它的图形如图 1-3 所示.

我们有时可以运用它将某些分段函数写得简单一些.

例如，函数 $f(x)=\begin{cases} -x\sqrt{1+x^2}, & x\leqslant 0 \\ x\sqrt{1+x^2}, & x>0 \end{cases}$，可以记为 $f(x)=x\sqrt{1+x^2}\cdot\mathrm{sgn}x$.

例 7　语句"变量 y 是不超过 x 的最大整数部分"表示了一个分段函数，常称为取整函数，记为 $y=[x]$. 即若 $n\leqslant x<n+1$，则 $[x]=n$，其中 n 为正整数. 其数学表达式为

$$[x]=\begin{cases} \cdots, & \cdots \\ -2, & -2\leqslant x<-1 \\ -1, & -1\leqslant x<0 \\ 0, & 0\leqslant x<1 \\ 1, & 1\leqslant x<2 \\ 2, & 2\leqslant x<3 \\ \cdots, & \cdots \end{cases}$$

它的定义域为 $(-\infty, +\infty)$，值域为一切整数，它的图形如图 1-4 所示.

表格法：把自变量所取的值和对应的函数值列成表，用以表示函数关系，称为函数的表格法，如对数表、三角函数表、立方表等.

图示法：用坐标系下的一条或多条曲线表示函数，称为函数的图示法.

例如，函数 $y=\begin{cases} x^2, & x\leqslant 0 \\ x+1, & x>0 \end{cases}$，可用图 1-5 表示.

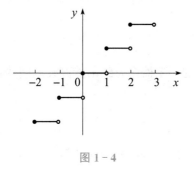

图 1-4

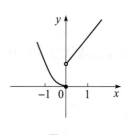

图 1-5

1.1.2　函数的几种特性

1. 函数的有界性

设函数 $y=f(x)$ 在区间 D 上有定义，如果存在正数 M，使得对任一 $x\in D$，不等式 $|f(x)|\leqslant M$ 恒成立，那么称函数 $f(x)$ 在区间 D 内有界. 若这样的 M 不存在，就称函数 $f(x)$ 在区间 D 内无界. 如果函数 $f(x)$ 在区间 D 内有界，那么称 $f(x)$ 在区间 D 内为有界函数. 如 $y=\sin x$ 在 $(-\infty,+\infty)$ 上有界，因为 $|\sin x|\leqslant 1$ 对任何 $x\in(-\infty,+\infty)$ 都成立.

注意：函数有界性不仅与函数有关，还与自变量 x 的变化范围有关. 例如，函数 $f(x)=\dfrac{1}{x}$ 在区间 $(1,2)$ 内是有界的. 事实上，若取 $M=1$，则对于任何 $x\in(1,2)$ 都有 $|f(x)|=\left|\dfrac{1}{x}\right|\leqslant 1$ 成立，而 $f(x)=\dfrac{1}{x}$ 在区间 $(0,1)$ 内是无界的.

2. 函数的单调性

设函数在区间 D 上有定义，如果对于区间 D 上任意两点 x_1，x_2，当 $x_1<x_2$ 时，有

$$f(x_1)<f(x_2)\big[\text{或 } f(x_1)>f(x_2)\big]$$

则称函数 $y=f(x)$ 在区间 D 上单调增加（或单调减少）.

单调增加函数的图形是沿 x 轴正向上升的（见图 1-6），单调减少函数的图形是沿 x 轴正向下降的（见图 1-7）.

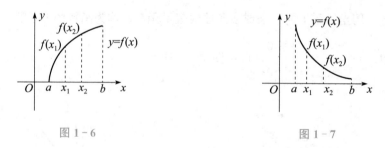

图 1-6　　　　　　　　　　　　图 1-7

注意：单调性是关于函数在所讨论区间上的一个概念，绝不能离开区间谈函数的单调性.

3. 函数的奇偶性

设函数 $y=f(x)$ 的定义域 D 是关于原点对称的，即当 $x\in D$ 时，有 $-x\in D$. 如

果对于任意的 $x \in \mathbf{D}$，均有

$$f(-x) = f(x)$$

那么称 $f(x)$ 为偶函数.

如果对任意的 $x \in \mathbf{D}$，均有

$$f(-x) = -f(x)$$

那么称 $f(x)$ 为奇函数.

既不是奇函数也不是偶函数的函数称为非奇非偶函数.

偶函数的图形是关于 y 轴对称的，奇函数的图形是关于坐标原点对称的（见图 1-8、图 1-9）.

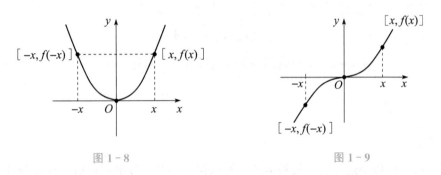

图 1-8　　　　　　　　　　　　　图 1-9

例如，$y = x^2$ 与 $y = \cos x$ 在 $(-\infty, +\infty)$ 内是偶函数，$y = x^3$ 与 $y = \sin x$ 在 $(-\infty, +\infty)$ 内是奇函数. 而 $y = x + 1 + \cos x$ 则是非奇非偶函数.

4. 函数的周期性

设函数 $y = f(x)$ 的定义域为 $\mathbf{D}$，如果存在非零常数 T，使得对于定义域内的任何 x，$x + T$ 也在定义域内，且 $f(x + T) = f(x)$ 恒成立，那么函数 $y = f(x)$ 称为周期函数，称 T 为 $f(x)$ 的周期. 周期函数的周期通常是指它的最小正周期.

例如，函数 $y = \sin x$ 及 $y = \cos x$ 都是以 2π 为周期的周期函数；$y = \tan x$ 及 $y = \cot x$ 都是以 π 为周期的周期函数.

周期函数的图形呈周期状，即在其定义域内长度为 T 的区间上，函数图形具有相同的形状.

1.1.3　反函数

函数 $y = f(x)$ 的自变量 x 与因变量 y 的关系是相对的. 有时，我们不仅要研究

y 随 x 而变化的情况，也要研究 x 随 y 而变化的状况．对此，我们引入反函数概念．

定义 2 设函数 $y=f(x)$ 的定义域为 $\boldsymbol{D}$，值域为 $\boldsymbol{M}$．如果对于任意一个 $y\in\boldsymbol{M}$，通过关系式 $y=f(x)$ 可唯一确定一个 $x\in\boldsymbol{D}$，那么 x 就是 y 的一个函数，记作

$$x=\varphi(y) \text{ 或 } x=f^{-1}(y) \tag{1-1}$$

这时，y 是自变量，x 是因变量．定义域为 $\boldsymbol{M}$，值域为 $\boldsymbol{D}$．函数 $x=\varphi(y)$ 称为函数 $y=f(x)$ 的反函数．习惯上，我们总是把自变量记作 x，因变量记作 y，所以常把式 $(1-1)$ 中 x，y 对调．这样 $y=f(x)$ 的反函数 $(1-1)$ 就可以改写为

$$y=\varphi(x) \text{ 或 } y=f^{-1}(x) \quad (x\in\boldsymbol{M})$$

反函数有以下几个性质：

(1) 函数 $y=f(x)$ 与其反函数 $y=f^{-1}(x)$ 互为反函数．

(2) $y=f(x)$ 与 $y=f^{-1}(x)$ 的定义域与值域对调．

(3) $y=f(x)$ 与 $y=f^{-1}(x)$ 的图像关于直线 $y=x$ 对称．

1.1.4 初等函数

1. 基本初等函数

基本初等函数是最常见、最基本的一类函数．基本初等函数包括：常量函数、幂函数、指数函数、对数函数、三角函数和反三角函数．下面给出这些函数的简单性质．

(1) 常量函数 $y=C$（C 为常数）.

常量函数的定义域为 $(-\infty, +\infty)$，这是最简单的一类函数，无论 x 取何值，y 都取值常数 C.

(2) 幂函数 $y=x^{\alpha}$（α 是常数）.

幂函数的定义域随 α 的不同而不同．但无论 α 取何值，它在 $(0, +\infty)$ 内都有定义，而且图形都经过 $(1, 1)$ 点．

当 α 为正整数时，x^{α} 的定义域为 $(-\infty, +\infty)$，且 α 为偶（奇）数时，x^{α} 为偶（奇）函数．

当 α 为负整数时，x^{α} 的定义域为 $(-\infty, 0)\bigcup(0, +\infty)$.

(3) 指数函数 $y=a^{x}$（$a>0$，$a\neq1$，a 是常数）.

指数函数的定义域为 $(-\infty, +\infty)$，值域为 $(0, +\infty)$．当 $a>1$ 时，它单调增

加；当 $0<a<1$ 时，它单调减少. 函数的图形都经过 $(0，1)$ 点.

(4) 对数函数 $y=\log_a x(a>0，a\neq 1，a$ 是常数).

对数函数 $\log_a x$ 是指数函数的反函数，它的定义域为 $(0，+\infty)$，值域为 $(-\infty，+\infty)$. 当 $a>1$ 时，它单调增加；当 $0<a<1$ 时，它单调减少. 函数的图形都经过 $(1，0)$ 点.

在高等数学中，常用到以 e 为底的指数函数 e^x 和以 e 为底的对数函数 $\log_e x$（记作 $\ln x$）. $\ln x$ 称为自然对数. 这里 $e=2.718\ 281\ 8\cdots$，是一个无理数.

(5) 三角函数.

常用的三角函数有：正弦函数 $y=\sin x$；余弦函数 $y=\cos x$；正切函数 $y=\tan x$；余切函数 $y=\cot x$.

正弦函数和余弦函数的定义域都是 $(-\infty，+\infty)$，值域都是 $[-1，1]$，它们都是以 2π 为周期的周期函数，都是有界函数. 正弦函数是奇函数，余弦函数是偶函数.

正切函数 $y=\tan x$ 的定义域为除去 $x=n\pi+\dfrac{\pi}{2}(n=0，\pm 1，\pm 2，\cdots)$ 以外的全体实数，余切函数 $y=\cot x$ 的定义域为除去 $x=n\pi(n=0，\pm 1，\pm 2，\cdots)$ 以外的全体实数，它们都是以 π 为周期的周期函数，都是奇函数，并且在其定义域内都是无界函数.

三角函数还包括正割函数 $y=\sec x$，余割函数 $y=\csc x$，其中 $\sec x=\dfrac{1}{\cos x}$，$\csc x=\dfrac{1}{\sin x}$. 它们都是以 2π 为周期的周期函数，并且在开区间 $\left(0，\dfrac{\pi}{2}\right)$ 内都是无界函数.

(6) 反三角函数.

反三角函数是三角函数的反函数.

反正弦函数 $y=\arcsin x$，定义域为 $[-1，1]$，值域为 $\left[-\dfrac{\pi}{2}，\dfrac{\pi}{2}\right]$，它是奇函数，在定义域 $[-1，1]$ 上单调增加.

反余弦函数 $y=\arccos x$，定义域为 $[-1，1]$，值域为 $[0，\pi]$，它是非奇非偶函数，在定义域 $[-1，1]$ 上单调减少.

反正切函数 $y=\arctan x$，定义域为 $(-\infty，+\infty)$，值域为 $\left(-\dfrac{\pi}{2}，\dfrac{\pi}{2}\right)$，它是奇函数，在定义域 $(-\infty，+\infty)$ 内单调增加.

　　反余切函数 $y = \text{arccot}\,x$，定义域为 $(-\infty, +\infty)$，值域为 $(0, \pi)$，它是非奇非偶函数，在定义域 $(-\infty, +\infty)$ 内单调减少.

　　基本初等函数的图形如图 1-10 所示。

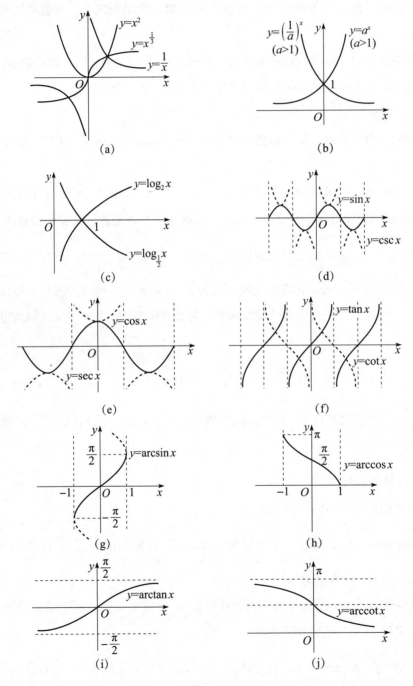

图 1-10

2. 复合函数

先看一个例子. 由物理学知，物体的动能 E 是速度 v 的函数，即

$$E = \frac{1}{2}mv^2$$

式中，m 是物体的质量. 如果考虑物体上抛运动，把一个质量为 m 的物体以初速度 v_0 垂直向上抛出，由于地球引力的作用，它就不断减速，这时，$v = v_0 - gt$，于是物体的动能 E 通过速度成为时间的函数，即

$$E = \frac{1}{2}mv^2 = \frac{1}{2}m(v_0 - gt)^2$$

$E = \frac{1}{2}m(v_0 - gt)^2$ 可以看成由 $E = \frac{1}{2}mv^2$ 和 $v = v_0 - gt$ "复合"而成的复合函数. 下面给出复合函数的定义：

定义 3　设有两个函数 $y = f(u)$ 及 $u = \varphi(x)$，如果对于 x 所对应的 u 值，函数 $y = f(u)$ 有定义，则 y 通过 u 的联系也是 x 的函数，那么称这个函数是由 $y = f(u)$ 与 $u = \varphi(x)$ 复合而成的复合函数，记作

$$y = f[\varphi(x)]$$

式中，x 是自变量，y 是因变量，u 称为中间变量.

例如，由 $y = \sqrt{u}$ 和 $u = 1 - x^2$ 复合而成的复合函数是 $y = \sqrt{1 - x^2}$，其定义域是 $[-1, 1]$.

应该指出，不是任何两个函数都可以复合成一个复合函数. 例如，函数 $y = \arcsin u$ 与 $u = x^2 + 2$ 就不能复合成一个复合函数，因为对于 $u = 2 + x^2$ 的定义域内任何 x 值所对应的 u 值，都不能使 $y = \arcsin u$ 有意义.

利用复合函数不仅能将若干个简单的函数复合成一个函数，还可以把一个较复杂的函数分解成几个简单的函数，这对于今后掌握微积分的运算是很重要的.

例 8　$y = \mathrm{e}^{\sqrt{x^2+1}}$ 是由 $y = \mathrm{e}^u$，$u = \sqrt{v}$，$v = x^2 + 1$ 复合而成.

例 9　$y = \sin^2(x + 1)$ 是由 $y = u^2$，$u = \sin v$，$v = x + 1$ 复合而成.

例 10　$y = \cos 2^{x-1}$ 是由 $y = \cos u$，$u = 2^v$，$v = x - 1$ 复合而成.
其中，u，v 为中间变量.

例 11　设 $f(x) = \dfrac{1}{1-x}$，求 $f[f(x)]$，$f\{f[f(x)]\}$.

解　$f[f(x)]=\dfrac{1}{1-f(x)}=\dfrac{1}{1-\dfrac{1}{1-x}}=1-\dfrac{1}{x}$,　$x\neq0$，1；

$$f\{f[f(x)]\}=\frac{1}{1-f[f(x)]}=\frac{1}{1-\left(1-\dfrac{1}{x}\right)}=x,\quad x\neq0,1.$$

3. 初等函数

由基本初等函数经过有限次四则运算所得到的，并能用一个解析式表示的函数，称为简单函数.

由基本初等函数、简单函数经过有限次复合步骤所构成的，并能用一个解析式表示的函数，称为复合函数.

基本初等函数、简单函数、复合函数统称初等函数.

例如，$y=\dfrac{x^2+\sin(2x+1)}{x-1}$，$y=\lg(a+\sqrt{a^2+x^2})$，$y=\cos^2x+1$ 都是初等函数.

习题 1-1

1. 将下列不等式用区间记号表示：

(1) $x\leqslant0$；　　　　　　　　　(2) $-1\leqslant x<2$；

(3) $|x-2|<a$；　　　　　　　　(4) $U(a,\delta)$.

2. 下列函数是否表示同一函数？为什么？

(1) $f(x)=1$ 与 $g(x)=\dfrac{|x|}{x}$；　　　(2) $f(x)=x$ 与 $g(x)=\sqrt[3]{x^3}$；

(3) $f(x)=\ln x^2$ 与 $g(x)=2\ln x$.

3. 求函数值：

(1) $f(x)=\sqrt{3+x^2}$，求 $f(4)$，$f(1)$，$f(x_0)$，$f(-a)$；

(2) $f(x)=3x+2$，求 $f(1)$，$f(1+h)$ 及 $\dfrac{f(1+h)-f(1)}{h}$；

(3) $f(t)=t^2$，求 $f(2)$，$f^3(3)$，$f(-1)$；

(4) $g(x)=\begin{cases}2x, & -1<x<0\\2, & 0\leqslant x<1\\x-1, & 1\leqslant x<3\end{cases}$，求 $g(2)$，$g(0)$，$g(-0.5)$，$g(0.5)$.

4. 设 $f(x)=\begin{cases} 2+x, & x\leqslant 0 \\ 2^x, & x>0 \end{cases}$，求 $f(a)-f(0)$.

5. 求下列函数的定义域：

(1) $y=\dfrac{2x}{x^2+3x-4}$；　　　　　　(2) $y=\sqrt{x^2-9}$；

(3) $y=\ln(1+x)+\dfrac{1}{\sqrt{x+4}}$；　　(4) $y=\sqrt{4-x^2}+\dfrac{1}{\sqrt{x^2-1}}$；

(5) $y=\sqrt{3-x}+\arcsin\dfrac{3-2x}{5}$；　(6) $y=\begin{cases} -x, & -1\leqslant x\leqslant 0 \\ \sqrt{3-x}, & 0<x<2 \end{cases}$.

6. 指出下列函数中，哪些是奇函数，哪些是偶函数，哪些是非奇非偶函数？

(1) $y=x\cos x$；　　　　　　　　　(2) $y=x+\sin x$；

(3) $y=2x^4(x^2-1)$；　　　　　　　(4) $y=x^3-1$；

(5) $y=a^x-a^{-x}\,(a>0)$；　　　　(6) $y=\lg(x+\sqrt{1+x^2})$.

7. 下列函数中哪些是周期函数？对于周期函数请指出其周期.

(1) $y=\cos 2x$；　　　　(2) $y=\sin^2 x$；　　　　(3) $y=x\cos x$.

8. 设 $f(x)=2x^2+\dfrac{2}{x^2}+\dfrac{5}{x}+5x$，验证 $f\left(\dfrac{1}{x}\right)=f(x)$.

9. 设 $f(x)=x^2$，$g(x)=\mathrm{e}^x$，求复合函数 $f[g(x)]$，$g[f(x)]$，$f[f(x)]$，$g[g(x)]$的表达式.

10. 设 $f(x)=\dfrac{1-x}{1+x}$，求 $f\left(\dfrac{1}{x}\right)$，$\dfrac{1}{f(x)}$.

11. 设 $f(\sin x)=\cos 2x+1$，求 $f(\cos x)$.

12. 设 $f[\varphi(x)]=1+\cos x$，$\varphi(x)=\sin\dfrac{x}{2}$，求 $f(x)$.

13. 下列各函数是由哪些函数复合而成的？

(1) $y=5(x+2)^2$；　　　　　　　　(2) $y=\sin^2\left(3x+\dfrac{\pi}{4}\right)$；

(3) $y=a^{-2x}$；　　　　　　　　　(4) $y=\ln\sin\dfrac{x}{2}$；

(5) $y=\mathrm{e}^{(x+1)^2}$；　　　　　　　(6) $y=\cos^3(2x+1)$；

(7) $y=\log_a\sin\mathrm{e}^{-x+1}$；　　　　(8) $y=\sqrt{\ln\tan x}$.

14. 写出由下列函数复合而成的复合函数，并求复合函数的定义域：

(1) $y=\arcsin u$，$u=1-x^2$；

(2) $y=u^2$，$u=\tan x$；

(3) $y=\sqrt{u}$，$u=\sin v$，$v=2x$.

15. 已知函数 $f(x)$ 的定义域为 $[1,2]$，求 $f(\alpha x)(\alpha<0)$ 的定义域.

16. 求 $f(\lg x)$ 的定义域，其中 $f(u)$ 的定义域为 $(0,1)$.

1.2 极限的概念

1.2.1 数列的极限

我们先从求圆的面积说起.

为了求圆的面积，可以先作圆的内接正四边形（见图 $1-11$），并用此四边形面积 A_1 来作为圆面积的第一次近似. 进一步可作圆的内接正八边形，并记内接正八边形的面积为 A_2，作为圆面积的第二次近似. 照此下去，可作圆的一系列内接正 2^{n+1} 边形，依次可得相应的面积为 A_3，A_4，$\cdots$，A_n，$\cdots$，当内接正多边形的边数不断增加时，其相应的面积与圆的面积就越来越近，当 n 无限增大时，圆内接正多边形的面积就无限接近于圆面积. 也即当 n 无限增大时，圆内接

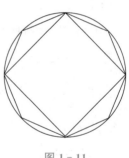

图 $1-11$

正 2^{n+1} 边形面积 A_n 也不断增大，且 A_n 在向某个定数（圆的面积）不断接近. 若将这一定数称为 A_n 的极限，则可以说：圆内接正 2^{n+1} 边形面积的极限就是圆的面积.

为给出极限的定义，我们首先复习数列，并讨论数列的极限.

1. 数列

定义 1　按一定顺序排列起来的无穷多个数

$$x_1,x_2,\cdots,x_n,\cdots.$$

称为无穷数列，记作 $\{x_n\}$. 通常称 x_1 为数列的第 1 项，x_2 为第 2 项，$\cdots$，x_n 为第 n 项$\cdots$.

一般地，将数列的第 n 项称为通项（或一般项）. 例如数列：

(1) 1, 2, 3, $\cdots$, n, $\cdots$

(2) 1, $\dfrac{1}{2}$, $\dfrac{1}{3}$, $\cdots$, $\dfrac{1}{n}$, $\cdots$

(3) 1, -1, 1, $\cdots(-1)^{n+1}$, $\cdots$

(4) a, a, a, $\cdots$, a, $\cdots$

(5) 2, $\dfrac{1}{2}$, $\dfrac{4}{3}$, $\cdots$, $\dfrac{n+(-1)^{n-1}}{n}$, $\cdots$

它们的通项依次为 n, $\dfrac{1}{n}$, $(-1)^{n+1}$, a, $\dfrac{n+(-1)^{n-1}}{n}$.

在几何上，数列 $\{x_n\}$ 可看作数轴上的一族动点，它依次取数轴上的点 x_1, x_2, $\cdots$, x_n, $\cdots$.

2. 数列的极限

考察数列：2, $\dfrac{3}{2}$, $\dfrac{4}{3}$, $\cdots$, $\dfrac{n+1}{n}$, $\cdots$

由图 1-12 容易看出，当 n 无限增大时，$x_n = \dfrac{n+1}{n}$ 趋向于确定的常数 1，或者说数列 $\left\{\dfrac{n+1}{n}\right\}$ 收敛于 1，并称 1 为该数列的极限.

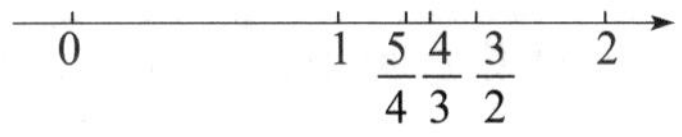

图 1-12

定义 2 如果当 n 无限增大时（记为 $n \to \infty$），x_n 无限趋近于一个确定的常数 A，我们就称 A 是数列 $\{x_n\}$ 的**极限**，或称 x_n 趋于 A，记为

$$\lim_{n\to\infty} x_n = A \text{ 或 } x_n \to A (n \to \infty)$$

当 $n \to \infty$ 时，如果 x_n 不趋向于一个确定的常数，我们就说数列 $\{x_n\}$ 没有极限.

通常称存在极限的数列为收敛数列，而不存在极限的数列为发散数列.

例 1 讨论数列 $\left\{\dfrac{n+(-1)^{n-1}}{n}\right\}$，$\{(-1)^{n+1}\}$ 的极限.

解 由图 1-13 看出，当 n 无限增大时，数列 $\left\{\dfrac{n+(-1)^{n-1}}{n}\right\}$ 由 $x=1$ 的两侧无限接近于 1，因而该数列的极限为 1，即

$$\lim_{n\to\infty} \frac{n+(-1)^{n-1}}{n} = 1$$

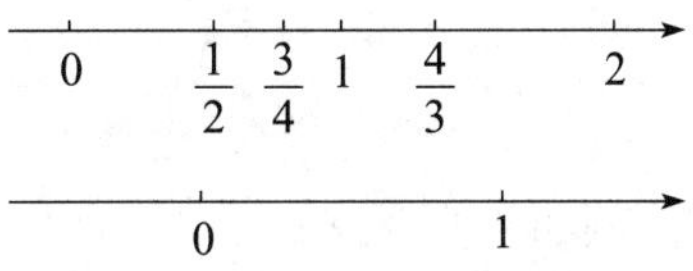

图 1-13

数列 $\{(-1)^{n+1}\}$ 的项，当 n 无限增大时，在 -1

与＋1两点来回跳动，不接近于某一确定的常数，故数列$\{(-1)^{n+1}\}$为发散数列．

1.2.2 函数的极限

数列可以看作自变量取正整数 n 的函数 $x_n=f(n)$，数列的极限是函数极限的一种特殊类型．下面讨论一般函数 $y=f(x)$ 的极限，主要研究两种情形：

（1）当自变量 x 的绝对值无限增大（记作 $x\to\infty$）时，对应的函数 $f(x)$ 的变化情形．

（2）当自变量 x 无限接近 x_0（记作 $x\to x_0$）时，对应的函数 $f(x)$ 的变化情形．

1. $x\to\infty$ 时函数 $f(x)$ 的极限

若 x 取正值且无限增大，记作 $x\to+\infty$，读作"x 趋于正无穷大"；若 x 取负值且其绝对值 $|x|$ 无限增大，记作 $x\to-\infty$，读作"x 趋于负无穷大"；若 x 既能取正值又能取负值且其绝对值 $|x|$ 无限增大，记作 $x\to\infty$，读作"x 趋于无穷大"．

这里，所谓"当 $x\to\infty$ 时函数 $f(x)$ 的极限"，就是讨论当自变量 x 趋于无穷大这样一个变化过程中，函数 $f(x)$ 的函数值的变化趋势；若 $f(x)$ 无限接近某一确定的常数 A，就称当 x 趋于无穷大时，函数 $f(x)$ 以 A 为极限．

定义 3 一般地，设函数 $f(x)$ 在 $x>M(M>0)$ 时有定义，若当 $x\to+\infty$ 时，函数 $f(x)$ 无限接近于某个确定的常数 A，则称函数 $f(x)$ 当 $x\to+\infty$ 时以 A 为**极限**，记作

$$\lim_{x\to+\infty}f(x)=A \text{ 或 } f(x)\to A(x\to+\infty)$$

例如：当 $x\to+\infty$ 时，$\left(\frac{1}{2}\right)^x\to 0$，记作 $\lim\limits_{x\to+\infty}\left(\frac{1}{2}\right)^x=0$；当 $x\to+\infty$ 时，$\frac{1}{x}\to 0$，记作 $\lim\limits_{x\to+\infty}\frac{1}{x}=0$；当 $x\to+\infty$ 时，$\arctan x\to\frac{\pi}{2}$，记作 $\lim\limits_{x\to+\infty}\arctan x=\frac{\pi}{2}$．

定义 4 一般地，设函数 $f(x)$ 在 $x<-M(M>0)$ 时有定义，若当 $x\to-\infty$ 时，函数 $f(x)$ 的无限接近于某个确定的常数 A，则称函数 $f(x)$ 当 $x\to-\infty$ 时以 A 为**极限**，记作

$$\lim_{x\to-\infty}f(x)=A \text{ 或 } f(x)\to A(x\to-\infty)$$

例如：当 $x\to-\infty$ 时，$2^x\to 0$，记作 $\lim\limits_{x\to-\infty}2^x=0$；当 $x\to-\infty$ 时，$\frac{1}{x}\to 0$，记作 $\lim\limits_{x\to-\infty}\frac{1}{x}=0$；当 $x\to-\infty$ 时，$\arctan x\to-\frac{\pi}{2}$，记作 $\lim\limits_{x\to-\infty}\arctan x=-\frac{\pi}{2}$．

不难看出，当 $x \to +\infty$ 或 $x \to -\infty$ 时，有的函数只在一个方向存在极限，如：$\lim\limits_{x \to +\infty}\left(\dfrac{1}{2}\right)^x=0$，$\lim\limits_{x \to -\infty}2^x=0$；有的函数在两个方向都存在极限，且有时相等，有时不相等，如：$\lim\limits_{x \to +\infty}\dfrac{1}{x}=\lim\limits_{x \to -\infty}\dfrac{1}{x}=0$，但 $\lim\limits_{x \to +\infty}\arctan x=\dfrac{\pi}{2}$，$\lim\limits_{x \to -\infty}\arctan x=-\dfrac{\pi}{2}$.

定义 5 一般地，设函数 $f(x)$ 在 $|x|>M(M>0)$ 时有定义，若当 $x \to \infty$ 时，函数 $f(x)$ 的无限接近于某个确定的常数 A，则称函数 $f(x)$ 当 $x \to \infty$ 时以 A 为极限，记作

$$\lim_{x \to \infty}f(x)=A \text{ 或 } f(x) \to A(x \to \infty)$$

定理 1 $\lim\limits_{x \to \infty}f(x)=A$ 的充要条件是 $\lim\limits_{x \to -\infty}f(x)=\lim\limits_{x \to +\infty}f(x)=A$.

2. $x \to x_0$ 时函数 $f(x)$ 的极限

下面我们通过举例来研究"$x \to x_0$ 时函数 $f(x)$ 的极限".

例 2 设 $f(x)=x+1$，试讨论当 $x \to 1$ 时函数 $f(x)$ 的变化情况.

需要注意，虽然函数 $f(x)$ 在 $x=1$ 处有定义，但这不是求函数 $f(x)$ 的函数值；并且，$x \to 1$ 含义是 x 无限接近 1，但 x 始终不取 1.

当 $x \to 1$ 时，函数 $f(x)=x+1$ 相应的函数值的变化情况见表 1-1.

表 1-1

x	0	0.5	0.8	0.9	0.99	0.999	0.999 9	0.999 99	0.999 999	⋯
$f(x)$	1	1.5	1.8	1.9	1.99	1.999	1.999 9	1.999 99	1.999 999	⋯
x	2	1.5	1.2	1.1	1.01	1.001	1.000 1	1.000 01	1.000 001	⋯
$f(x)$	3	2.5	2.2	2.1	2.01	2.001	2.000 1	2.000 01	2.000 001	⋯

从表 1-1 中可以看出，当 x 越来越接近 1 时，相应的函数值越来越接近 2. 容易想到，当 x 无限接近于 1 时，相应地函数 $f(x)$ 的函数值将无限接近于 2.

观察图 1-14 可以看到，曲线 $y=x+1$ 上的动点 M $[x,f(x)]$，当其横坐标无限接近 1 时，即 $x \to 1$ 时，点 M 将向定点 $M_0(1,2)$ 无限接近，即 $f(x) \to 2$.

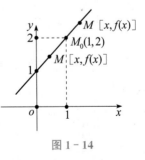

图 1-14

此种情况，就称当 $x \to 1$ 时，函数 $f(x)=x+1$ 以 2 为极限，并记作

$$\lim_{x \to 1}(x+1)=2$$

例 3 设 $f(x)=\dfrac{x^2-1}{x-1}$，讨论当 $x \to 1$ 时，函数 $f(x)$ 的变化情况.

该例函数与例 2 中函数唯一的不同之处，就在于函数 $f(x)$ 在 $x=1$ 处没有定义. 但是，在 $x \to 1$ 的变化过程中，x 不取 1，所以当 $x \to 1$ 时，此函数 $f(x)$ 的对应函数值也是趋于 2（见图 1-15），即函数 $f(x) = \dfrac{x^2-1}{x-1}$ 以 2 为极限，记作

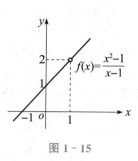

图 1-15

$$\lim_{x \to 1} \frac{x^2-1}{x-1} = 2$$

由例 2、例 3 不难看出，在定义极限 $\lim\limits_{x \to x_0} f(x)$ 时，函数 $f(x)$ 在点 x_0 可以有定义，也可以没有定义. 我们关心的是函数 $f(x)$ 在点 x_0 附近的变化趋势，极限 $\lim\limits_{x \to x_0} f(x)$ 是否存在，与函数 $f(x)$ 在点 x_0 有没有定义以及有定义时取何值都毫无关系.

定义 6　设函数 $f(x)$ 在点 x_0 的某个去心邻域内有定义，若当 $x \to x_0$ 时，函数 $f(x)$ 的函数值无限接近于某个确定的常数 A，则称函数 $f(x)$ 当 $x \to x_0$ 时以 A 为极限，记作

$$\lim_{x \to x_0} f(x) = A \text{ 或 } f(x) \to A (x \to x_0)$$

若 $x < x_0$，且 x 趋于 x_0，记作 $x \to x_0^-$；若 $x > x_0$，且 x 趋于 x_0，记作 $x \to x_0^+$. 若 $x \to x_0^-$ 和 $x \to x_0^+$ 同时发生，则记作 $x \to x_0$.

定义 7　若当 $x \to x_0^-$ 时，函数 $f(x)$ 趋于常数 A，则称函数 $f(x)$ 以 A 为左极限，记作

$$\lim_{x \to x_0^-} f(x) = A \text{ 或 } f(x) \to A (x \to x_0^-)$$

定义 8　若当 $x \to x_0^+$ 时，函数 $f(x)$ 趋于常数 A，则称函数 $f(x)$ 以 A 为右极限，记作

$$\lim_{x \to x_0^+} f(x) = A \text{ 或 } f(x) \to A (x \to x_0^+)$$

左极限和右极限统称单侧极限. 函数 $f(x)$ 在点 x_0 的左极限和右极限也分别记作 $f(x_0^-)$ 和 $f(x_0^+)$.

定理 2　$\lim\limits_{x \to x_0} f(x) = A$ 的充要条件是 $\lim\limits_{x \to x_0^-} f(x) = \lim\limits_{x \to x_0^+} f(x) = A$.

例 4　考察分段函数：

$$f(x)=\begin{cases} x^2+1, & x<1 \\ \dfrac{1}{2}, & x=1 \\ x-1, & x>1 \end{cases}$$

在 $x=1$ 处的极限.

解　因为

$$\lim_{x\to 1^+}f(x)=\lim_{x\to 1^+}(x-1)=0,\ \lim_{x\to 1^-}f(x)=\lim_{x\to 1^-}(x^2+1)=2$$

即 $f(x)$ 在 $x=1$ 点的左右极限存在但不相等，因此 $\lim\limits_{x\to 1}f(x)$ 不存在.

不管数列还是函数，都是变量；因此对于求极限的方式包括 $n\to\infty$，$x\to\infty$，$x\to+\infty$，$x\to-\infty$，$x\to x_0$，$x\to x_0^+$，$x\to x_0^-$ 等，都是对变量求极限. 所以，以上学习的各种极限的定义可以统一于下面的定义之中：

在自变量(可以是 n 或 x)某一变化过程中，如果变量 X[可以是数列 $\{x_n\}$ 或函数 $f(x)$]无限地接近于某个确定的常数 A，就称变量 X 以 A 为极限，记为

$$\lim X=A \text{ 或 } X\to A$$

3. 函数极限的性质

在函数极限的定义中，给出两类 6 种极限，即

$$\lim_{x\to x_0}f(x),\ \lim_{x\to x_0^-}f(x),\ \lim_{x\to x_0^+}f(x),\ \lim_{x\to\infty}f(x),\ \lim_{x\to-\infty}f(x),\ \lim_{x\to+\infty}f(x).$$

下面仅以 $\lim\limits_{x\to x_0}f(x)$ 为代表给出函数极限的一些性质，其他形式的极限性质类似.

函数极限的唯一性　如果 $\lim\limits_{x\to x_0}f(x)$ 存在，则极限是唯一的.

函数极限的局部有界性　如果 $\lim\limits_{x\to x_0}f(x)=A$，则存在 $M>0$ 和 $\delta>0$，使得当 $0<|x-x_0|<\delta$ 时，有 $|f(x)|\leqslant M$.

函数极限的局部保号性　如果 $\lim\limits_{x\to x_0}f(x)=A$，而 $A>0$(或 $A<0$)，那么存在 $\delta>0$，使得当 $0<|x-x_0|<\delta$ 时，有 $f(x)>0$[或 $f(x)<0$].

◆　**习题 1－2**　◆

1. 写出下列数列的前三项：

(1) $x_n = \dfrac{n+1}{n}$；

(2) $x_n = \left(1+\dfrac{1}{n}\right)^n$；

(3) $x_n = (-1)^n + 1$；

(4) $x_n = n\sin\dfrac{\pi}{n}$.

2. 用观察法观察下列数列哪些有极限？极限为多少？哪些没极限？

(1) $x_n = \dfrac{n}{n+1}$；

(2) $x_n = \dfrac{n-1}{n+1}$；

(3) $x_n = \dfrac{1}{2^{n+1}}$；

(4) $x_n = 2 + \dfrac{1}{n^2}$；

(5) $x_n = n(-1)^{n+1}$；

(6) $x_n = 2n$；

(7) $x_n = 1 + \dfrac{1}{2^n}$；

(8) $x_n = \sin\dfrac{\pi}{n}$；

(9) $x_n = \dfrac{(-1)^n}{n}$；

(10) $x_n = n + \dfrac{1}{n}$.

微课

中国古代极限
思想

3. 在《庄子·天下》中的"一尺之棰，日取其半，万世不竭"的论述中，将其每日所取部分写成数列，并考察此数列的极限.

4. 观察 $f(x) = \dfrac{x}{x}$，$\varphi(x) = \dfrac{|x|}{x}$ 当 $x \to 0$ 时的左、右极限，并说明它们在 $x \to 0$ 时的极限是否存在.

5. 求下列函数的极限：

(1) $f(x) = |x|$，求 $\lim\limits_{x \to 0} f(x)$；

(2) $f(x) = \begin{cases} x, & x \geqslant 0 \\ \sin x, & x < 0 \end{cases}$，求 $\lim\limits_{x \to 0} f(x)$；

(3) $f(x) = \begin{cases} 2x-1, & x < 1 \\ -x^2, & x \geqslant 1 \end{cases}$，求 $\lim\limits_{x \to 1} f(x)$.

1.3 无穷大量与无穷小量

1.3.1 无穷大量

定义 1 当 $x \to x_0$，如果 $f(x)$ 的绝对值无限地增大，那么称函数 $f(x)$ 为当 $x \to x_0$

时的**无穷大量**，简称**无穷大**. 记作

$$\lim_{x \to x_0} f(x) = \infty$$

例如，当 $x \to \dfrac{\pi}{2}$ 时，$\tan x$ 是一个无穷大量，记作 $\lim\limits_{x \to \frac{\pi}{2}} \tan x = \infty$.

如果当 $x \to x_0$ 时，$f(x)$ 只取正值且无限变大（或只取负值而绝对值无限变大），那么称 $f(x)$ 为**正无穷大量**（或**负无穷大量**），记作

$$\lim_{x \to x_0} f(x) = +\infty \text{ 或 } \lim_{x \to x_0} f(x) = -\infty$$

无穷大定义中的 $x \to x_0$ 可以换成 $x \to x_0^+$，$x \to x_0^-$，$x \to \infty$，$x \to -\infty$，$x \to +\infty$ 等.

例如，$\lim\limits_{x \to \pi^+} \cot x = +\infty$，$\lim\limits_{x \to \pi^-} \cot x = -\infty$.

无穷大量是一个绝对值可无限增大的变量，不是绝对值很大的数，它与自变量的某一变化趋势相关联.

1.3.2 无穷小量

定义 2 当 $x \to x_0$ 时，如果函数 $f(x)$ 的极限为 0，那么称 $f(x)$ 为当 $x \to x_0$ 时的**无穷小量**，简称**无穷小**，记作

$$\lim_{x \to x_0} f(x) = 0$$

无穷小定义中的 $x \to x_0$ 可以换成 $x \to x_0^+$，$x \to x_0^-$，$x \to \infty$，$x \to -\infty$，$x \to +\infty$ 等.

例 1 因为 $\lim\limits_{x \to 1}(x-1) = 0$，所以函数 $x - 1$ 当 $x \to 1$ 时是无穷小.

因为 $\lim\limits_{x \to \infty} \dfrac{1}{x} = 0$，所以函数 $\dfrac{1}{x}$ 当 $x \to \infty$ 时是无穷小.

必须注意两点：

(1) 无穷小量是在某一过程中，以 0 为极限的变量，而不是绝对值很小的数. 0 是可以作为无穷小量的唯一的一个数.

(2) 要指明自变量的变化趋势.

1.3.3 无穷大量与无穷小量的关系

关于无穷大和无穷小有如下的关系：

定理 1　如果 $f(x)$ 为无穷大，则 $\dfrac{1}{f(x)}$ 为无穷小；反之，如果 $f(x)$ 为无穷小，

且 $f(x)\neq 0$，则 $\dfrac{1}{f(x)}$ 为无穷大.

例 2　求 $\lim\limits_{x\to 1}\dfrac{x^2+1}{x^2-1}$.

解　由于 $\lim\limits_{x\to 1}\dfrac{x^2-1}{x^2+1}=0$，由定理 1 知

$$\lim\limits_{x\to 1}\dfrac{x^2+1}{x^2-1}=\infty$$

以后遇到与例 2 类似的题目，可直接写出结果.

1.3.4　无穷小量的运算性质

定理 2　有限个无穷小的代数和为无穷小.

定理 3　有限个无穷小之积为无穷小.

定理 4　有界函数与无穷小的乘积为无穷小.

定理 5　常量与无穷小之积为无穷小.

例 3　求 $\lim\limits_{x\to 0}x\sin\dfrac{1}{x}$.

解　$\because \lim\limits_{x\to 0}x=0$，即当 $x\to 0$ 时，x 为无穷小量，

且 $\left|\sin\dfrac{1}{x}\right|\leqslant 1$，即 $\sin\dfrac{1}{x}$ 为有界函数，

$\therefore$ 当 $x\to 0$ 时，$x\sin\dfrac{1}{x}$ 为无穷小量，即 $\lim\limits_{x\to 0}x\sin\dfrac{1}{x}=0$.

1.3.5　无穷小与函数极限的关系

定理 6（极限基本定理）　$\lim\limits_{x\to x_0}f(x)=A$ 的充分必要条件是

$$f(x)=A+\alpha$$

式中，α 是当 $x\to x_0$ 时的无穷小，即 $\lim\limits_{x\to x_0}\alpha=0$.

这个定理也适用于 $x\to\infty$ 情形.

习题 1-3

1. 当 $x \to 0$ 时，下列函数哪些是无穷小，哪些是无穷大，哪些既不是无穷小也不是无穷大？

(1) $y = \dfrac{x+1}{x}$；

(2) $y = \dfrac{x}{x+1}$；

(3) $y = x\sin x$；

(4) $y = x\sin\dfrac{1}{x}$；

(5) $y = \dfrac{x-1}{\sin x}$；

(6) $y = \dfrac{\sin x}{1+\cos x}$.

2. 下列函数在自变量 x 的怎样趋势下是无穷小或是无穷大？

(1) $y = \dfrac{x+1}{x-1}$；

(2) $y = \dfrac{x+2}{x^2}$；

(3) $y = \dfrac{x^2-3x+2}{x^2-x-2}$.

3. 计算下列极限：

(1) $\lim\limits_{x\to\infty} \dfrac{\sin x}{x}$；

(2) $\lim\limits_{x\to\infty} \dfrac{\cos x}{x}$；

(3) $\lim\limits_{x\to 0} x\cos\dfrac{1}{x}$.

1.4　极限的四则运算

定理　如果 $\lim f(x) = A$，$\lim g(x) = B$，那么

(1) $\lim[f(x) \pm g(x)] = A \pm B$；

(2) $\lim[f(x) \cdot g(x)] = AB$；

$\lim[cf(x)] = c\lim f(x) = cA$（$c$ 为常数）；

$\lim[f(x)]^n = [\lim f(x)]^n = A^n$（$n$ 为正整数）；

(3) 当 $B \neq 0$ 时，$\lim \dfrac{f(x)}{g(x)} = \dfrac{A}{B}$.

其中，自变量 x 的趋势可以是 $x \to x_0$，$x \to \infty$ 等各种情形.

例 1 求 $\lim\limits_{n \to \infty} \dfrac{3+2^n}{2^n}$.

解 $\lim\limits_{n \to \infty} \dfrac{3+2^n}{2^n} = \lim\limits_{n \to \infty}\left(3 \cdot \dfrac{1}{2^n}+1\right) = 3 \cdot \lim\limits_{n \to \infty} \dfrac{1}{2^n} + \lim\limits_{n \to \infty} 1 = 3 \times 0 + 1 = 1.$

例 2 求 $\lim\limits_{x \to 1}(2x^3 - 3x^2 + 2)$.

解 $\lim\limits_{x \to 1}(2x^3 - 3x^2 + 2) = \lim\limits_{x \to 1}(2x^3) - \lim\limits_{x \to 1}(3x^2) + \lim\limits_{x \to 1} 2 = 2 \times 1^3 - 3 \times 1^2 + 2 = 1.$

一般地，设多项式（有理整函数）

$$f(x) = a_0 x^n + a_1 x^{n-1} + \cdots + a_{n-1} x + a_n$$

那么

$$
\begin{aligned}
\lim_{x \to x_0} f(x) &= \lim_{x \to x_0}(a_0 x^n + a_1 x^{n-1} + \cdots + a_{n-1} x + a_n) \\
&= a_0 \lim_{x \to x_0} x^n + a_1 \lim_{x \to x_0} x^{n-1} + \cdots + a_{n-1} \lim_{x \to x_0} x + a_n \\
&= a_0 x_0^n + a_1 x_0^{n-1} + \cdots + a_{n-1} x_0 + a_n \\
&= f(x_0)
\end{aligned}
$$

即

$$\lim_{x \to x_0} f(x) = f(x_0) \tag{1-2}$$

设有理分式函数（有理整函数与有理分式函数统称为有理函数）

$$F(x) = \frac{P(x)}{Q(x)}$$

其中，$P(x)$ 与 $Q(x)$ 都是多项式，当 $Q(x_0) \neq 0$ 时，有

$$\lim_{x \to x_0} F(x) = \lim_{x \to x_0} \frac{P(x)}{Q(x)} = \frac{\lim\limits_{x \to x_0} P(x)}{\lim\limits_{x \to x_0} Q(x)} = \frac{P(x_0)}{Q(x_0)} = F(x_0)$$

即

$$\lim_{x \to x_0} F(x) = F(x_0) \tag{1-3}$$

式（1-2）与式（1-3）说明对于有理函数求关于 $x \to x_0$ 的极限时，如果有理函数在 x_0 有定义，其极限值就是在 x_0 点处的函数值，以后可以作为公式使用.

例 3　求 $\lim\limits_{x\to 2}\dfrac{x^2-x+4}{2x+1}$.

解　由于函数 $\dfrac{x^2-x+4}{2x+1}$ 是有理函数，并且当 $x=2$ 时，分母不为 0，所以

$$\lim_{x\to 2}\frac{x^2-x+4}{2x+1}=\frac{2^2-2+4}{2\times 2+1}=\frac{6}{5}$$

例 4　求 $\lim\limits_{x\to 2}\dfrac{x^2-4}{x-2}$.

解　由于有理分式函数 $\dfrac{x^2-4}{x-2}$ 的分子、分母当 $x\to 2$ 时极限都为 0，因此不能直接利用定理和前面的结论式(1-3). 可以先将分子分解因式，约公因式 $x-2$，再求极限，即

$$\lim_{x\to 2}\frac{x^2-4}{x-2}=\lim_{x\to 2}\frac{(x+2)(x-2)}{x-2}=\lim_{x\to 2}(x+2)=4$$

例 5　求 $\lim\limits_{x\to 1}\left(\dfrac{1}{x-1}-\dfrac{3}{x^3-1}\right)$.

解　当 $x\to 1$ 时，两个分式皆无极限，不能直接利用定理. 可以先通分，约去公因式 $x-1$，再求极限，即

$$\lim_{x\to 1}\left(\frac{1}{x-1}-\frac{3}{x^3-1}\right)=\lim_{x\to 1}\frac{x^2+x+1-3}{x^3-1}=\lim_{x\to 1}\frac{(x-1)(x+2)}{(x-1)(x^2+x+1)}$$
$$=\lim_{x\to 1}\frac{x+2}{x^2+x+1}=\frac{1+2}{1+1+1}=1$$

例 6　求 $\lim\limits_{x\to 0}\dfrac{\sqrt{x+1}-1}{x}$.

解　当 $x\to 0$ 时，分子和分母的极限都为 0，不能利用定理，故先将分子有理化，约去公因式 x，再求极限，即

$$\lim_{x\to 0}\frac{\sqrt{x+1}-1}{x}=\lim_{x\to}\frac{x}{x(\sqrt{x+1}+1)}=\lim_{x\to 0}\frac{1}{\sqrt{x+1}+1}=\frac{1}{2}$$

例 7　求 $\lim\limits_{x\to\infty}\dfrac{x^2+5x+1}{2x^3-x^2+2}$.

解　将分子分母同时除以 x^3，再求极限，得

$$\lim_{x \to \infty} \frac{x^2 + 5x + 1}{2x^3 - x^2 + 2} = \lim_{x \to \infty} \frac{\dfrac{1}{x} + \dfrac{5}{x^2} + \dfrac{1}{x^3}}{2 - \dfrac{1}{x} + \dfrac{2}{x^3}} = 0$$

例 8 求 $\lim\limits_{x \to \infty} \dfrac{x^3 + x^2 + 2}{3x^3 + 1}$.

解 与例 7 解法相类似，得

$$\lim_{x \to \infty} \frac{x^3 + x^2 + 2}{3x^3 + 1} = \lim_{x \to \infty} \frac{1 + \dfrac{1}{x} + \dfrac{2}{x^3}}{3 + \dfrac{1}{x^3}} = \frac{1}{3}$$

一般地，当 $a_0 \neq 0$，$b_0 \neq 0$，$m \leqslant n$ 时，有

$$\lim_{x \to \infty} \frac{a_0 x^m + a_1 x^{m-1} + \cdots + a_m}{b_0 x^n + b_1 x^{n-1} + \cdots + b_n} = \begin{cases} \dfrac{a_0}{b_0}, & m = n, \\ 0, & m < n \end{cases}$$，其中 m，n 为正整数.

习题 1-4

1. 判断题：

(1) $\lim\limits_{n \to \infty} \dfrac{1 + 2 + 3 + \cdots + n}{n^2} = \lim\limits_{n \to \infty} \dfrac{1}{n^2} + \lim\limits_{n \to \infty} \dfrac{2}{n^2} + \cdots + \lim\limits_{n \to \infty} \dfrac{n}{n^2} = 0$；

(2) $\lim\limits_{x \to \infty}(x^2 - 3x) = \lim\limits_{x \to \infty} x^2 - 3\lim\limits_{x \to \infty} x = \infty - \infty = 0$；

(3) $\lim\limits_{x \to 0} x \sin \dfrac{1}{x} = \lim\limits_{x \to 0} x \cdot \lim\limits_{x \to 0} \sin \dfrac{1}{x} = 0$；

(4) $\lim\limits_{x \to 1} \dfrac{x}{1 - x} = \dfrac{\lim\limits_{x \to 1} x}{\lim\limits_{x \to 1}(1 - x)} = \dfrac{1}{0} = \infty$.

2. 计算下列极限：

(1) $\lim\limits_{n \to \infty} \dfrac{3n^3 + n^2 - 3}{4n^3 + 2n + 1}$；

(2) $\lim\limits_{n \to \infty} \dfrac{n}{n^2 + 1}$；

(3) $\lim\limits_{n \to \infty} \dfrac{1 + 2 + \cdots + n}{n^2}$；

(4) $\lim\limits_{n \to \infty} \left(\dfrac{1}{n^2} + \dfrac{2}{n^2} + \cdots + \dfrac{n-1}{n^2} \right)$；

(5) $\lim\limits_{n \to \infty} \dfrac{n^2 + n + 1}{(n-1)^2}$；

(6) $\lim\limits_{n\to\infty}\dfrac{1+a+a^2+\cdots+a^n}{1+b+b^2+\cdots+b^n}$ $(|a|<1,\ |b|<1)$;

(7) $\lim\limits_{n\to\infty}\left(\dfrac{1}{1\cdot 2}+\dfrac{1}{2\cdot 3}+\cdots+\dfrac{1}{n(n+1)}\right)$; (8) $\lim\limits_{n\to\infty}\left(1-\dfrac{1}{2^2}\right)\left(1-\dfrac{1}{3^2}\right)\cdots\left(1-\dfrac{1}{n^2}\right)$.

3. 计算下列极限:

(1) $\lim\limits_{x\to 2}\dfrac{x^2+2}{x-3}$; (2) $\lim\limits_{x\to -1}\dfrac{x^2+2x+5}{x^2+1}$;

(3) $\lim\limits_{x\to\sqrt{3}}\dfrac{x^2-3}{x^2+1}$; (4) $\lim\limits_{x\to 0}\dfrac{4x^3-2x^2+x}{3x^2+2x}$;

(5) $\lim\limits_{h\to 0}\dfrac{(x+h)^2-x^2}{h}$; (6) $\lim\limits_{x\to\infty}\left(2-\dfrac{1}{x}+\dfrac{1}{x^2}\right)$;

(7) $\lim\limits_{x\to\infty}\dfrac{x^2-1}{2x^2-x-1}$; (8) $\lim\limits_{x\to\infty}\left(1+\dfrac{1}{x}\right)\left(2-\dfrac{1}{x^2}\right)$;

(9) $\lim\limits_{x\to\infty}\dfrac{(x-1)(2x+1)^2(3x+2)^3}{(5x-1)^6+3}$; (10) $\lim\limits_{x\to 1}\dfrac{x^2-2x+1}{x^2-1}$;

(11) $\lim\limits_{x\to +\infty}(\sqrt{x+1}-\sqrt{x})$; (12) $\lim\limits_{x\to 1}\left(\dfrac{1}{x-1}-\dfrac{2}{x^2-1}\right)$;

(13) $\lim\limits_{x\to 3}\dfrac{\sqrt{1+x}-2}{x-3}$; (14) $\lim\limits_{x\to 1}\dfrac{x^m-1}{x^n-1}$ (m, n 为正整数).

4. 已知 $\lim\limits_{x\to 1}\dfrac{x^2+ax+b}{1-x}=1$, 求常数 a, b 的值.

1.5　两个重要极限

1.5.1　极限存在的准则

定义　设数列 $\{x_n\}$, 如果满足 $x_1\leqslant x_2\leqslant\cdots\leqslant x_n\leqslant x_{n+1}\leqslant\cdots$, 那么称 $\{x_n\}$ 是递增数列, 如果满足 $x_1\geqslant x_2\geqslant\cdots x_n\geqslant x_{n+1}\geqslant\cdots$, 那么称 $\{x_n\}$ 是递减数列.

递增数列和递减数列统称为单调数列.

对于数列 $\{x_n\}$, 如果存在一个正数 M, 使对一切 $n(n=1,\ 2,\ 3,\ \cdots)$ 都有 $|x_n|\leqslant M$, 那么称 $\{x_n\}$ 是有界数列, 否则称 $\{x_n\}$ 是无界数列.

准则 I(单调有界准则)　单调有界数列必有极限.

准则 I 告诉我们：如果数列不仅有界，而且单调，那么这个数列一定是收敛的.

准则 II（夹逼准则）　如果数列 $\{x_n\}$，$\{y_n\}$，$\{z_n\}$满足下列条件：

(1) $y_n \leqslant x_n \leqslant z_n$，$(n=1,\ 2,\ 3,\ \cdots)$，

(2) $\lim\limits_{n\to\infty} y_n = \lim\limits_{n\to\infty} z_n = A$，

那么数列 $\{x_n\}$ 收敛，并且 $\lim\limits_{n\to\infty} x_n = A$.

类似地，有关于函数极限的夹逼准则：

如果函数 $f(x)$，$g(x)$，$h(x)$ 在点 x_0 的某邻域内 $(x \neq x_0)$ 有定义，且满足以下条件：

(1) $g(x) \leqslant f(x) \leqslant h(x)$，

(2) $\lim\limits_{x\to x_0} g(x) = \lim\limits_{x\to x_0} h(x) = A$，

那么 $\lim\limits_{x\to x_0} f(x) = A$.

函数极限存在的夹逼准则同样适用于 $x \to \infty$ 等的情形.

1.5.2　两个重要极限

1. $\lim\limits_{x \to 0} \dfrac{\sin x}{x} = 1$

证：函数 $\dfrac{\sin x}{x}$ 对于一切 $x \neq 0$ 都有定义. 作一个单位圆（见图 1-16），不妨设 $0 < x < \dfrac{\pi}{2}$，在单位圆上取圆心角 $\angle AOB = x$（弧度），点 A 处的切线与 OB 的延长线相交于 D，于是

$$BC = \sin x, \text{弧 } AB = x, AD = \tan x$$

因为

$$S_{\triangle OAB} < S_{\text{扇形}OAB} < S_{\triangle OAD}$$

所以

$$\frac{1}{2}\sin x < \frac{1}{2}x < \frac{1}{2}\tan x$$

即

$$\sin x < x < \tan x$$

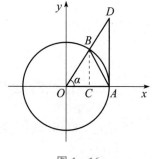

图 1-16

用 $\sin x$ 除上式，得

$$1 < \frac{x}{\sin x} < \frac{1}{\cos x}$$

或

$$\cos x < \frac{\sin x}{x} < 1 \qquad\qquad (1-4)$$

这一关系是当 $0 < x < \dfrac{\pi}{2}$ 时得到的，因为用 $-x$ 代替 x 时，$\cos x$ 与 $\dfrac{\sin x}{x}$ 都不变号，所以对于 $-\dfrac{\pi}{2} < x < 0$，不等式 $(1-4)$ 也成立.

因为 $\lim\limits_{x \to 0} \cos x = 1$，$\lim\limits_{x \to 0} 1 = 1$，故由函数极限存在的夹逼准则，得

$$\lim_{x \to 0} \frac{\sin x}{x} = 1$$

注意：

(1) 极限 $\lim\limits_{x \to 0} \dfrac{\sin x}{x} = 1$ 可作为公式来运用；

(2) 公式可推广为 $\lim\limits_{x \to \Delta} \dfrac{\sin[\varphi(x)]}{\varphi(x)} = 1$，其中，$\varphi(x)$ 是 $x \to \Delta$ 时的无穷小量，如

$$\lim_{t \to 0} \frac{\sin t}{t} = 1, \lim_{x \to 0} \frac{\sin kx}{kx} = 1.$$

例 1 求 $\lim\limits_{x \to 0} \dfrac{\sin 5x}{x}$.

解 $\lim\limits_{x \to 0} \dfrac{\sin 5x}{x} = \lim\limits_{x \to 0} \dfrac{5 \sin 5x}{5x} = 5 \lim\limits_{x \to 0} \dfrac{\sin 5x}{5x} = 5 \times 1 = 5$

例 2 求 $\lim\limits_{x \to 0} \dfrac{\tan x}{x}$.

解 $\lim\limits_{x \to 0} \dfrac{\tan x}{x} = \lim\limits_{x \to 0} \dfrac{\sin x}{x \cdot \cos x} = \lim\limits_{x \to 0} \dfrac{\sin x}{x} \dfrac{1}{\cos x} = 1$

例 3 求 $\lim\limits_{x \to 0} \dfrac{1 - \cos x}{x^2}$.

解 $\lim\limits_{x \to 0} \dfrac{1 - \cos x}{x^2} = \lim\limits_{x \to 0} \dfrac{2 \sin^2 \dfrac{x}{2}}{x^2} = \dfrac{1}{2} \lim\limits_{x \to 0} \dfrac{\sin^2 \dfrac{x}{2}}{\left(\dfrac{x}{2}\right)^2} = \dfrac{1}{2} \left(\lim\limits_{x \to 0} \dfrac{\sin \dfrac{x}{2}}{\dfrac{x}{2}} \right)^2 = \dfrac{1}{2} \cdot 1^2 = \dfrac{1}{2}$

例 4　求 $\lim\limits_{x \to 0} \dfrac{\arcsin x}{x}$.

解　令 $\arcsin x = t$，则 $x = \sin t$，且 $x \to 0$ 时 $t \to 0$，

故 $\lim\limits_{x \to 0} \dfrac{\arcsin x}{x} = \lim\limits_{t \to 0} \dfrac{t}{\sin t} = 1$

2. $\lim\limits_{x \to \infty} \left(1 + \dfrac{1}{x}\right)^{x} = \mathrm{e}$ 或 $\lim\limits_{y \to 0}(1 + y)^{\frac{1}{y}} = \mathrm{e}$

这里 e 是无理数，$\mathrm{e} = 2.718\ 281\ 8\cdots$，该重要极限的本质是 $\lim\limits_{x \to \Delta}[1 + \varphi(x)]^{\frac{1}{\varphi(x)}} = \mathrm{e}$，其中，$\varphi(x)$ 是 $x \to \Delta$ 时的无穷小量.

例 5　求 $\lim\limits_{x \to \infty}\left(1 + \dfrac{3}{x}\right)^{x}$.

解　$\lim\limits_{x \to \infty}\left(1 + \dfrac{3}{x}\right)^{x} = \lim\limits_{x \to \infty}\left[\left(1 + \dfrac{3}{x}\right)^{\frac{x}{3}}\right]^{3} = \mathrm{e}^3$

例 6　求 $\lim\limits_{x \to \infty}\left(\dfrac{x}{1+x}\right)^{x}$.

解　$\lim\limits_{x \to \infty}\left(\dfrac{x}{1+x}\right)^{x} = \lim\limits_{x \to \infty}\left(\dfrac{1}{1 + \dfrac{1}{x}}\right)^{x} = \lim\limits_{x \to \infty}\dfrac{1}{\left(1 + \dfrac{1}{x}\right)^{x}} = \dfrac{1}{\lim\limits_{x \to \infty}\left(1 + \dfrac{1}{x}\right)^{x}} = \dfrac{1}{\mathrm{e}}$

例 7　求 $\lim\limits_{x \to 0}(1 + 2x)^{\frac{1}{x}}$.

解　$\lim\limits_{x \to 0}(1 + 2x)^{\frac{1}{x}} = \lim\limits_{2x \to 0}(1 + 2x)^{\frac{1}{2x} \times 2} = \mathrm{e}^2$

习题 1 - 5

1. 计算下列极限：

(1) $\lim\limits_{x \to 0} \dfrac{\sin 3x}{x}$；

(2) $\lim\limits_{x \to 0} \dfrac{\sin x}{\sin 2x}$；

(3) $\lim\limits_{x \to 0} \dfrac{\sin mx}{\sin nx}$（$m$，$n$ 为正整数）；

(4) $\lim\limits_{x \to 0} \dfrac{\tan 5x}{x}$；

(5) $\lim\limits_{x \to 0} x \cot 3x$；

(6) $\lim\limits_{x \to 0} \dfrac{\arctan x}{x}$；

(7) $\lim\limits_{x \to 0} x^2 \sin \dfrac{1}{x}$；

(8) $\lim\limits_{x \to 0} \dfrac{\sin x^3}{(\sin x)^3}$；

(9) $\lim\limits_{x\to 0}\dfrac{x\sin x}{1-\cos 2x}$;　　　　(10) $\lim\limits_{x\to 0^{+}}\dfrac{x}{\sqrt{1-\cos x}}$.

2. 计算下列极限：

(1) $\lim\limits_{n\to\infty}\left(1+\dfrac{1}{n+1}\right)^{n}$;　　　　(2) $\lim\limits_{x\to\infty}\left(1+\dfrac{3}{x}\right)^{x+5}$;

(3) $\lim\limits_{x\to\infty}\left(1-\dfrac{kt}{x}\right)^{x}$;　　　　(4) $\lim\limits_{x\to\infty}\left(\dfrac{x}{x+1}\right)^{x}$;

(5) $\lim\limits_{m\to\infty}\left(1-\dfrac{1}{m^{2}}\right)^{m}$;　　　　(6) $\lim\limits_{x\to\infty}\left(\dfrac{x+1}{x-1}\right)^{x}$;

(7) $\lim\limits_{x\to 0}\sqrt[x]{1+5x}$;　　　　(8) $\lim\limits_{x\to\frac{\pi}{2}}(1+\cos x)^{\sec x}$;

(9) $\lim\limits_{x\to 0}(1-3x)^{\frac{2}{x}}$;　　　　(10) $\lim\limits_{x\to\infty}\left(\dfrac{2x+3}{2x+1}\right)^{x}$.

3. 已知 $\lim\limits_{x\to\infty}\left(\dfrac{x}{x-c}\right)^{x}=2$，求 c.

1.6　无穷小量的比较及其应用

1.6.1　无穷小量的比较

两个无穷小的和、差、积都是无穷小，那么，两个无穷小的商是否仍是无穷小呢？请看下面的例子. 当 $x\to 0$ 时，函数 x，x^{2}，$\sin x$，$2x$，x^{3} 都是无穷小，可是

$$\lim\limits_{x\to 0}\dfrac{x^{2}}{x}=0,\qquad \lim\limits_{x\to 0}\dfrac{2x}{x}=2,\qquad \lim\limits_{x\to 0}\dfrac{\sin x}{x}=1,\qquad \lim\limits_{x\to 0}\dfrac{x^{2}}{x^{3}}=\infty$$

可见，无穷小量之商（之比）不一定是无穷小，这是由于两个无穷小量趋于 0 的速度有快有慢. 为了比较不同的无穷小量趋于 0 的速度，我们引入无穷小量阶的概念.

定义　设 α，β 是同一变化过程中的无穷小，且 $\alpha\neq 0$，

(1) 如果 $\lim\dfrac{\beta}{\alpha}=c$（$c\neq 0$，是常数），则称 β 与 α 是同阶无穷小.

(2) 如果 $\lim\dfrac{\beta}{\alpha}=1$，则称 β 与 α 是等价无穷小，记作 $\beta\sim\alpha$.

（3）如果 $\lim\dfrac{\beta}{\alpha}=0$，则称 β 是比 α 高阶的无穷小，记作 $\beta=o(\alpha)$.

例如 1.5 节中的例 2，当 $x\to0$ 时，$\tan x$ 与 x 是等价无穷小，即 $\tan x\sim x$；1.5 节中的例 3，当 $x\to0$ 时，$1-\cos x$ 与 x^2 是同阶无穷小.

1.6.2　等价无穷小在求极限中的应用

定理　设 α，β，α' 及 β' 在 $x\to x_0$（或 $x\to\infty$）时都是无穷小，如果 $\alpha\sim\alpha'$，$\beta\sim\beta'$，$\lim\dfrac{\beta'}{\alpha'}$ 存在，那么

$$\lim\frac{\beta}{\alpha}=\lim\frac{\beta}{\alpha'}=\lim\frac{\beta'}{\alpha}=\lim\frac{\beta'}{\alpha'}$$

利用定理 6 求极限时，可利用下列常见的等价无穷小：当 $x\to0$ 时，

$$\sin x\sim x,\quad \tan x\sim x,\quad \mathrm{e}^x-1\sim x,\quad \ln(1+x)\sim x,\quad 1-\cos x\sim\frac{x^2}{2}$$

例 1　求 $\lim\limits_{x\to0}\dfrac{\tan3x}{\sin2x}$.

解　当 $x\to0$ 时，$\lim\limits_{x\to0}\dfrac{\tan3x}{\sin2x}=\lim\limits_{x\to0}\dfrac{3x}{2x}=\dfrac{3}{2}$

例 2　求 $\lim\limits_{x\to0}\dfrac{\tan x-\sin x}{x^3}$.

解　$\lim\limits_{x\to0}\dfrac{\tan x-\sin x}{x^3}=\lim\limits_{x\to0}\dfrac{\tan x(1-\cos x)}{x^3}=\lim\limits_{x\to0}\dfrac{x\cdot\dfrac{x^2}{2}}{x^3}=\dfrac{1}{2}$

注意：$\lim\limits_{x\to0}\dfrac{\tan x-\sin x}{x^3}\neq\lim\limits_{x\to0}\dfrac{x-x}{x^3}=0$.

● 习题 1 - 6 ●

1. 当 $x\to0$ 时，$3x+x^2$ 与 x^2-x^3 相比，哪一个是高阶无穷小？

2. 当 $x\to1$ 时，无穷小 $1-x$ 和（1）$1-x^3$；（2）$\dfrac{1}{2}(1-x^2)$ 是否同阶？是否等价？

3. 当 $x\to0$ 时，下列函数哪些是 x 的高阶无穷小？哪些是同阶无穷小，并指出其中哪些又是等价无穷小？

(1) $3x+2x^2$；

(2) $x^2+\sin 2x$；

(3) $\dfrac{1}{2}x+\dfrac{1}{2}\sin x$；

(4) $\sin x^2$；

(5) $\ln(1+x)$；

(6) $1-\cos x$．

4. 利用等价无穷小的性质计算下列极限：

(1) $\lim\limits_{x\to 0}\dfrac{\tan(2x^2)}{1-\cos x}$；

(2) $\lim\limits_{x\to 0}\dfrac{\tan x-\sin x}{\sin^3 x}$；

(3) $\lim\limits_{x\to 0}\dfrac{\ln(1+x)}{\sin 3x}$．

1.7　函数的连续性

客观世界中存在着很多连续变化的现象，例如气温是连续变化的，也就是说，当时间的变化极其微小时，气温的变化也是极其微小的．反映在数学上，所谓函数变化是连续的，是指当自变量的变化极其微小时，对应函数的变化也是极其微小的．连续函数是高等数学中着重讨论的一类函数．

1.7.1　函数的连续性

设函数 $y=f(x)$ 在点 x_0 的某邻域内有定义，当自变量 x 由 x_0 变到 x_1 时，差值 x_1-x_0 称为自变量 x 在点 x_0 的改变量（或增量），记作

$$\Delta x=x_1-x_0$$

把对应的函数值的差 $f(x_1)-f(x_0)$ 称为函数的改变量（或增量），记作

$$\Delta y=f(x_1)-f(x_0)=f(x_0+\Delta x)-f(x_0)$$

一般地，Δy 可以为正值，可以为负值，也可以为零．Δy 既与点 x_0 有关，也与 x 的增量 Δx 有关（见图 1-17）．

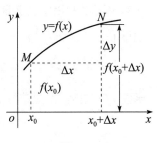

图 1-17

定义 1　设函数 $y=f(x)$ 在点 x_0 的某邻域内有定义，如果在 x_0 处当自变量的改变量 $\Delta x=x-x_0$ 趋于零时，对应函数的改变量 Δy 也趋于零，即

$$\lim_{\Delta x \to 0} \Delta y = \lim_{\Delta x \to 0} [f(x_0+\Delta x) - f(x_0)] = 0 \tag{1-5}$$

那么函数 $f(x)$ 在点 x_0 处是连续的. x_0 称为函数 $f(x)$ 的连续点.

在定义 1 中，设 $x=x_0+\Delta x$，则

$$\Delta y = f(x_0+\Delta x) - f(x_0) = f(x) - f(x_0)$$

即

$$f(x) = f(x_0) + \Delta y$$

由 $\Delta x \to 0$，得 $x \to x_0$，由 $\Delta y \to 0$，得 $f(x) \to f(x_0)$.

于是定义 1 改写为：

定义 2　设函数 $y=f(x)$ 在点 x_0 的某邻域内有定义，如果函数 $y=f(x)$ 满足

$$\lim_{x \to x_0} f(x) = f(x_0)$$

那么称函数 $y=f(x)$ 在点 x_0 处连续，x_0 是函数 $y=f(x)$ 的连续点.

例 1　证明函数 $y=x^2$ 在点 $x=2$ 处连续.

证　函数在 $x=2$ 处的改变量为

$$\Delta y = f(2+\Delta x) - f(2) = (2+\Delta x)^2 - 2^2 = 4\Delta x + (\Delta x)^2$$

因为

$$\lim_{\Delta x \to 0} \Delta y = \lim_{\Delta x \to 0} [4\Delta x + (\Delta x)^2] = 0$$

所以函数 $y=x^2$ 在点 $x=2$ 处连续.

此题也可以利用定义 2 证明，请读者证之.

如果 $\lim_{x \to x_0^-} f(x) = f(x_0)$，那么称函数 $f(x)$ 在点 x_0 处左连续；如果 $\lim_{x \to x_0^+} f(x) = f(x_0)$，那么称函数 $f(x)$ 在点 x_0 处右连续.

函数 $f(x)$ 在点 x_0 处连续的充分必要条件是函数 $f(x)$ 在点 x_0 处既左连续又右连续.

例 2　讨论函数 $f(x) = \begin{cases} x, & x \leqslant 0 \\ x\sin\dfrac{1}{x}, & x > 0 \end{cases}$，在点 $x=0$ 处的连续性.

解　$\because \lim\limits_{x\to 0^-}f(x)=\lim\limits_{x\to 0^-}x=0,$

$\lim\limits_{x\to 0^+}f(x)=\lim\limits_{x\to 0^+}x\sin\dfrac{1}{x}=0,$

$\therefore \lim\limits_{x\to 0}f(x)=0.$

又 $f(0)=0,$

$\therefore \lim\limits_{x\to 0}f(x)=f(0),$

$\therefore$ 函数 $f(x)$ 在点 $x=0$ 处连续.

如果函数 $f(x)$ 在开区间 (a,b) 内的每一点连续，那么称函数 $f(x)$ 在区间 (a,b) 内连续. 如果函数 $f(x)$ 在 (a,b) 内连续，且在 $x=a$ 处右连续，在 $x=b$ 处左连续，那么称 $f(x)$ 在闭区间 $[a,b]$ 上连续.

函数在区间 D 上连续，称它是 D 上的连续函数.

可以证明：一切基本初等函数在其定义域内都是连续的.

1.7.2　函数的间断点

如果函数 $f(x)$ 在点 x_0 处不连续，那么称 $f(x)$ 在点 x_0 处间断，点 x_0 称为函数的间断点.

由函数 $f(x)$ 在点 x_0 处连续的定义可知，函数 $f(x)$ 在点 x_0 处连续，必须同时满足以下三个条件：

(1) $f(x)$ 在点 x_0 的某邻域有定义；

(2) $\lim\limits_{x\to x_0}f(x)$ 存在；

(3) $\lim\limits_{x\to x_0}f(x)=f(x_0).$

如果上述三条件中至少有一个不满足，那么点 x_0 就是函数 $f(x)$ 的间断点.

根据函数 $f(x)$ 在间断点处单侧极限的情况，将间断点分为两类：

(1) 如果点 x_0 是函数 $f(x)$ 的间断点，并且函数 $f(x)$ 在点 x_0 处的左极限、右极限都存在，那么称点 x_0 是函数 $f(x)$ 的第一类间断点；

(2) 如果点 x_0 是函数 $f(x)$ 的间断点，但不是第一类间断点，那么称点 x_0 是函数 $f(x)$ 的第二类间断点.

在第一类间断点中，如果左极限与右极限相等，即 $\lim\limits_{x\to x_0}f(x)$ 存在，那么称此间断点为可去间断点. 如果点 x_0 是函数 $f(x)$ 的可去间断点，那么我们可以补充定义 $f(x_0)$ 或者修改 $f(x_0)$ 的值，由 $f(x)$ 构造出一个在点 x_0 处连续的函数.

例如，函数 $f(x)=\dfrac{x^2+x-2}{x-1}$ 在 $x=1$ 处无定义，因此 $x=1$ 是该函数的间断点.

而 $\lim\limits_{x\to 1}\dfrac{x^2+x-2}{x-1}=3$，如果定义

$$f_1(x)=\begin{cases} \dfrac{x^2+x-2}{x-1}, & x\neq 1 \\[3mm] 3, & x=1 \end{cases}$$

那么在 $x=1$ 处，$f_1(x)$ 为连续函数.

在第一类间断点中，如果左极限与右极限不相等，此间断点称为跳跃间断点.

在第二类间断点中，如果当 $x\to x_0^-$ 或 $x\to x_0^+$ 时，$f(x)\to\infty$，那么称 x_0 为函数 $f(x)$ 的无穷间断点.

例 3 求函数 $y=\dfrac{x^2-1}{x^2-3x+2}$ 间断点，并判断其类型.

解 令 $x^2-3x+2=0$，得函数的间断点为 $x=1$，$x=2$，

$\because \lim\limits_{x\to 1}\dfrac{x^2-1}{x^2-3x+2}=\lim\limits_{x\to 1}\dfrac{(x-1)(x+1)}{(x-1)(x-2)}=\lim\limits_{x\to 1}\dfrac{x+1}{x-2}=-2$，

$\therefore x=1$ 为函数 y 的可去间断点.

$\because \lim\limits_{x\to 2}\dfrac{x^2-1}{x^2-3x+2}=\lim\limits_{x\to 2}\dfrac{x+1}{x-2}=\infty$，

$\therefore x=2$ 为函数 y 的无穷间断点.

例 4 讨论函数 $f(x)=\begin{cases} 1+x, & x<0 \\ 2, & x=0 \\ \mathrm{e}^x, & x>0 \end{cases}$，在 $x=0$ 处的连续性.

解 在 $x=0$ 处，$f(0)=2$，$\lim\limits_{x\to 0^-}f(x)=\lim\limits_{x\to 0^-}(1+x)=1$，

$\lim\limits_{x\to 0^+}f(x)=\lim\limits_{x\to 0^+}\mathrm{e}^x=1$，所以 $\lim\limits_{x\to 0}f(x)=1$，但 $f(x)$ 在 $x=0$ 处不连续，$x=0$ 为 $f(x)$ 的可去间断点（见图 1-18）.

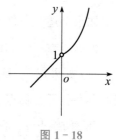

图 1-18

1.7.3 初等函数的连续性

由函数在某点连续的定义和极限的四则运算法则，可得下述定理.

1. 连续函数和、差、积、商的连续性

定理 1（连续函数的四则运算） 如果函数 $f(x)$，$g(x)$ 在点 x_0 处连续，那么

$$f(x)\pm g(x), f(x)\cdot g(x), \frac{f(x)}{g(x)}[g(x_0)\neq 0]$$在点 x_0 处连续.

这个定理说明连续函数的和、差、积、商(若分母不为零)都是连续函数.

证(仅证和的形式)　因为 $f(x)$，$g(x)$ 在 $x=x_0$ 处连续，即

$$\lim_{x\to x_0}f(x)=f(x_0), \lim_{x\to x_0}g(x)=g(x_0)$$

由极限的四则运算法则可得

$$\lim_{x\to x_0}[f(x)+g(x)]=\lim_{x\to x_0}f(x)+\lim_{x\to x_0}g(x)=f(x_0)+g(x_0)$$

所以 $f(x)+g(x)$ 在 $x=x_0$ 处连续.

2. 复合函数的连续性

定理 2　若函数 $y=f(u)$ 在点 u_0 处连续，又函数 $u=\varphi(x)$ 在点 x_0 处连续，且 $u_0=\varphi(x_0)$，则复合函数 $y=f[\varphi(x)]$ 在点 x_0 处连续.

因为 $u=\varphi(x)$ 在点 x_0 处连续，所以 $\lim_{x\to x_0}\varphi(x)=\varphi(x_0)$，即 $\lim_{x\to x_0}u=u_0$，又因为 $y=f(u)$ 在点 u_0 处连续，所以

$$\lim_{x\to x_0}f[\varphi(x)]=\lim_{u\to u_0}f(u)=f(u_0)=f[\lim_{x\to x_0}\varphi(x)]$$

可见，求复合函数的极限时，如果 $u=\varphi(x)$ 在点 x_0 处极限存在，且 $y=f(u)$ 在对应的 $u_0(u_0=\lim_{x\to x_0}\varphi(x))$ 处连续，则极限符号可以与函数符号交换.

例 5　求极限 $\lim_{x\to 0}\sin[(1+x)^{\frac{1}{x}}]$.

解　函数 $y=\sin[(1+x)^{\frac{1}{x}}]$ 可以看成是由 $y=\sin u$ 和 $u=(1+x)^{\frac{1}{x}}$ 复合而成.

由于 $\lim_{x\to 0}(1+x)^{\frac{1}{x}}=e$，而 $y=\sin u$ 在 $u=e$ 处连续. 由定理 2 知

$$\lim_{x\to 0}\sin[(1+x)^{\frac{1}{x}}]=\sin[\lim_{x\to 0}(1+x)^{\frac{1}{x}}]=\sin e$$

3. 初等函数的连续性

由初等函数的定义，基本初等函数的连续性，连续函数的四则运算以及复合函数的连续性，可以得出如下重要结论：一切初等函数在其定义区间内都是连续的.

根据这个结论，如果 $f(x)$ 是初等函数，x_0 是其定义域内的一点，那么求 $\lim_{x\to x_0}f(x)$ 时，只需将 x_0 代入函数求其函数值 $f(x_0)$ 即可.

例 6 求 $\lim\limits_{x \to \frac{\pi}{2}} \ln\sin x$.

解 因为 $x_0 = \dfrac{\pi}{2}$ 是初等函数 $f(x) = \ln\sin x$ 的定义域内的一点，所以

$$\lim_{x \to \frac{\pi}{2}} \ln\sin x = \ln\sin\frac{\pi}{2} = \ln 1 = 0$$

1.7.4 闭区间上连续函数的性质

定义 3 设函数 $f(x)$ 在区间 **D** 上有定义，如果存在 $x_0 \in \mathbf{D}$，使得对于任意的 $x \in \mathbf{D}$ 都有

$$f(x) \leqslant f(x_0) \text{ 或 } f(x) \geqslant f(x_0)$$

那么称 $f(x_0)$ 是函数 $f(x)$ 在区间 **D** 上的最大值（或最小值），称 x_0 为函数 $f(x)$ 的最大值点（或最小值点）.

最大值和最小值统称最值.

定理 3（最值定理） 如果函数 $f(x)$ 在闭区间 $[a, b]$ 上连续，那么函数 $f(x)$ 在 $[a, b]$ 上必取得最大值和最小值.

关于定理 3 注意两点：

(1) 若把定理中的闭区间改成开区间，定理的结论不一定成立，例如函数 $y = x$ 在 $(2, 3)$ 内是连续的，但它在 $(2, 3)$ 内既无最大值又无最小值.

(2) 若函数 $f(x)$ 在闭区间内有间断点，定理的结论也不一定成立. 例如，函数

$$f(x) = \begin{cases} x+1, & -1 \leqslant x < 0 \\ 0, & x = 0 \\ x-1, & 0 < x \leqslant 1 \end{cases}$$

在 $x = 0$ 处间断，$f(x)$ 在 $[-1, 1]$ 上既无最大值也无最小值.

定理 4（介值定理） 若函数 $f(x)$ 在闭区间 $[a, b]$ 上连续，$f(a) \neq f(b)$，设 C 是介于 $f(a)$ 与 $f(b)$ 之间的任一值，则在 (a, b) 内至少存在一点 $\xi \in (a, b)$ 使得

$$f(\xi) = C$$

这个定理的几何意义可由图 1-19 看出，平行于 x 轴的直线 $y = C$ 至少与 $[a, b]$ 上的连续曲线 $y = f(x)$ 相交于一点.

推论（零点定理） 如果函数 $f(x)$ 在 $[a, b]$ 上连续且 $f(a) \cdot f(b) < 0$，则至少存

在一点 $\xi \in (a, b)$，使得

$$f(\xi) = 0$$

即方程 $f(x) = 0$ 在 (a, b) 内至少存在一个根 ξ.

它的几何意义表示，如果 $f(a)$ 与 $f(b)$ 异号，那么连续曲线 $y = f(x)$ 与 x 轴至少有一个交点(见图 1-20).

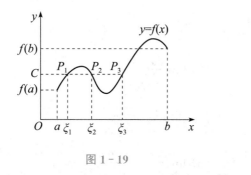

图 1-19

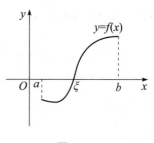

图 1-20

例 7　证明方程 $x^5 - 5x - 1 = 0$ 在 $(1, 2)$ 内至少有一个根.

证　设 $f(x) = x^5 - 5x - 1$，由于函数在 $[1, 2]$ 上连续，且 $f(1) = -5 < 0$，$f(2) = 21 > 0$，因此由零点定理可知，在 $(1, 2)$ 内至少有一点 x_0，使 $f(x_0) = 0$. 这表明所给方程在 $(1, 2)$ 内至少有一个根.

习题 1-7

1. 求函数 $y = 2x^2 - 2x + 1$，当 $x = 1$，$\Delta x = 0.1$ 时的 Δy 值，并求当 $x = 1$，$\Delta x = -0.1$ 时的 Δy 值.

2. 下列函数在指定点处间断，说明这些间断点属于哪一类，如果是可去间断点，则补充定义或改变函数的定义使它连续.

(1) $y = \dfrac{x^2 - 1}{x^2 - 3x + 2}$，$x = 1$，$x = 2$；

(2) $y = \cos \dfrac{1}{x}$，$x = 0$；

(3) $y = \begin{cases} x, & x \leqslant 2 \\ x^2, & x > 2 \end{cases}$，$\qquad x = 2$.

3. 设 $f(x) = 1 + \dfrac{\sin x}{x}$，指出 $f(x)$ 的间断点，并判断类型，怎样在间断点处补充

定义使其连续.

4. 设函数

$$f(x)=\begin{cases}x, & x\geqslant 1\\ x^3, & x<1\end{cases},\text{讨论 }x=1\text{ 处的连续性.}$$

5. 设 $f(x)=\begin{cases}a+x, & x\leqslant 1\\ \ln x, & x>1\end{cases}$，应该怎样选择 a，使函数 $f(x)$ 为连续函数？

6. 计算下列函数的极限.

(1) $\lim\limits_{x\to 2}(x^2-2\sqrt{2x}+\mathrm{e}^{-1})$；

(2) $\lim\limits_{x\to 0}\dfrac{\sqrt{x}-x}{\sqrt{x}}$；

(3) $\lim\limits_{x\to 0}\dfrac{x}{\sqrt{1+x}-\sqrt{1-x}}$；

(4) $\lim\limits_{x\to +\infty}(\sqrt{x^2+x}-\sqrt{x^2+1})$；

(5) $\lim\limits_{x\to 0}\dfrac{\mathrm{e}^{-3x}-1}{x}$；

(6) $\lim\limits_{x\to a}\dfrac{\sin x-\sin a}{x-a}$.

7. 证明方程 $x^4-x-1=0$ 在区间 $(1,2)$ 内必有根.

复习题一

1. 下列说法中哪一个正确？

(1) 函数在点 x_0 处无定义，则在这点必无极限.

(2) 函数在点 x_0 处有定义，则在这点必有极限.

(3) 若函数在点 x_0 处有定义，且有极限，则其极限值必为 $f(x_0)$.

(4) 确定函数在点 x_0 处的极限时，对函数在点 x_0 是否有定义不作要求.

2. 当 $x\to 0$ 时，$\dfrac{\sin x}{\sqrt{x}}$，$\sin^2 x$，$\ln(1+2x)$，$x\sin\dfrac{1}{x}$，$\sqrt{1+x}-\sqrt{1-x}$，$\mathrm{e}^{x^2}-1$，

哪些是与 x 等价的无穷小量？哪些是比 x 高阶的无穷小量？

3. 求下列极限：

(1) $\lim\limits_{x\to 2}(1+3x-x^2)$；

(2) $\lim\limits_{x\to 1}\dfrac{2x^2-3x+5}{x^2+1}$；

(3) $\lim\limits_{x\to\infty}\dfrac{x^2-1}{x^2-3x+2}$；

(4) $\lim\limits_{x\to 1}\dfrac{x^2-1}{x^2-3x+2}$

(5) $\lim\limits_{x\to 3}\dfrac{\sqrt{2x-2}-2}{\sqrt{x+1}-2}$；

(6) $\lim\limits_{x\to\pi}\dfrac{\sin x}{x-\pi}$；

(7) $\lim\limits_{x\to\infty}x\sin\dfrac{2}{x}$；

(8) $\lim\limits_{x\to 0}\dfrac{\ln(1-2x)}{x}$；

(9) $\lim\limits_{x\to 0}\dfrac{\ln(1+x)}{x^2-x}$；

(10) $\lim\limits_{x\to 0}\dfrac{e^{3x}-1}{x}$； (11) $\lim\limits_{x\to 0}\dfrac{\ln(1+3x)}{\sin 5x}$； (12) $\lim\limits_{x\to 0}\left(1-\dfrac{x}{3}\right)^{\frac{2}{x}}$；

(13) $\lim\limits_{x\to\infty}\left(1+\dfrac{m}{x}\right)^{nx}$； (14) $\lim\limits_{x\to 0}\dfrac{x-\sin x}{x+\sin x}$.

4. 已知 $\lim\limits_{x\to 1}\dfrac{x^2+kx+6}{1-x}=5$，试确定 k 的值.

5. 已知 $\lim\limits_{x\to\infty}\left(\dfrac{x^2+1}{x+1}-\alpha x-\beta\right)=0$，试确定 α，β 的值.

6. $f(x)=\begin{cases}x+1, & x\neq 1\\ 0, & x=1\end{cases}$，讨论在 $x=1$ 处函数是否有极限？是否连续？

7. 设函数 $f(x)=\begin{cases}\sin x\sin\dfrac{1}{x}, & x\neq 0\\ k, & x=0\end{cases}$ 在 $x=0$ 处连续，求 k.

8. 求函数 $f(x)=\dfrac{x^2-1}{x^2-x-2}$ 的间断点，并确定其类型.

9. 设 $f(x)=\dfrac{x^2-9}{x^2-2x-3}$，则 $x=3$ 是函数 $f(x)$ 的第几类间断点？$x=-1$ 是函数 $f(x)$ 的第几类间断点？

10. $f(x)=\begin{cases}\dfrac{\cos x}{x+2}, & x\geq 0\\ \dfrac{\sqrt{a}-\sqrt{a-x}}{x}, & x<0(a>0)\end{cases}$

当 a 为何值时，$x=0$ 是函数 $f(x)$ 的连续点？

当 a 为何值时，$x=0$ 是函数 $f(x)$ 间断点？

当 $a=2$ 时，求函数的连续区间.

11. 证明方程 $x=2\sin x+1$ 至少有一个小于 3 的正根.

12. 试判定方程 $(x-1)(x-2)+(x-2)(x-3)+(x-3)(x-1)=0$ 有几个实根？分别在什么范围内？

02 第 2 章　导数与微分

导数是高等数学的一个重要概念，导数与微分统称为微分学，在自然科学和社会科学的很多领域中有着广泛的应用. 恩格斯曾经指出：只有微分学才能使自然科学有可能用数学来不仅仅表明状态，并且也表明过程：运动. 由此可见它的重要性. 本章将运用极限方法，讨论导数和微分的概念、意义以及它们的计算方法.

2.1　导数的概念

2.1.1　引例

先分析两个实例.

引例 1　求变速直线运动中质点的瞬时速度.

解　设 s 表示一质点从某个时刻开始到时刻 t 作直线运动所在的位置，则 s 是 t 的函数，表示为 $s = f(t)$. 现在我们研究物体在 $t = t_0$ 时的运动速度.

当时间由 t_0 改变到 $t_0 + \Delta t$ 时，物体的位置在 Δt 这一段时间内的改变量为

$$\Delta s = f(t_0 + \Delta t) - f(t_0)$$

当物体作变速运动时，它的速度随时间而确定，此时 $\dfrac{\Delta s}{\Delta t}$ 表示时刻从 t_0 到 $t_0 + \Delta t$ 这一段时间内的平均速度 $\overline{v}$

$$\overline{v} = \frac{\Delta s}{\Delta t} = \frac{f(t_0 + \Delta t) - f(t_0)}{\Delta t}$$

当 Δt 很小时，可以用 $\overline{v}$ 近似地表示物体在时刻 t_0 的速度，Δt 愈小，近似程度愈好. 当 $\Delta t \to 0$ 时，如果极限 $\lim\limits_{\Delta t \to 0} \dfrac{\Delta s}{\Delta t}$ 存在，此极限即为质点在时刻 t_0 的瞬时速度，即

$$v\big|_{t=t_0}=\lim_{\Delta t\to0}\frac{\Delta s}{\Delta t}=\lim_{\Delta t\to0}\frac{f(t_0+\Delta t)-f(t_0)}{\Delta t}$$

引例 2　求平面曲线 $y=f(x)$ 在点 $M(x_0,\ y_0)$ 处切线的斜率.

解　设曲线 $y=f(x)$ 的图形如图 2-1 所示，点 $M(x_0,\ y_0)$ 为曲线上一定点，在曲线上另取一点 $M_1(x_0+\Delta x,\ y_0+\Delta y)$，点 M_1 的位置取决于 Δx，是曲线上一动点，作割线 MM_1，设其倾斜角为 φ，于是割线 MM_1 的斜率为

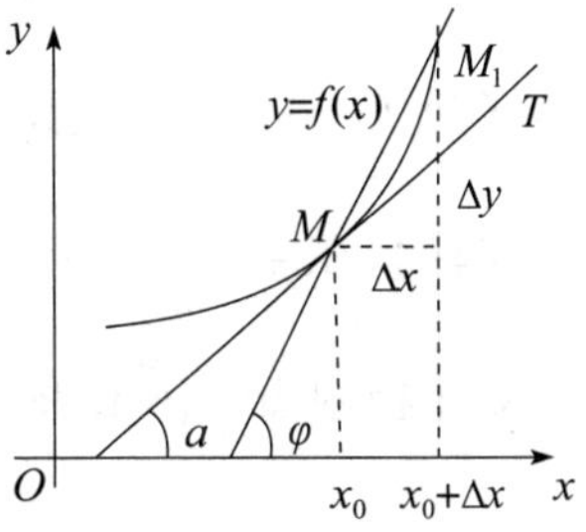

图 2-1

$$\tan\varphi=\frac{\Delta y}{\Delta x}=\frac{f(x_0+\Delta x)-f(x_0)}{\Delta x}$$

当 $\Delta x\to0$ 时，动点 M_1 将沿曲线趋向于定点 M，从而割线 MM_1 也随之变动而趋近于极限位置——直线 MT. 我们称此直线 MT 为曲线在定点 M 处的切线. 此时，割线的倾斜角 φ 趋近于切线的倾斜角 α，即切线 MT 的斜率为

$$\tan\alpha=\lim_{\Delta x\to0}\tan\varphi=\lim_{\Delta x\to0}\frac{\Delta y}{\Delta x}=\lim_{\Delta x\to0}\frac{f(x_0+\Delta x)-f(x_0)}{\Delta x}$$

以上两个例题的具体含义虽不相同，但从抽象的数量关系来看，它们的实质是一样的，都归结为求函数改变量与自变量改变量的比. 当自变量改变量趋于 0 时，这种特殊的极限就称为函数的导数（或称函数的变化率）. 下面给出导数的定义.

2.1.2　导数的定义

1. 函数在一点处的导数与导函数

定义　设函数 $y=f(x)$ 在点 x_0 的某邻域内有定义，当自变量 x 在点 x_0 处取得改变量 $\Delta x(\neq0)$ 时，函数 $f(x)$ 取得相应的改变量

$$\Delta y=f(x_0+\Delta x)-f(x_0)$$

如果当 $\Delta x\to0$ 时，$\dfrac{\Delta y}{\Delta x}$ 的极限存在，即

$$\lim_{\Delta x\to0}\frac{\Delta y}{\Delta x}=\lim_{\Delta x\to0}\frac{f(x_0+\Delta x)-f(x_0)}{\Delta x}$$

存在，则把此极限值称为函数 $f(x)$ 在点 x_0 处的导数，记作

$$f'(x_0), y'\big|_{x=x_0}, \frac{\mathrm{d}y}{\mathrm{d}x}\bigg|_{x=x_0}, \quad 或 \quad \frac{\mathrm{d}f}{\mathrm{d}x}\bigg|_{x=x_0}$$

在上述定义中，$\dfrac{\Delta y}{\Delta x}=\dfrac{f(x_0+\Delta x)-f(x_0)}{\Delta x}$ 反映的是自变量 x 从 x_0 改变到 $x_0+\Delta x$ 时，函数 $f(x)$ 的平均变化速度，称为函数的平均变化率；而导数 $f'(x_0)=\lim\limits_{\Delta x\to 0}\dfrac{\Delta y}{\Delta x}$ 反映的是函数在点 x_0 处的变化速度，称为函数在点 x_0 处的变化率.

如果极限 $\lim\limits_{\Delta x\to 0}\dfrac{\Delta y}{\Delta x}$ 存在，则称函数 $f(x)$ 在点 x_0 处可导；否则，极限 $\lim\limits_{\Delta x\to 0}\dfrac{\Delta y}{\Delta x}$ 不存在，则称函数 $f(x)$ 在点 x_0 处不可导. 如果不可导的原因是由于 $\lim\limits_{\Delta x\to 0}\dfrac{\Delta y}{\Delta x}=\infty$，为了方便起见，也往往称函数 $y=f(x)$ 在点 x_0 处的导数为无穷大.

导数定义还有其他等价形式，例如

$$f'(x_0)=\lim_{h\to 0}\frac{f(x_0+h)-f(x_0)}{h}$$

或

$$f'(x_0)=\lim_{x\to x_0}\frac{f(x)-f(x_0)}{x-x_0}$$

等形式.

根据导数定义，前两个例题可叙述为：

变速直线运动物体在时刻 t_0 的瞬时速度，就是位置函数 s 在 t_0 处对时间 t 的导数，即

$$v(t_0)=s'(t_0)$$

平面曲线切线的斜率是曲线纵坐标 y 在相应点对横坐标 x 的导数，即

$$k=\tan\alpha=f'(x_0)$$

例 1   求函数 $y=x^2$ 在点 $x=2$ 处的导数.

解   当自变量由 2 改变到 $2+\Delta x$ 时，函数改变量为

$$\Delta y=(2+\Delta x)^2-2^2=4\Delta x+(\Delta x)^2$$

因此

$$\frac{\Delta y}{\Delta x} = 4 + \Delta x$$

$$f'(2) = \lim_{\Delta x \to 0} \frac{\Delta y}{\Delta x} = \lim_{\Delta x \to 0} (4 + \Delta x) = 4$$

如果函数 $f(x)$ 在某区间 (a, b) 内每点处都可导，那么称 $f(x)$ 在区间 (a, b) 内可导.

设 $f(x)$ 在区间 (a, b) 内可导，此时，对于区间 (a, b) 内每一点 x，都有 $f(x)$ 的一个确定的导数值与它对应，这就确定了一个新的函数，这个函数称为函数 $y = f(x)$ 在区间 (a, b) 内对 x 的导函数，在不致引起混淆的情况下，简称其为导数，记作

$$f'(x), y', \frac{\mathrm{d}y}{\mathrm{d}x}, \quad 或 \quad \frac{\mathrm{d}f}{\mathrm{d}x}$$

在例 1 中，你能否求出 $y = x^2$ 在点 x 处的导数 $f'(x)$？

显然，函数 $y = f(x)$ 在点 x_0 处的导数 $f'(x_0)$ 就是导函数 $f'(x)$ 在点 x_0 处的函数值，即

$$f'(x_0) = f'(x) \big|_{x = x_0}$$

2. 左右导数

由导数定义及其等价形式，可把下面的极限

$$\lim_{\Delta x \to 0^-} \frac{\Delta y}{\Delta x} = \lim_{\Delta x \to 0^-} \frac{f(x_0 + \Delta x) - f(x_0)}{\Delta x} \quad 或 \lim_{x \to x_0^-} \frac{f(x) - f(x_0)}{x - x_0}$$

$$\lim_{\Delta x \to 0^+} \frac{\Delta y}{\Delta x} = \lim_{\Delta x \to 0^+} \frac{f(x_0 + \Delta x) - f(x_0)}{\Delta x} \quad 或 \lim_{x \to x_0^+} \frac{f(x) - f(x_0)}{x - x_0}$$

分别称为函数 $f(x)$ 在点 x_0 处的左导数和右导数，且分别记为 $f'_-(x_0)$ 和 $f'_+(x_0)$.

于是，可得如下定理：

定理 1　函数 $y = f(x)$ 在点 x_0 处可导的充分必要条件是函数 $y = f(x)$ 在点 x_0 处的左、右导数存在且相等.

例 2　设 $y = f(x)$ 在 x_0 处可导，

(1) $\lim_{h \to 0} \dfrac{f(x_0 + h) - f(x_0 - h)}{h} = ?$

(2) $\lim_{\Delta x \to 0} \dfrac{f(x_0 + 2\Delta x) - f(x_0)}{\Delta x} = 1$，则 $f'(x_0) = ?$

解 (1) $\lim\limits_{h \to 0} \dfrac{f(x_0+h)-f(x_0-h)}{h}$

$=\lim\limits_{h \to 0} \dfrac{f(x_0+h)-f(x_0)+f(x_0)-f(x_0-h)}{h}$

$=\lim\limits_{h \to 0} \dfrac{f(x_0+h)-f(x_0)}{h} + \lim\limits_{h \to 0} \dfrac{f(x_0-h)-f(x_0)}{-h} = 2f'(x_0)$

(2) $\lim\limits_{\Delta x \to 0} \dfrac{f(x_0+2\Delta x)-f(x_0)}{\Delta x} = 2 \lim\limits_{\Delta x \to 0} \dfrac{f(x_0+2\Delta x)-f(x_0)}{2\Delta x} = 2f'(x_0) = 1$

所以

$$f'(x_0) = \frac{1}{2}$$

例 3 设 $f'(x_0)=5$，且 $\lim\limits_{\Delta x \to 0} \dfrac{f(x_0)-f(x_0-k\Delta x)}{\Delta x} = -10$，则 $k=?$

解 $\lim\limits_{\Delta x \to 0} \dfrac{f(x_0)-f(x_0-k\Delta x)}{\Delta x} = k \lim\limits_{\Delta x \to 0} \dfrac{f(x_0)-f(x_0-k\Delta x)}{k\Delta x} = kf'(x_0) = 5k = -10$

所以

$$k = -2$$

例 4 讨论函数 $f(x) = \begin{cases} \ln(1+x), & -1 < x \leqslant 0 \\ \sin x, & x > 0 \end{cases}$，在 $x=0$ 处的可导性.

解 $f(0) = 0$

$f'_-(0) = \lim\limits_{x \to 0^-} \dfrac{f(x)-f(0)}{x-0} = \lim\limits_{x \to 0^-} \dfrac{\ln(1+x)-0}{x} = 1$

$f'_+(0) = \lim\limits_{x \to 0^+} \dfrac{f(x)-f(0)}{x-0} = \lim\limits_{x \to 0^+} \dfrac{\sin x-0}{x} = 1$

所以 $f(x)$ 在 $x=0$ 处可导且 $f'(0)=1$.

2.1.3 求导数举例

根据导数的定义，求函数 $y=f(x)$ 的导数分三个步骤：

(1) 求增量 $\Delta y = f(x+\Delta x) - f(x)$；

(2) 算比值 $\dfrac{\Delta y}{\Delta x} = \dfrac{f(x+\Delta x)-f(x)}{\Delta x}$；

(3) 取极限 $y' = f'(x) = \lim\limits_{\Delta x \to 0} \dfrac{\Delta y}{\Delta x} = \lim\limits_{\Delta x \to 0} \dfrac{f(x+\Delta x)-f(x)}{\Delta x}$.

例 5　求函数 $y=C$ 的导数.

解　(1) 求增量　$\Delta y=C-C=0$

(2) 算比值　$\dfrac{\Delta y}{\Delta x}=0$

(3) 取极限　$y'=\lim\limits_{\Delta x\to 0}\dfrac{\Delta y}{\Delta x}=0$

即

$$(C)'=0$$

也就是说：常数的导数等于零.

例 6　求函数 $f(x)=x^n(n\in \mathbf{N}^+)$ 在 $x=a$ 处的导数.

解　用导数的等价定义形式来求，即

$$f'(a)=\lim\limits_{x\to a}\frac{f(x)-f(a)}{x-a}=\lim\limits_{x\to a}\frac{x^n-a^n}{x-a}$$

$$=\lim\limits_{x\to a}(x^{n-1}+ax^{n-2}+\cdots+a^{n-1})=na^{n-1}$$

于是可得 $f'(x)=(x^n)'=nx^{n-1}$

因此可以证明：幂函数 $y=x^\alpha(\alpha$ 为常数)的导数公式

$$(x^\alpha)'=\alpha x^{\alpha-1}$$

利用这个公式，可以很方便地求出幂函数的导数.

例 7　求函数 $y=\sin x$ 的导数.

解　(1) 求增量　$\Delta y=\sin(x+\Delta x)-\sin x=2\cos\left(x+\dfrac{\Delta x}{2}\right)\sin\dfrac{\Delta x}{2}$

(2) 算比值　$\dfrac{\Delta y}{\Delta x}=2\cos\left(x+\dfrac{\Delta x}{2}\right)\dfrac{\sin\dfrac{\Delta x}{2}}{\Delta x}=\cos\left(x+\dfrac{\Delta x}{2}\right)\dfrac{\sin\dfrac{\Delta x}{2}}{\dfrac{\Delta x}{2}}$

(3) 取极限　$y'=\lim\limits_{\Delta x\to 0}\cos\left(x+\dfrac{\Delta x}{2}\right)\dfrac{\sin\dfrac{\Delta x}{2}}{\dfrac{\Delta x}{2}}=\cos x$

即　　　$(\sin x)'=\cos x$

类似地可以证明

$$(\cos x)' = -\sin x$$

例 8 求函数 $y = \log_a x (a > 0, a \neq 1)$ 的导数.

解 （1）求增量 $\Delta y = \log_a(x + \Delta x) - \log_a x = \log_a \left(1 + \frac{\Delta x}{x}\right)$

（2）算比值 $\frac{\Delta y}{\Delta x} = \frac{1}{\Delta x} \log_a \left(1 + \frac{\Delta x}{x}\right) = \frac{1}{x} \cdot \frac{x}{\Delta x} \log_a \left(1 + \frac{\Delta x}{x}\right) = \frac{1}{x} \log_a \left(1 + \frac{\Delta x}{x}\right)^{\frac{x}{\Delta x}}$

（3）取极限 当 $\Delta x \to 0$ 时，$\frac{\Delta x}{x} \to 0$，由对数函数的连续性及第二重要极限公式得

$$y' = \lim_{\Delta x \to 0} \frac{1}{x} \log_a \left(1 + \frac{\Delta x}{x}\right)^{\frac{x}{\Delta x}} = \frac{1}{x} \log_a e = \frac{1}{x \ln a}$$

即 $\qquad (\log_a x)' = \frac{1}{x} \log_a e = \frac{1}{x \ln a}$

特别地，当 $a = e$ 时，得到自然对数函数的导数公式

$$(\ln x)' = \frac{1}{x}$$

2.1.4 导数的几何意义

函数 $y = f(x)$ 在点 x_0 处的导数 $f'(x_0)$，就是曲线 $y = f(x)$ 在点 $M(x_0, y_0)$ 处的切线 MT 的斜率（见图 2-1）.

$$f'(x_0) = \lim_{\Delta x \to 0} \frac{\Delta y}{\Delta x} = \lim_{\Delta x \to 0} \tan \varphi = \tan \alpha = k_{切} \qquad \left(其中 \alpha \neq \frac{\pi}{2}\right)$$

由导数的几何意义及直线的点斜式方程，可知曲线 $y = f(x)$ 上点 $M(x_0, y_0)$ 处的切线方程为

$$y - y_0 = f'(x_0)(x - x_0)$$

法线方程为

$$y - y_0 = -\frac{1}{f'(x_0)}(x - x_0) \quad [其中 f'(x_0) \neq 0]$$

例 9 求 $y = x^3$ 在 $(1, 1)$ 处的切线方程和法线方程.

解 由于 $f'(x) = 3x^2$，因此 $f'(1) = 3$，所以所求的切线方程为

$$y-1=3(x-1)$$

即　$3x-y-2=0$

法线方程为

$$y-1=-\frac{1}{3}(x-1)$$

即　$x+3y-4=0$

2.1.5　函数的可导性与连续性的关系

定理　在某点可导的函数，则在该点函数一定是连续的.

证：设函数 $y=f(x)$ 在点 x_0 处可导，即

$$\lim_{\Delta x \to 0}\frac{\Delta y}{\Delta x}=f'(x_0)$$

存在，则由　$\Delta y=\dfrac{\Delta y}{\Delta x}\cdot\Delta x$，有

$$\lim_{\Delta x \to 0}\Delta y=\lim_{\Delta x \to 0}\frac{\Delta y}{\Delta x}\cdot\lim_{\Delta x \to 0}\Delta x=f'(x_0)\cdot 0=0$$

这说明函数 $y=f(x)$ 在点 x_0 处连续.

反之，在某点连续的函数在该点不一定可导.

例如，函数 $y=x^{\frac{1}{3}}$ 在区间 $(-\infty,+\infty)$ 上是连续的，当然在点 $x=0$ 处也连续，但它在 $x=0$ 处是不可导的. 因为在点 $x=0$ 处有

$$\frac{f(0+\Delta x)-f(0)}{\Delta x}=\frac{(\Delta x)^{\frac{1}{3}}-0}{\Delta x}=\frac{1}{(\Delta x)^{\frac{2}{3}}}$$

所以

$$\lim_{\Delta x \to 0}\frac{f(0+\Delta x)-f(0)}{\Delta x}=\lim_{\Delta x \to 0}\frac{1}{(\Delta x)^{\frac{2}{3}}}=+\infty$$

即导数为无穷大. 这说明连续未必可导，如图 2-2 所示.

例 10　讨论函数 $y=f(x)=|x|=\begin{cases}x,& x\geqslant 0\\ -x,& x<0\end{cases}$ 在点 $x=0$ 处的连续性与可导

性. 如图 2-3 所示.

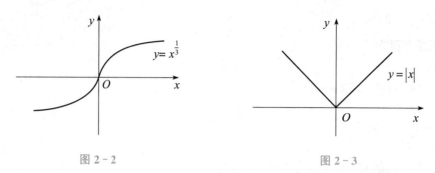

图 2-2   图 2-3

解   因为 $\lim\limits_{x \to 0^+} |x| = \lim\limits_{x \to 0^+} x = 0$, $\lim\limits_{x \to 0^-} |x| = \lim\limits_{x \to 0^-} (-x) = 0$

所以 $\lim\limits_{x \to 0} |x| = f(0) = 0$

即函数在 $x = 0$ 处是连续的. 但是

右导数 $f'_+(0) = \lim\limits_{x \to 0^+} \dfrac{f(x) - f(0)}{x - 0} = \lim\limits_{x \to 0^+} \dfrac{x - 0}{x - 0} = 1$

左导数 $f'_-(0) = \lim\limits_{x \to 0^-} \dfrac{f(x) - f(0)}{x - 0} = \lim\limits_{x \to 0^-} \dfrac{-x - 0}{x - 0} = -1$

因为 $f'_+(0) \neq f'_-(0)$，所以 $f'(0)$ 不存在.

习题 2-1

1. 设 $f(x)$ 可导且下列各极限均存在，讨论下列各式是否成立？

(1) $\lim\limits_{x \to 0} \dfrac{f(x) - f(0)}{x} = f'(0)$;

(2) $\lim\limits_{h \to 0} \dfrac{f(a + 2h) - f(a)}{h} = f'(a)$;

(3) $\lim\limits_{\Delta x \to 0} \dfrac{f(x_0) - f(x_0 - \Delta x)}{\Delta x} = f'(x_0)$;

(4) $\lim\limits_{\Delta x \to 0} \dfrac{f(x_0 + \Delta x) - f(x_0 - \Delta x)}{2 \Delta x} = f'(x_0)$.

2. 函数 $f(x)$ 在点 x_0 处连续是 $f(x)$ 在 x_0 处可导的什么条件？

(1) 充分条件；   (2) 必要条件；

(3) 充分且必要条件；   (4) 既非充分条件也非必要条件.

3. 回答下列问题：

(1) 如果曲线 $y=f(x)$ 处处都有切线，是否函数 $y=f(x)$ 必处处都可导？

(2) 如果曲线 $y=f(x)$ 在点 x_0 处的导数 $f'(x_0)=0$，则曲线在该点的切线平行于什么轴？

(3) 如果曲线 $y=f(x)$ 在点 x_0 处的导数 $f'(x_0)=\infty$，则曲线在该点的切线平行于什么轴？

(4) 曲线 $y=\sqrt{x}$ 是否存在平行于 x 轴的切线？为什么？

4. 求下列函数的导数：

(1) $y=x^5$；

(2) $y=\sqrt[3]{x^2}$；

(3) $y=\sqrt{x\sqrt{x}}$；

(4) $y=\dfrac{1}{x^4}$.

5. 已知物体的运动方程为 $s=t^2$，求物体在 $t=3$ 时的速度.

6. 求下列曲线在 $x=1$ 处的切线方程和法线方程：

(1) $y=x^{\frac{3}{2}}$；

(2) $y=\ln x$；

(3) $y=\sin x$；

(4) $y=\log_5 x$.

7. 设 $y=\cos x$，根据定义证明 $y'=-\sin x$.

8. 设 $f(x)=\cos x$，求 $f'\left(\dfrac{\pi}{2}\right)$，$f'(\pi)$.

9. 讨论下列函数在 $x=0$ 处的连续性与可导性：

(1) $y=|\sin x|$；

(2) $f(x)=\begin{cases} x^2\sin\dfrac{1}{x}, & x\neq 0 \\ 0, & x=0 \end{cases}$.

10. 设函数 $f(x)=\begin{cases} x^2, & x\leqslant 1 \\ ax+b, & x>1 \end{cases}$，当 a 和 b 为何值时，函数在 $x=1$ 处连续且可导？

2.2　函数的求导法则

2.2.1　导数的四则运算法则

定理 1　如果函数 $u=u(x)$ 及 $v=v(x)$ 在点 x 处可导，那么它们的和、差、积、

商（分母不为零）在点 x 处也可导，且

(1) $[u(x)\pm v(x)]'=u'(x)\pm v'(x)$；

(2) $[u(x)v(x)]'=u'(x)v(x)+u(x)v'(x)$；

(3) $\left[\dfrac{u(x)}{v(x)}\right]'=\dfrac{u'(x)v(x)-u(x)v'(x)}{v^2(x)}.$

下面给出法则(1)的证明.

证：因为

$$\Delta y=[u(x+\Delta x)+v(x+\Delta x)]-[u(x)+v(x)]$$
$$=[u(x+\Delta x)-u(x)]+[v(x+\Delta x)-v(x)]=\Delta u+\Delta v$$

于是 $\quad \dfrac{\Delta y}{\Delta x}=\dfrac{\Delta u}{\Delta x}+\dfrac{\Delta v}{\Delta x}$

所以 $\quad y'=[u(x)+v(x)]'=\lim\limits_{\Delta x\to 0}\dfrac{\Delta y}{\Delta x}=\lim\limits_{\Delta x\to 0}\dfrac{\Delta u}{\Delta x}+\lim\limits_{\Delta x\to 0}\dfrac{\Delta v}{\Delta x}=u'(x)+v'(x)$

同理可证 $\quad [u(x)-v(x)]'=u'(x)-v'(x)$

注 法则(1)和法则(2)均可以推广到有限多个可导函数的情形.

例 1 求函数 $y=x^3+\sqrt{x}+\cos x+\ln x+\sin\dfrac{\pi}{7}$ 的导数.

解 $y'=(x^3)'+(\sqrt{x})'+(\cos x)'+(\ln x)'+\left(\sin\dfrac{\pi}{7}\right)'=3x^2+\dfrac{1}{2\sqrt{x}}-\sin x+\dfrac{1}{x}$

例 2 $f(x)=x^2+\sin x-\dfrac{1}{x}$，求 $f'(x)$ 及 $f'\left(\dfrac{\pi}{2}\right)$.

解 $f'(x)=(x^2)'+(\sin x)'-\left(\dfrac{1}{x}\right)'=2x+\cos x+\dfrac{1}{x^2}$

$$f'\left(\dfrac{\pi}{2}\right)=2\cdot\dfrac{\pi}{2}+\cos\dfrac{\pi}{2}+\dfrac{4}{\pi^2}=\pi+\dfrac{4}{\pi^2}$$

特别地，当 $u(x)=c$（c 为常数）时，可应用以下推论：

(1) $[cv(x)]'=cv'(x)$，即常数因子可提到导数符号外面；

(2) $\left[\dfrac{c}{v(x)}\right]'=\dfrac{-cv'(x)}{v^2(x)}.$

例 3 求下列函数的导数：

(1) $y=x^3\ln x\cos x$；　　　　　　　(2) $f(x)=x\ln x+7\sqrt[3]{x^2}$.

解 (1) $y'=(x^3)'\ln x\cos x+x^3(\ln x\cos x)'$

$$=3x^2\ln x\cos x+x^2\cos x-x^3\ln x\sin x$$

(2) $f'(x)=(x\ln x)'+7(\sqrt[3]{x^2})'=\ln x+1+\dfrac{14}{3\sqrt[3]{x}}$

例 4　已知 $y=\tan x$，求 y'.

解　$y'=(\tan x)'=\left(\dfrac{\sin x}{\cos x}\right)'=\dfrac{(\sin x)'\cos x-\sin x(\cos x)'}{\cos^2 x}$

$$=\dfrac{\cos x\cos x-\sin x(-\sin x)}{\cos^2 x}=\dfrac{1}{\cos^2 x}=\sec^2 x$$

即　　$(\tan x)'=\dfrac{1}{\cos^2 x}=\sec^2 x$

例 5　已知 $y=\sec x$，求 y'.

解　$y'=(\sec x)'=\left(\dfrac{1}{\cos x}\right)'=-1\cdot\dfrac{(\cos x)'}{\cos^2 x}=\dfrac{\sin x}{\cos^2 x}=\sec x\tan x$

即　　$(\sec x)'=\sec x\tan x$

同理可得

$$(\cot x)'=-\dfrac{1}{\sin^2 x}=-\csc^2 x$$

$$(\csc x)'=-\csc x\cot x$$

例 6　已知 $f(x)=\dfrac{1-\cos x}{1+\cos x}$，求 $f'(x)$ 及 $f'\left(\dfrac{\pi}{2}\right)$.

解　$f'(x)=\dfrac{(1-\cos x)'(1+\cos x)-(1-\cos x)(1+\cos x)'}{(1+\cos x)^2}$

$$=\dfrac{\sin x(1+\cos x)-(1-\cos x)(-\sin x)}{(1+\cos x)^2}$$

$$=\dfrac{\sin x+\sin x\cos x+\sin x-\sin x\cos x}{(1+\cos x)^2}$$

$$=\dfrac{2\sin x}{(1+\cos x)^2}$$

所以　　$f'\left(\dfrac{\pi}{2}\right)=\dfrac{2\sin\dfrac{\pi}{2}}{\left(1+\cos\dfrac{\pi}{2}\right)^2}=\dfrac{2}{(1+0)^2}=2$

2.2.2　反函数的求导法则

定理 2　如果单调函数 $x=\varphi(y)$ 在点 y 处可导，且 $\varphi'(y)\neq 0$，那么它的反函数

$y=f(x)$ 在对应点 x 处可导，并且有

$$f'(x)=\frac{1}{\varphi'(y)} \quad 或 \quad \frac{\mathrm{d}y}{\mathrm{d}x}=\frac{1}{\dfrac{\mathrm{d}x}{\mathrm{d}y}}$$

证：因为函数 $x=\varphi(y)$ 单调可导（也连续），所以它的反函数 $y=f(x)$ 存在，且在对应点处单调连续.

给 x 以改变量 $\Delta x \neq 0$，由 $y=f(x)$ 的单调性可知：$\Delta y=f(x+\Delta x)-f(x)\neq 0$，于是有

$$\frac{\Delta y}{\Delta x}=\frac{1}{\dfrac{\Delta x}{\Delta y}}$$

由于 $y=f(x)$ 连续，因而 $\Delta x \to 0$ 时，$\Delta y \to 0$.

从而

$$f'(x)=\lim_{\Delta x \to 0}\frac{\Delta y}{\Delta x}=\lim_{\Delta y \to 0}\frac{1}{\dfrac{\Delta x}{\Delta y}}=\frac{1}{\varphi'(y)}$$

该定理说明：一个函数的反函数的导数等于这个函数的导数的倒数.

应用定理 2 可以求出指数函数的导数及反三角函数的导数.

例 7   求 $y=a^{x}(a>0,\ a\neq 1)$ 的导数.

解   因为 $y=a^{x}(a>0,\ a\neq 1)$ 是 $x=\log_{a}y$ 的反函数，$x=\log_{a}y$ 在区间 $(0,\ +\infty)$ 内单调可导，且 $(\log_{a}y)'=\dfrac{1}{y\ln a}\neq 0$，所以有

$$(a^{x})'=\frac{1}{(\log_{a}y)'}=\frac{1}{\dfrac{1}{y\ln a}}=y\ln a=a^{x}\ln a$$

即 $(a^{x})'=a^{x}\ln a$

特别地，当 $a=\mathrm{e}$ 时，有

$$(\mathrm{e}^{x})'=\mathrm{e}^{x}$$

例 8   求下列函数的导数：

(1) $y=\arcsin x$；   (2) $y=\arctan x$.

解 （1）因为 $y=\arcsin x$ 是 $x=\sin y$ 的反函数，$x=\sin y$ 在区间 $\left(-\dfrac{\pi}{2},\dfrac{\pi}{2}\right)$ 内单调可导，且 $(\sin y)'=\cos y>0$，所以有

$$(\arcsin x)'=\frac{1}{(\sin y)'}=\frac{1}{\cos y}=\frac{1}{\sqrt{1-\sin^2 y}}=\frac{1}{\sqrt{1-x^2}}$$

即 $\quad (\arcsin x)'=\dfrac{1}{\sqrt{1-x^2}}$

类似地，可以求出 $\quad (\arccos x)'=-\dfrac{1}{\sqrt{1-x^2}}$

（2）因为 $y=\arctan x$ 是 $x=\tan y$ 的反函数，$x=\tan y$ 在区间 $\left(-\dfrac{\pi}{2},\dfrac{\pi}{2}\right)$ 内单调可导，且 $(\tan y)'=\sec^2 y\neq 0$，所以有

$$(\arctan x)'=\frac{1}{(\tan y)'}=\frac{1}{\dfrac{1}{\cos^2 y}}=\cos^2 y=\frac{1}{1+\tan^2 y}=\frac{1}{1+x^2}$$

即 $\quad (\arctan x)'=\dfrac{1}{1+x^2}$

类似地，可以求出 $\quad (\text{arccot}\,x)'=-\dfrac{1}{1+x^2}$

习题 2－2

1．求下列函数的导数：

(1) $y=x^{a+b}$；

(2) $y=2\sqrt{x}-\dfrac{1}{x}+7\sqrt{5}$；

(3) $y=(x^2-3)(x^4+x^2-1)$；

(4) $y=\dfrac{ax+b}{a+b}$；

(5) $y=(\sqrt{x}+1)\left(\dfrac{1}{\sqrt{x}}-1\right)$；

(6) $y=\dfrac{x^2-1}{x^2+1}$；

(7) $f(t)=\dfrac{t}{t^2-1}$；

(8) $u=\dfrac{1-v^2}{\sqrt{\pi}}$；

(9) $y=3x-\dfrac{2x}{2-x}$；

(10) $y=(x-a)(x-b)$；

(11) $y=(x+1)\sqrt{2x}$ ；   (12) $y=(1+ax^b)(1+bx^a)$ ．

2. 求下列函数的导数：

(1) $y=2\sqrt{x}\ln x$ ；   (2) $y=\log_a\sqrt{x}$ ；

(3) $y=x^n\ln x$ ；   (4) $y=\dfrac{1-\ln x}{1+\ln x}$ ；

(5) $\rho=\varphi\sin\varphi+\cos\varphi$ ；   (6) $\rho=\dfrac{\varphi}{1-\cos\varphi}$ ；

(7) $y=\tan x-x\tan x$ ；   (8) $y=x\sin x\ln x$ ．

3. 求下列函数在指定点的导数：

(1) 已知 $\varphi(x)=x\cos x+3x^2$ ，求 $\varphi'(-\pi)$ 、 $\varphi'(\pi)$ ．

(2) 已知 $f(x)=\dfrac{x\sin x}{1+\cos x}$ ，求 $f'(x)$ 及 $f'\left(\dfrac{\pi}{3}\right)$ ．

4. 已知物体的运动方程为 $s=t^3+10$ ，求该物体在 $t=3$ 时的瞬时速度．

5. 已知某种产品的产量 y 是原料 x 的函数 $y=x+4x^2-0.2x^3$ ，试求产量 y 对原料 x 的变化率．

6. 求曲线 $y=\sin x$ 在 $x=\pi$ 处的切线方程和法线方程．

7. 曲线 $y=x\ln x$ 上哪一点的切线与直线 $x+2y-4=0$ 垂直？

2.3 复合函数的导数

2.3.1 复合函数求导法则

设由函数 $y=f(u)$ 和 $u=\varphi(x)$ 构成复合函数 $y=f[\varphi(x)]$ ．

定理1 如果 $u=\varphi(x)$ 在点 x 处有导数 $\dfrac{du}{dx}=\varphi'(x)$ ，而 $y=f(u)$ 在对应点 u 处有导数 $\dfrac{dy}{du}=f'(u)$ ，那么复合函数 $y=f[\varphi(x)]$ 在点 x 处的导数也存在，并且

$$\frac{dy}{dx}=f'(u)\cdot\varphi'(x) \quad 或 \quad \frac{dy}{dx}=\frac{dy}{du}\cdot\frac{du}{dx}$$

证：设当 x 取得改变量 Δx 时，则 u 相应取得的改变量为 Δu ，从而 y 取得相应

的改变量为 Δy.

$$\Delta u = \varphi(x+\Delta x) - \varphi(x)$$

$$\Delta y = f(u+\Delta x) - f(u)$$

当 $\Delta u \neq 0$ 时，则有

$$\frac{\Delta y}{\Delta x} = \frac{\Delta y}{\Delta u} \cdot \frac{\Delta u}{\Delta x}$$

因为 $u = \varphi(x)$ 可导，则必连续，所以当 $\Delta x \to 0$ 时，$\Delta u \to 0$. 因此

$$\lim_{\Delta x \to 0} \frac{\Delta y}{\Delta x} = \lim_{\Delta x \to 0} \frac{\Delta y}{\Delta u} \cdot \lim_{\Delta x \to 0} \frac{\Delta u}{\Delta x} = \lim_{\Delta u \to 0} \frac{\Delta y}{\Delta u} \cdot \lim_{\Delta x \to 0} \frac{\Delta u}{\Delta x}$$

于是可得

$$\frac{\mathrm{d}y}{\mathrm{d}x} = \frac{\mathrm{d}y}{\mathrm{d}u} \cdot \frac{\mathrm{d}u}{\mathrm{d}x}$$

这个定理是说：复合函数的导数等于复合函数对中间变量的导数乘以中间变量对自变量的导数.

重复应用这个法则，就可以将其推广到有限次复合函数求导数.

例如，设 $y = f(u)$，$u = \varphi(v)$，$v = \psi(x)$，则复合函数 $y = f\{\varphi[\psi(x)]\}$ 对 x 的导数

$$\frac{\mathrm{d}y}{\mathrm{d}x} = f'(u) \cdot \varphi'(v) \cdot \psi'(x) \quad \text{或} \quad \frac{\mathrm{d}y}{\mathrm{d}x} = \frac{\mathrm{d}y}{\mathrm{d}u} \cdot \frac{\mathrm{d}u}{\mathrm{d}v} \cdot \frac{\mathrm{d}v}{\mathrm{d}x}$$

例 1　求下列函数的导数：

(1) $y = (1+5x)^{10}$；　　　　　　　　　　(2) $y = \log_3(\sin x)$；

(3) $y = \sqrt[3]{1-x^2}$；　　　　　　　　　　(4) $y = \tan^2 x$；

(5) $y = \dfrac{x}{2}\sqrt{a^2-x^2}$；　　　　　　　　(6) $y = \ln(x+\sqrt{x^2+a^2})$.

解　(1) 设 $y = u^{10}$，$u = 1+5x$，则由复合函数的求导法则可得

$$y' = (u^{10})' \cdot (1+5x)' = 10u^9 \cdot 5 = 50u^9 = 50(1+5x)^9$$

(2) 设 $y = \log_3 u$，$u = \sin x$. 则

$$y' = (\log_3 u)' \cdot (\sin x)' = \frac{1}{u\ln 3}\cos x = \frac{1}{\ln 3} \cdot \frac{\cos x}{\sin x} = \frac{\cot x}{\ln 3}$$

（3）由复合函数的求导法则，有

$$y'=\left[(1-x^2)^{\frac{1}{3}}\right]'=\frac{1}{3}(1-x^2)^{\frac{1}{3}-1}(1-x^2)'$$

$$=\frac{1}{3}(1-x^2)^{-\frac{2}{3}}(-2x)=-\frac{2x}{3\sqrt[3]{(1-x^2)^2}}$$

（4）$y'=(\tan^2 x)'=2\tan x\cdot(\tan x)'=2\tan x\cdot\sec^2 x$

（5）$y'=\dfrac{1}{2}\left[x'\cdot\sqrt{a^2-x^2}+x(\sqrt{a^2-x^2})'\right]$

$$=\frac{1}{2}\left[\sqrt{a^2-x^2}+x\cdot\frac{1}{2\sqrt{a^2-x^2}}\cdot(a^2-x^2)'\right]$$

$$=\frac{1}{2}\left[\sqrt{a^2-x^2}+\frac{x}{2\sqrt{a^2-x^2}}\cdot(-2x)\right]=\frac{a^2-2x^2}{2\sqrt{a^2-x^2}}$$

（6）$y'=\dfrac{1}{x+\sqrt{x^2+a^2}}\cdot(x+\sqrt{x^2+a^2})'$

$$=\frac{1}{x+\sqrt{x^2+a^2}}\cdot\left(1+\frac{(x^2+a^2)'}{2\sqrt{x^2+a^2}}\right)$$

$$=\frac{1}{x+\sqrt{x^2+a^2}}\cdot\left(1+\frac{2x}{2\sqrt{x^2+a^2}}\right)$$

$$=\frac{1}{x+\sqrt{x^2+a^2}}\cdot\frac{\sqrt{x^2+a^2}+x}{\sqrt{x^2+a^2}}=\frac{1}{\sqrt{x^2+a^2}}$$

当复合函数的求导法则熟练后，可以按照复合运算的前后顺序，层层求导直接得出最后结果，无须引入中间变量计算.

例 2 求函数 $f(x)=\cos\ln\sqrt{1-2x}$ 的导数.

解 $f'(x)=-\sin\ln\sqrt{1-2x}\cdot\dfrac{1}{\sqrt{1-2x}}\cdot\dfrac{1}{2\sqrt{1-2x}}\cdot(-2)=\dfrac{\sin\ln\sqrt{1-2x}}{1-2x}$

例 3 设下列函数可导，求其导数：

（1）$y=f(\sqrt{x}+x^a)$；　　　　　　　　（2）$y=f[(x+a)^n]$；

（3）$y=[f(x+a)]^n$；　　　　　　　　（4）$y=f(\ln x)$.

解 （1）$y'=[f(\sqrt{x}+x^a)]'=f'(\sqrt{x}+x^a)\cdot\left(\dfrac{1}{2\sqrt{x}}+ax^{a-1}\right)$

（2）$y'=\{f[(x+a)^n]\}'=f'[(x+a)^n]\cdot n(x+a)^{n-1}$

(3) $y' = n[f(x+a)]^{n-1} \cdot f'(x+a)$

(4) $y' = [f(\ln x)]' = f'(\ln x)(\ln x)' = \dfrac{1}{x}f'(\ln x)$

例 4　设球状气球半径 r 以 2 cm/s 的速度等速增加，求当气球半径 $r = 10$ cm 时，其体积 V 增加的速度.

解　由于球的体积 V 是半径 r 的函数 $V = \dfrac{4}{3}\pi r^3$.

r 是时间 t 的函数，其导数 $\dfrac{\mathrm{d}r}{\mathrm{d}t} = 2$，所以体积 V 是时间 t 的复合函数. 由复合函数的求导法则可得

$$\frac{\mathrm{d}V}{\mathrm{d}t} = \frac{\mathrm{d}V}{\mathrm{d}r} \cdot \frac{\mathrm{d}r}{\mathrm{d}t} = 4\pi r^2 \cdot \frac{\mathrm{d}r}{\mathrm{d}t}$$

所以　　$\dfrac{\mathrm{d}V}{\mathrm{d}t}\Big|_{\substack{r=10 \\ \frac{\mathrm{d}r}{\mathrm{d}t}=2}} = 4\pi \cdot (10)^2 \cdot 2 = 800\pi$

即当半径为 10 cm 时，体积的增加速度为 800π cm^3/s.

2.3.2　初等函数的求导公式

现将已学过的导数公式和求导法则总结如下.

1. 基本初等函数的导数公式

$(c)' = 0$　（c 为常数）;　　　　　　　$(x^\alpha)' = \alpha x^{\alpha - 1}$;

$(\log_a x)' = \dfrac{1}{x \ln a}$;　　　　　　　　$(\ln x)' = \dfrac{1}{x}$;

$(a^x)' = a^x \ln a$;　　　　　　　　　$(\mathrm{e}^x)' = \mathrm{e}^x$;

$(\sin x)' = \cos x$;　　　　　　　　　$(\cos x)' = -\sin x$;

$(\tan x)' = \dfrac{1}{\cos^2 x} = \sec^2 x$;　　　$(\cot x)' = -\dfrac{1}{\sin^2 x} = -\csc^2 x$;

$(\sec x)' = \sec x \tan x$;　　　　　　$(\csc x)' = -\csc x \cot x$;

$(\arcsin x)' = \dfrac{1}{\sqrt{1-x^2}}$;　　　　$(\arccos x)' = -\dfrac{1}{\sqrt{1-x^2}}$;

$(\arctan x)' = \dfrac{1}{1+x^2}$;　　　　　$(\text{arccot} x)' = -\dfrac{1}{1+x^2}$.

2. 函数的和、差、积、商的求导法则

$(u \pm v)' = u' \pm v'$;

$$(uv)'=u'v+v'u; \qquad\qquad (cu)'=cu' \quad (c \text{ 为常数});$$

$$\left(\frac{u}{v}\right)'=\frac{u'v-v'u}{v^2} \quad (v\neq 0); \qquad \left(\frac{c}{v}\right)'=-c\,\frac{v'}{v^2} \quad (v\neq 0) \quad (c \text{ 为常数}).$$

3. 复合函数的求导法则

设函数 $y=f(u)$ 和 $u=\varphi(x)$，则复合函数 $y=f[\varphi(x)]$ 的导数为

$$\frac{\mathrm{d}y}{\mathrm{d}x}=f'(u)\cdot\varphi'(x) \quad \text{或} \quad \frac{\mathrm{d}y}{\mathrm{d}x}=\frac{\mathrm{d}y}{\mathrm{d}u}\cdot\frac{\mathrm{d}u}{\mathrm{d}x}$$

习题 2-3

1. 下列写法是否正确?

(1) 设 $y=\ln(1+x^2)$，则

1) $y'=(\ln u)'(1+x^2)'=\frac{1}{u}\cdot 2x=\frac{2x}{1+x^2}$；

2) $y'=[\ln(1+x^2)]'=\frac{1}{1+x^2}(1+x^2)'=\frac{2x}{1+x^2}$；

3) $y'=[\ln(1+x^2)]'(1+x^2)'=\frac{2x}{1+x^2}$.

(2) 设 $y=\ln(x+\sqrt{x^2-a^2})$，则 $y'=\frac{1}{x+\sqrt{x^2-a^2}}\left(1+\frac{1}{2\sqrt{x^2-a^2}}\right)(x^2-a^2)'$.

(3) 设 $y=\sqrt{\tan\frac{x}{2}}$，则 $y'=\frac{1}{2\sqrt{\tan\frac{x}{2}}}\left(\frac{x}{2}\right)'$.

2. 求下列函数的导数:

(1) $y=(1-x+x^3)^7$；

(2) $y=\cos(2-5x)$；

(3) $\varphi(t)=\ln(1+t^2)$；

(4) $u=\sqrt{1+v^2}$；

(5) $y=\sin x^2$；

(6) $y=\tan^3 x$；

(7) $y=\ln\frac{1+t}{1-t}$；

(8) $y=\sqrt{b^2-x^2}$.

3. 求下列函数的导数:

(1) $y=(\arcsin x)^2$；

(2) $y=\arctan 2^x$；

(3) $y=e^{\sin x}$；

(4) $y=\dfrac{1}{\sqrt{2\pi}}e^{-\frac{x^2}{2}}$；

(5) $y=3e^{2x}+5\cos 2x$；

(6) $y=\arccos\sqrt{x}$；

(7) $y=\ln(\sec x+\tan x)$；

(8) $y=\ln(\csc x-\cot x)$.

4. 求下列函数的导数：

(1) $y=\ln(\sin t^2)$；

(2) $y=\ln^3(x^3)$；

(3) $y=\log_5\dfrac{x}{1-x}$；

(4) $y=\sin^n x\cos nx$；

(5) $y=\ln\sqrt{x}+\sqrt{\ln x}$；

(6) $y=x^{2a}+a^{2x}+a^{2a}$；

(7) $y=e^{-x}(x^2-2x+5)$；

(8) $y=x\arcsin\dfrac{x}{2}+\sqrt{4-x^2}$.

5. 求下列函数对 x 的导数：

(1) $y=f(e^x)$；

(2) $y=f(\sin^2 x)+f(\cos^2 x)$.

6. 设 $f(u)$ 为可导函数，且 $f(x+3)=x^5$，求 $f'(x+3)$ 和 $f'(x)$。

2.4　隐函数的导数

2.4.1　隐函数求导

把因变量 y 表示成自变量 x 的公式的形式，即 $y=f(x)$ 的形式，这种函数称为显函数. 例如，$y=\sin 5x$，$y=x^3-4x^2+5$ 等都是显函数. 而如 $y-x^3+4x^2-5=0$，$x^2+y^2=r^2$，$xy-x+e^y=0$ 等方程，确定的 y 是 x 的函数，x 与 y 的关系隐含在方程 $F(x,\ y)=0$ 中，像这样的函数称为隐函数.

对于隐函数，有的能化成显函数，有的化起来是很困难的，甚至是不可能的. 在实际问题中，有时需要计算隐函数的导数，下面举例来说明隐函数导数的求法.

例1　求由方程 $y=x\ln y$ 确定的隐函数 y 对 x 的导数 y'.

解　将方程两边同时对 x 求导，得

$$y'=\ln y+x\cdot\dfrac{1}{y}\cdot y'$$

解出 y'，得

$$y' = \frac{y \ln y}{y - x}$$

例 2 求由方程 $e^y + xy - e = y^2$ 确定的隐函数 y 对 x 的导数 $\frac{dy}{dx}$.

解 将方程两边同时对 x 求导，得

$$e^y \frac{dy}{dx} + y + x \frac{dy}{dx} = 2y \frac{dy}{dx}$$

解得

$$\frac{dy}{dx} = \frac{y}{2y - e^y - x}$$

由上述两例可以看出，求隐函数的导数的思路是：将方程的两边同时对自变量 x 求导，遇到函数 y 看成是 x 的函数，遇到 y 的函数（例如 y^2，e^y，$\cos y$）看成是以 y 为中间变量的复合函数，然后从所得的关系式中两边同时对 x 求导，解出 y' 即可.

例 3 求曲线 $x^2 + xy + y^2 = 4$ 在点 $(2, -2)$ 处的切线方程.

解 将方程两边同时对 x 求导，得

$$2x + y + xy' + 2yy' = 0$$

解得

$$y' = -\frac{2x + y}{x + 2y}$$

切线的斜率为

$$y' \Big|_{\substack{x=2 \\ y=-2}} = 1$$

所求切线方程为

$$y - (-2) = 1 \cdot (x - 2)$$

即　　　$x - y - 4 = 0$

2.4.2 对数求导法

在实际求导数时，有时会遇到虽然给定的函数是显函数，但直接求导很困难或很

麻烦，如幂指函数 $[f(x)^{g(x)}，f(x)>0]$ 及多次乘除运算和乘方开方运算得到的函数，通常采用对等式两端同取自然对数，转化为隐函数，再利用隐函数求导方法求出它的导数，这种方法通常称为对数求导法.

例 4 求下列函数的导数：

(1) $y=x^x$；

(2) $y=\sqrt{\dfrac{(x-1)(x+2)}{(3-x)(4+x)}}$.

解 (1) 对 $y=x^x$ 两边同时取对数，得

$$\ln y = x\ln x$$

两边同时对 x 求导，有

$$\frac{1}{y}y'=\ln x+x\,\frac{1}{x}$$

所以 $\quad y'=y(1+\ln x)=x^x(1+\ln x)$

(2) 等式两边同时取对数，得

$$\ln y = \frac{1}{2}\big[\ln(x-1)+\ln(x+2)-\ln(3-x)-\ln(4+x)\big]$$

两边对 x 求导，得

$$\frac{1}{y}y'=\frac{1}{2}\Big(\frac{1}{x-1}+\frac{1}{x+2}-\frac{1}{3-x}(3-x)'-\frac{1}{4+x}\Big)$$

所以

$$y'=\frac{y}{2}\Big(\frac{1}{x-1}+\frac{1}{x+2}+\frac{1}{3-x}-\frac{1}{4+x}\Big)$$

$$=\frac{1}{2}\sqrt{\frac{(x-1)(x+2)}{(3-x)(x+4)}}\Big(\frac{1}{x-1}+\frac{2}{x+2}+\frac{1}{3-x}-\frac{1}{4+x}\Big)$$

习题 2 - 4

1. 求由下列方程所确定的隐函数 y 对 x 的导数 $\dfrac{\mathrm{d}y}{\mathrm{d}x}$.

(1) $x^2+y^2=a^2$；

(2) $y=x+\dfrac{1}{2}\ln y$；

(3) $xy+\mathrm{e}^y=\mathrm{e}^x$； (4) $y=1+x\mathrm{e}^y$；

(5) $y=\ln(x^2+y)$； (6) $\cos(xy)=y$；

(7) $y\sin x-\cos(x-y)=0$； (8) $xy=\mathrm{e}^{x+y}$.

2. 求下列隐函数在指定点的导数 $\dfrac{\mathrm{d}y}{\mathrm{d}x}$.

(1) $y=\cos x+\dfrac{1}{2}\sin y$，$\left(\dfrac{\pi}{2}，0\right)$； (2) $2y=\mathrm{e}^x+\ln y+1$，$(0，1)$.

3. 求椭圆 $\dfrac{x^2}{16}+\dfrac{y^2}{9}=1$ 在点 $x=2$ 处的切线方程.

4. 设 $\ln\sqrt{x^2+y^2}-\arctan\dfrac{y}{x}=\ln 2$，求 $\dfrac{\mathrm{d}y}{\mathrm{d}x}$.

5. 用对数求导法，求下列函数的导数 $\dfrac{\mathrm{d}y}{\mathrm{d}x}$.

(1) $y=x^{\sin x}\ (x>0)$； (2) $x^y=y^x$；

(3) $y=\dfrac{\sqrt{x+2}\,(3-x)}{(2x+1)^5}$； (4) $y=\sqrt[3]{\dfrac{x(x^2+1)}{(x^2-1)^2}}\sin x^2$.

6. 设 $y=[f(x)]^{g(x)}$，其中 $f(x)$，$g(x)$ 均为可导函数，且 $f(x)>0$，求 $\dfrac{\mathrm{d}y}{\mathrm{d}x}$.

2.5 参数方程求导与高阶导数

2.5.1 参数方程求导

在实际问题中，有时会遇到由参数方程确定的函数的导数.

一般地，如果参数方程

$$\begin{cases} x=\varphi(t) \\ y=\psi(t) \end{cases}$$

确定 y 与 x 之间的函数关系，则称此函数为由参数方程所确定的函数.

如果函数 $x=\varphi(t)$，$y=\psi(t)$ 都可导，且 $\varphi'(t)\neq 0$，又 $x=\varphi(t)$ 具有单调连续的反函数 $t=\varphi^{-1}(x)$，则参数方程确定的函数可以看成由 $y=\psi(t)$ 与 $t=\varphi^{-1}(x)$ 复合而成的函数，根据复合函数与反函数的求导法则，有

$$\frac{\mathrm{d}y}{\mathrm{d}x}=\frac{\mathrm{d}y}{\mathrm{d}t}\cdot\frac{\mathrm{d}t}{\mathrm{d}x}=\frac{\dfrac{\mathrm{d}y}{\mathrm{d}t}}{\dfrac{\mathrm{d}x}{\mathrm{d}t}}=\frac{\psi'(t)}{\varphi'(t)}$$

例 1　已知椭圆的参数方程为 $\begin{cases} x=a\cos t \\ y=b\sin t \end{cases}$，求其在 $t=\dfrac{\pi}{6}$ 处的切线方程.

解　当 $t=\dfrac{\pi}{6}$ 时，椭圆上相应点的坐标是 $\left(a\cos\dfrac{\pi}{6},\ b\sin\dfrac{\pi}{6}\right)$，即 $\left(\dfrac{\sqrt{3}\,a}{2},\ \dfrac{b}{2}\right)$.

由于　$\dfrac{\mathrm{d}y}{\mathrm{d}x}=\dfrac{(b\sin t)'}{(a\cos t)'}=\dfrac{b\cos t}{-a\sin t}=-\dfrac{b}{a}\cot t$

当 $t=\dfrac{\pi}{6}$ 时，曲线在该点切线的斜率为

$$k=\frac{\mathrm{d}y}{\mathrm{d}x}\bigg|_{t=\frac{\pi}{6}}=-\frac{\sqrt{3}\,b}{a}$$

所求切线方程为

$$y-\frac{b}{2}=-\frac{\sqrt{3}\,b}{a}\left(x-\frac{\sqrt{3}\,a}{2}\right)$$

即

$$\sqrt{3}\,bx+ay-2ab=0$$

2.5.2　高阶导数

一般地，如果函数 $y=f(x)$ 的导数 $f'(x)$ 在点 x 处可导，那么称 $f'(x)$ 在点 x 的导数为函数 $f(x)$ 在点 x 处的二阶导数，记作

$$f''(x),y''\quad\text{或}\quad\frac{\mathrm{d}^2 y}{\mathrm{d}x^2}$$

类似地，二阶导数 $y''=f''(x)$ 的导数称为 $y=f(x)$ 的三阶导数，记作

$$f'''(x),y'''\quad\text{或}\quad\frac{\mathrm{d}^3 y}{\mathrm{d}x^3}$$

一般地，函数 $y=f(x)$ 的 $n-1$ 阶导数的导数称为函数 $y=f(x)$ 的 n 阶导数，记作

$$f^{(n)}(x), y^{(n)} \quad \text{或} \quad \frac{\mathrm{d}^n y}{\mathrm{d}x^n}(n=4,5,\cdots)$$

二阶和二阶以上的导数统称为高阶导数，函数 $f(x)$ 的各阶导数在点 $x=x_0$ 处的导数值记为

$$f'(x_0), f''(x_0), \cdots, f^{(n)}(x_0) \quad \text{或} \quad y'|_{x=x_0}, y''|_{x=x_0}, \cdots, y^{(n)}|_{x=x_0}$$

例 2　已知函数 $y=x^n$（n 为正整数），求 $y^{(n)}$，$y^{(n+1)}$.

解　因为 $y'=nx^{n-1}$，$y''=n(n-1)x^{n-2}$，$y'''=n(n-1)(n-2)x^{n-3}$，$\cdots$

所以　　$y^{(n)}=n!$，$y^{(n+1)}=0$

例 3　求函数 $y=\mathrm{e}^x$ 的 n 阶导数.

解　显然 $y'=y''=\cdots=y^{(n)}=\mathrm{e}^x$

例 4　已知 $f(x)=(1+x)^3$，求 $f''(2)$.

解　因为 $f'(x)=3(1+x)^2$，$f''(x)=6(1+x)$，所以 $f''(2)=6(1+2)=18$

例 5　求函数 $y=\dfrac{1}{1+x}$ 的 n 阶导数.

解　因为 $y=(1+x)^{-1}$，所以

$$y'=(-1)(1+x)^{-2}=(-1)\frac{1}{(1+x)^2}$$

$$y''=(-1)(-2)(1+x)^{-3}=(-1)^2\frac{2!}{(1+x)^3}$$

$$\vdots$$

故　　$y^{(n)}=(-1)^n\dfrac{n!}{(1+x)^{n+1}}$

例 6　求函数 $y=\sin x$ 的 n 阶导数.

解　因为 $y'=\cos x=\sin\left(x+\dfrac{\pi}{2}\right)$

$$y''=\cos\left(\frac{\pi}{2}+x\right)=\sin\left(x+2\cdot\frac{\pi}{2}\right)$$

$$\vdots$$

所以　　$y^{(n)}=(\sin x)^{(n)}=\sin\left(x+n\cdot\dfrac{\pi}{2}\right)$

同理可得　$(\cos x)^{(n)}=\cos\left(x+n\cdot\dfrac{\pi}{2}\right)$

例 7　已知 $e^y + xy = e$，求 $y''(0)$.

解　两边同时对 x 求导，得

$$e^y \cdot y' + y + xy' = 0 \qquad\qquad (2-1)$$

所以　$y' = -\dfrac{y}{e^y + x}$

式 (2-1) 两边再对 x 求导，得

$$e^y (y')^2 + e^y y'' + y' + y' + xy'' = 0$$

所以　$y'' = -\dfrac{e^y (y')^2 + 2y'}{e^y + x}$

代入 y' 得

$$y'' = \frac{y^2 e^y - 2y(e^y + x)}{(e^y + x)^3}$$

由于 $e^y + xy = e$，当 $x = 0$ 时，$y = 1$，因此 $y''(0) = e^{-2}$.

习题 2-5

1. 求下列参数方程所确定的函数的导数 $\dfrac{dy}{dx}$：

(1) $\begin{cases} x = e^t \cos t, \\ y = e^t \sin t. \end{cases}$ 　　　　　(2) $\begin{cases} x = \theta(1 - \sin\theta), \\ y = \theta\cos\theta. \end{cases}$

2. 求下列函数的二阶导数：

(1) $y = x e^{x^2}$；　　　　　(2) $y = \dfrac{e^x}{x}$；

(3) $y = \ln(1 + x^2)$；　　　　　(4) $y = x\ln x$；

(5) $y = \tan x$；　　　　　(6) $y = \sqrt{a^2 - x^2}$；

(7) $y = (1 + x^2)\arctan x$；　　　　　(8) $y = \ln(x + \sqrt{1 + x^2})$.

3. 求下列函数的 n 阶导数：

(1) $y = x e^x$；　　　　　(2) $y = a^x$；

(3) $y = \ln(1 + x)$；　　　　　(4) $y = \cos x$；

(5) $y=\dfrac{1-x}{1+x}$;　　　　　　　(6) $y=a_0x^n+a_1x^{n-1}+\cdots+a_n$.

4. 求下列函数在指定点的导数：

(1) 设 $y=2x^2+\mathrm{e}^{-x}$，求 $y''(1)$；

(2) 设 $f(x)=x^2\ln x$，求 $f'''(2)$.

2.6　微分

函数 $y=f(x)$ 的导数表示函数在点 x 处的变化率，它描述了函数在点 x 处变化速度的快慢．在实践中，有时还需要了解函数在某点当自变量取得一个微小的改变量时，函数取得的相应改变量的大小，为此引入微分的概念．

2.6.1　微分的定义

引例　边长为 x 的正方形金属薄片，受热膨胀后边长增加了 Δx，求面积 y 改变了多少？

解　正方形金属薄片原来的面积为

$$y=x^2$$

当边长增加 Δx 时，面积为

$$y=(x+\Delta x)^2$$

则面积的改变量为

$$\begin{aligned}\Delta y&=(x+\Delta x)^2-x^2\\&=2x\Delta x+(\Delta x)^2\end{aligned}$$

上式包括两部分：

第一部分 $2x\Delta x$ 是 Δx 的线性函数，即图 2-4 中画阴影的两个矩形面积之和，称其为函数改变量的线性主要部分（简称为线性主部）．而第二部分 $(\Delta x)^2$，当 $\Delta x\to 0$ 时，是比 Δx 高阶的无穷小量，即图中小正方形面积．因此，当 Δx 很小时，我们可用 $2x\Delta x$ 来近似地代替 Δy，而把第

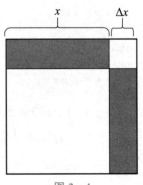

图 2-4

二部分忽略掉.

一般地，如果函数 $y=f(x)$ 满足一定条件，函数的增量 Δy 可表示为

$$\Delta y=A\Delta x+o(\Delta x)$$

式中，A 与 Δx 的变化无关，即 $A\Delta x$ 是 Δx 的线性函数，且 $\Delta y-A\Delta x$ 是比 Δx 高阶的无穷小，所以，当 $A\neq 0$ 且 $|\Delta x|$ 很小时，我们可以近似地用 $A\Delta x$ 来代替 Δy.

对 $\Delta y-A\Delta x=o(\Delta x)$ 的两边同时除以 Δx，得

$$\frac{\Delta y}{\Delta x}=A+\frac{o(\Delta x)}{\Delta x}$$

于是

$$\lim_{\Delta x\to 0}\frac{\Delta y}{\Delta x}=\lim_{\Delta x\to 0}\left[A+\frac{o(\Delta x)}{\Delta x}\right]=A$$

也就是　$A=f'(x)$

定义　如果函数 $y=f(x)$ 在点 x 处的改变量 $\Delta y=f(x+\Delta x)-f(x)$ 可以表示成

$$\Delta y=A\Delta x+o(\Delta x)$$

其中，$o(\Delta x)$ 是比 $\Delta x(\Delta x\to 0)$ 高阶的无穷小，那么称函数 $y=f(x)$ 在点 x 处可微，并称其线性主部 $A\Delta x$ 为函数 $y=f(x)$ 在点 x 处的微分，记作 $\mathrm{d}y$ 或 $\mathrm{d}f(x)$，即

$$\mathrm{d}y=A\Delta x=f'(x)\Delta x$$

根据上面的讨论可知：一元函数的可导与可微是等价的，二者的关系式为 $\mathrm{d}y=f'(x)\Delta x$.

根据微分的定义，函数 $y=x$ 的微分为 $\mathrm{d}y=\mathrm{d}x=(x)'\Delta x=\Delta x$.

因此，自变量的微分等于自变量的改变量，即

$$\mathrm{d}x=\Delta x$$

于是函数 $y=f(x)$ 的微分又可以写成

$$\mathrm{d}y=f'(x)\mathrm{d}x$$

即函数的微分等于函数的导数与自变量微分的乘积.

将上式两边同时除以 $\mathrm{d}x$，有

$$\frac{\mathrm{d}y}{\mathrm{d}x} = f'(x)$$

这说明函数的导数等于函数的微分与自变量微分的商，因此导数也叫微商。引入微分以后，已知导数可以求微分；反过来，已知微分也可以求导数，求函数的微分 $\mathrm{d}y$，只要求出函数的导数 $f'(x)$，再乘上 $\mathrm{d}x$ 即可，并且函数在 x 处可导也可说成在 x 处可微。

微分与导数虽然联系密切，但它们是有区别的。导数 $f'(x)$ 是函数 $f(x)$ 在 x 点处的变化率，而微分 $\mathrm{d}y = f'(x)\mathrm{d}x$ 是函数 $f(x)$ 在 x 点处由自变量增量所引起的函数增量的线性主部。

例 1 求函数 $y = x^2$ 当 x 由 1 改变到 1.01 时的微分。

解 函数的微分为

$$\mathrm{d}y = (x^2)'\mathrm{d}x = 2x\mathrm{d}x$$

由所给条件知 $x = 1$，$\mathrm{d}x = 1.01 - 1 = 0.01$，所以

$$\mathrm{d}y = 2 \times 1 \times 0.01 = 0.02$$

例 2 求下列函数的微分：

(1) $y = \sin x$；　　　　　　　　　(2) $f(x) = 2x + x\mathrm{e}^x$。

解 (1) $\mathrm{d}y = \mathrm{d}(\sin x) = (\sin x)'\mathrm{d}x = \cos x\mathrm{d}x$

(2) $\mathrm{d}f(x) = \mathrm{d}(2x + x\mathrm{e}^x) = (2x + x\mathrm{e}^x)'\mathrm{d}x = (2 + \mathrm{e}^x + x\mathrm{e}^x)\mathrm{d}x$

2.6.2 微分的几何意义

如图 2-5 所示，在曲线 $y = f(x)$ 上取点 $M(x, y)$ 及 $M'(x + \Delta x, y + \Delta y)$，过点 M 作曲线 $y = f(x)$ 的切线 MT，从图上可以看出

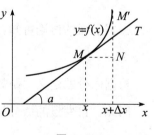

图 2-5

$$\Delta x = MN, \Delta y = NM'$$

于是

$$NT = \tan\alpha \cdot \Delta x = f'(x)\Delta x = \mathrm{d}y$$

因此，函数 $y = f(x)$ 的微分 $\mathrm{d}y$ 就是过 $M(x, y)$ 点的切线的纵坐标的改变量。图中线段 TM' 是 Δy 与 $\mathrm{d}y$ 之差，它是 Δx 的高阶无穷小量。

2.6.3　微分公式与法则

我们知道，求函数 $y=f(x)$ 的微分 dy，只要求出导数 $f'(x)$，再乘上 dx 即可，结合求导公式和法则，可得微分公式与法则. 为了便于记忆，列出如表 2-1、表 2-2 所示对照表（其中 c 为常数，$a>0$，$a\neq 1$）.

表 2-1　基本初等函数的导数与微分公式

序号	导数公式	微分公式
1	$(c)'=0$	$dc=0$
2	$(x^{\alpha})'=\alpha x^{\alpha-1}$	$d(x^{\alpha})=\alpha x^{\alpha-1}dx$
3	$(\sin x)'=\cos x$	$d(\sin x)=\cos x\,dx$
4	$(\cos x)'=-\sin x$	$d(\cos x)=-\sin x\,dx$
5	$(\tan x)'=\dfrac{1}{\cos^2 x}=\sec^2 x$	$d(\tan x)=\dfrac{1}{\cos^2 x}dx=\sec^2 x\,dx$
6	$(\cot x)'=-\dfrac{1}{\sin^2 x}=-\csc^2 x$	$d(\cot x)=-\dfrac{1}{\sin^2 x}dx=-\csc^2 x\,dx$
7	$(\sec x)'=\sec x\tan x$	$d(\sec x)=\sec x\tan x\,dx$
8	$(\csc x)'=-\csc x\cot x$	$d(\csc x)=-\csc x\cot x\,dx$
9	$(a^x)'=a^x\ln a$	$d(a^x)=a^x\ln a\,dx$
10	$(e^x)'=e^x$	$d(e^x)=e^x\,dx$
11	$(\log_a x)'=\dfrac{1}{x\ln a}$	$d(\log_a x)=\dfrac{1}{x\ln a}dx$
12	$(\ln x)'=\dfrac{1}{x}$	$d(\ln x)=\dfrac{1}{x}dx$
13	$(\arcsin x)'=\dfrac{1}{\sqrt{1-x^2}}$	$d(\arcsin x)=\dfrac{1}{\sqrt{1-x^2}}dx$
14	$(\arccos x)'=-\dfrac{1}{\sqrt{1-x^2}}$	$d(\arccos x)=-\dfrac{1}{\sqrt{1-x^2}}dx$
15	$(\arctan x)'=\dfrac{1}{1+x^2}$	$d(\arctan x)=\dfrac{1}{1+x^2}dx$
16	$(\text{arccot}\,x)'=-\dfrac{1}{1+x^2}$	$d(\text{arccot}\,x)=-\dfrac{1}{1+x^2}dx$

表 2－2　函数和、差、积、商的导数与微分法则

序号	函数和、差、积、商的求导法则	函数和、差、积、商的微分法则
1	$(u \pm v)' = u' \pm v'$	$d(u \pm v) = du \pm dv$
2	$(uv)' = u'v + uv'$	$d(uv) = vdu + udv$
3	$(cu)' = cu'$	$d(cu) = cdu$
4	$\left(\dfrac{u}{v}\right)' = \dfrac{u'v - uv'}{v^2}$	$d\left(\dfrac{u}{v}\right) = \dfrac{vdu - udv}{v^2} (v \neq 0)$

例3　设 $xe^y - \ln y + 5 = 0$，求 dy.

解法一　应用微分与导数的关系

两边同时对 x 求导，得 $e^y + xe^y y' - \dfrac{1}{y}y' = 0$

所以

$$y' = -\frac{ye^y}{xye^y - 1}$$

$$dy = -\frac{ye^y}{xye^y - 1}dx$$

解法二　应用微分法则

$$e^y dx + xe^y dy - \frac{1}{y}dy = 0$$

所以　　　$dy = -\dfrac{ye^y}{xye^y - 1}dx$

复合函数的微分法则

我们知道对于复合函数有相应的求导法则，那么复合函数的微分具有什么特点？

如果函数 $y = f(u)$ 对 u 是可导的，那么：

（1）当 u 是自变量时，此时函数的微分为 $dy = f'(u)du$；

（2）当 u 不是自变量，而是 $u = \varphi(x)$ 为 x 的可导函数时，则 y 为 x 的复合函数.

由复合函数的求导法则，y 对 x 的导数为

$$\frac{dy}{dx} = f'(u)\varphi'(x)$$

于是

$$dy = f'(u)\varphi'(x)dx = f'(u)du$$

即

$$dy = f'(u)du$$

由此可见，对于函数 $y = f(u)$ 来说，不论 u 是自变量，还是中间变量，它的微分形式同样都是 $dy = f'(u)du$，这个性质叫微分形式的不变性. 利用这个性质容易求出复合函数的微分.

例 4　设 $y = e^{ax + bx^2}$，求 dy.

解法一　利用 $dy = y'dx$，得

$$dy = (e^{ax + bx^2})'dx = e^{ax + bx^2}(ax + bx^2)'dx = (a + 2bx)e^{ax + bx^2}dx$$

解法二　利用微分形式的不变性，设 $u = ax + bx^2$，则 $y = e^u$

$$dy = (e^u)'du = e^u du = e^{ax + bx^2}d(ax + bx^2) = (a + 2bx)e^{ax + bx^2}dx$$

例 5　求 $d[\ln(\sin 2x)]$.

解　$d[\ln(\sin 2x)] = \dfrac{1}{\sin 2x}d(\sin 2x) = \dfrac{1}{\sin 2x}\cos 2x\, d(2x) = 2\cot 2x\, dx$

2.6.4　微分在近似计算上的应用

如果函数 $y = f(x)$ 在点 x 处的导数 $f'(x) \neq 0$，那么当 $\Delta x \to 0$ 时，微分 dy 是函数改变量 Δy 的线性主部. 因此当 $|\Delta x|$ 很小时，忽略其高阶无穷小量，可用 dy 作为 Δy 的近似值，即

$$\Delta y \approx dy = f'(x_0)\Delta x$$

由于　　$\Delta y = f(x_0 + \Delta x) - f(x_0)$

所以　　$f(x_0 + \Delta x) - f(x_0) \approx f'(x_0)\Delta x$

即　　　$f(x_0 + \Delta x) \approx f(x_0) + f'(x_0)\Delta x$

若当 $x_0 = 0$，$|\Delta x| = |x|$ 很小时，可得 $f(x) \approx f(0) + f'(0)x$.

例 6　求 $\sqrt[3]{1.02}$ 的近似值.

解　令 $f(x) = \sqrt[3]{x}$　取 $x_0 = 1$，$\Delta x = 0.02$，那么

$$f(x_0 + \Delta x) \approx f(x_0) + f'(x_0)\Delta x = \sqrt[3]{x_0} + \frac{1}{3\sqrt[3]{x_0^2}}\Delta x$$

即　　$\sqrt[3]{1.02} \approx \sqrt[3]{1} + \dfrac{1}{3\sqrt[3]{1^2}} \times 0.02 \approx 1.0067$

例7　求 $e^{-0.03}$ 的近似值.

解　令 $f(x) = e^x$，取 $x_0 = 0$，$\Delta x = -0.03$，那么

$$f(x_0 + \Delta x) \approx f(x_0) + f'(x_0)\Delta x$$

即　　$e^{-0.03} \approx e^0 + e^0(-0.03) = 0.97$

事实上，当 $|x|$ 很小时，可以证明如下近似公式成立：

(1) $e^x \approx 1 + x$；

(2) $\ln(1 + x) \approx x$；

(3) $\sin x \approx x$（x 为弧度）；

(4) $\tan x \approx x$（x 为弧度）；

(5) $\sqrt[n]{1 + x} \approx 1 + \dfrac{1}{n}x$.

例8　一平面圆环形，其内半径为 10 cm，宽为 0.1 cm，求其面积的近似值.

解　半径为 r 的圆的面积公式为 $S(r) = \pi r^2$

圆环的面积的 ΔS，用 $\mathrm{d}S$ 作为近似值，$r = 10$，$\Delta r = 0.1$，则

$$\Delta S \approx \mathrm{d}S = S'(r)\Delta r = 2\pi r \Delta r = 2\pi \times 10 \times 0.1 = 2\pi \text{ cm}^2$$

习题 2 - 6

1. 设 $y = x^3 - \dfrac{1}{x}$，求当 $x = 2$，$\Delta x = 0.2$ 时的 Δy 和 $\mathrm{d}y$.

2. 函数 $y = f(x)$ 在某点 x 处增量 $\Delta x = 0.2$，对应的函数增量的线性主部等于 0.8，求在点 x 处的导数.

3. 求下列函数的微分：

(1) $y = \dfrac{2}{x^2}$；

(2) $y = e^{-x}\cos x$；

(3) $y = \arcsin\sqrt{x}$；

(4) $y = (e^x + e^{-x})^2$；

(5) $y = \ln\sqrt{1 - x^3}$；

(6) $y = (1 + x - x^2)^3$；

(7) $xy=a^2$；

(8) $\dfrac{x^2}{a^2}+\dfrac{y^2}{b^2}=1.$

4. 已知某函数 $f(x)$ 微分的结果是如下形式，求相应的函数 $f(x)$：

(1) $a\,\mathrm{d}x$；

(2) $2x\,\mathrm{d}x$；

(3) $\cos x\,\mathrm{d}x$；

(4) $\sin(3x)\,\mathrm{d}x$；

(5) $\dfrac{1}{x^2}\,\mathrm{d}x$；

(6) $\mathrm{e}^{-x}\,\mathrm{d}x$；

(7) $5^x\,\mathrm{d}x$；

(8) $\dfrac{1}{\sqrt{x}}\,\mathrm{d}x$；

(9) $\dfrac{1}{1+x^2}\,\mathrm{d}x$；

(10) $\dfrac{1}{1+2x}\,\mathrm{d}x.$

5. 一个外直径为 10 cm 的球，球壳厚度为 $\dfrac{1}{16}$ cm，求球壳体积的近似值.

6. 正方体的棱长为 10 m，如果棱长增加 0.1 m，求此正方体体积增加的精确值与近似值.

7. 求下列各式的近似值：

(1) $\sqrt[5]{0.95}$；

(2) $\ln 1.01$；

(3) $\cos 60°20'$；

(4) $\arctan 1.02.$

复习题二

1. 选择题：

(1) 在平均变化率 $\dfrac{\Delta y}{\Delta x}$ 取极限 $\lim\limits_{\Delta x\to 0}\dfrac{\Delta y}{\Delta x}$ 的过程中，x 和 Δx 分别是什么状态？（　　）

A. x 和 Δx 都是常量

B. x 和 Δx 都是变量

C. x 是变量而 Δx 是常量

D. x 是常量而 Δx 是变量

(2) 在抛物线 $y=x^2$ 上切线与 x 轴构成 $45°$ 角的点的坐标是什么？（　　）

A. $\left(-\dfrac{1}{2},\dfrac{1}{4}\right)$

B. $\left(\dfrac{1}{4},\dfrac{1}{2}\right)$

C. $\left(-\dfrac{1}{2},-\dfrac{1}{4}\right)$

D. $\left(\dfrac{1}{2},\dfrac{1}{4}\right)$

(3) 若 $f(x)$ 在 x_0 处可导，则以下结论不正确的是（　　）.

A. $f(x)$ 在 x_0 处有极限　　　　　　B. $f(x)$ 在 x_0 处连续

C. $f(x)$ 在 x_0 处可微　　　　　　　D. $f'(x_0)=\lim\limits_{x\to x_0}f(x)$ 必成立

(4) 对于任意的 x，都有 $f(-x)=-f(x)$，$f'(-x_0)=-k\neq0$，则 $f'(x_0)=($　　$)$.

A. k

B. $-k$

C. $\dfrac{1}{k}$

D. $-\dfrac{1}{k}$

(5) 设函数 $y=f(x)$ 可微，则当 $\Delta x\to0$ 时，$\Delta y-\mathrm{d}y$ 与 Δx 相比是什么关系？（　　）

A. Δx 的等价无穷小　　　　　　B. Δx 的同阶无穷小

C. 比 Δx 高阶的无穷小　　　　　D. 比 Δx 低阶的无穷小

(6) 已知 $y=\mathrm{e}^{f(x)}$，则 $y''=($　　$)$.

A. $\mathrm{e}^{f(x)}$

B. $\mathrm{e}^{f(x)}f''(x)$

C. $\mathrm{e}^{f(x)}\left[f'(x)+f''(x)\right]$

D. $\mathrm{e}^{f(x)}\{[f'(x)]^2+f''(x)\}$

2. 根据导数定义，求下列函数的导数：

(1) $y=\sqrt{2x+1}$，求 $y'\big|_{x=1}$；　　　　(2) $f(x)=\ln x$，求 $f'(x)$.

3. 求抛物线 $y=2x^2$ 在点 $(-2,8)$ 处的切线方程和法线方程.

4. a 为何值时，$y=ax^2$ 与 $y=\ln x$ 相切？

5. 试求出曲线 $y=x-\dfrac{1}{x}$ 与 x 轴交点处的切线方程.

6. 讨论 $f(x)=\begin{cases}\ln(1+x), & -1<x\leqslant0 \\ \sqrt{1+x}-\sqrt{1-x}, & 0<x<1\end{cases}$ 在 $x=0$ 处的连续性与可导性.

7. 讨论 $f(x)=\begin{cases}1, & x\leqslant0 \\ 2x+1, & 0<x\leqslant1 \\ x^2+2, & 1<x\leqslant2 \\ x, & 2<x\end{cases}$ 在 $x=0$，$x=1$，$x=2$ 处的可导性，并求出 $f'(x)$.

8. 求下列函数的导数（其中 a，b 为常量）：

(1) $y=10^x+x^{10}+\lg x+10^{10}$；　　　　(2) $y=u^{a+2b}$；

(3) $y=\dfrac{x^3}{3}+\dfrac{3}{x^3}$；　　　　　　　(4) $y=\dfrac{1-x^3}{\sqrt{x}}$；

(5) $f(t)=t^2(2t-1)$；　　　　　　　(6) $y=\sqrt{x\sqrt{x\sqrt{x}}}$；

(7) $y=\dfrac{\ln x}{x^n}(n\in\mathbf{N})$；　　　　　(8) $g(t)=\dfrac{1}{1+\sqrt{t}}-\dfrac{1}{1-\sqrt{t}}$；

(9) $y = \dfrac{a}{b + cx^n}$ (a, b, c, n 为常量);   (10) $y = \dfrac{1 + x - x^2}{1 - x + x^2}$;

(11) $y = \dfrac{\sin x}{x} + \dfrac{x}{\sin x}$;   (12) $y = \dfrac{\arccos x}{\sqrt{1 - x^2}}$.

9. 求下列函数在指定点的导数:

(1) 已知 $f(x) = \ln x + 2\cos x - 7x$, 求 $f'\left(\dfrac{\pi}{2}\right)$, $f'(\pi)$.

(2) 已知 $\varphi(x) = \dfrac{2 + \sin x}{x}$, 求 $\varphi'\left(-\dfrac{\pi}{2}\right)$, $\varphi'\left(\dfrac{\pi}{2}\right)$.

(3) 若 $f(x) = \mathrm{e}^{-\frac{x}{a}} \cos \dfrac{x}{a}$, 求 $f(0) + af'(0)$.

(4) 设 $xy - \mathrm{e}^y + \mathrm{e}^x = 0$, 求 y' 和 $y'|_{x=0}$.

10. 求下列函数的导数:

(1) $y = (2 + 3x^2)\sqrt{a^2 - x^2}$;   (2) $y = \log_a(x + \sqrt{x})$;

(3) $y = \ln \dfrac{1 + \sqrt{x}}{1 - \sqrt{x}}$;   (4) $y = \dfrac{\sin^2 x}{\sin x^2}$;

(5) $y = \ln\ln\ln x$;   (6) $y = \ln\tan \dfrac{x}{2}$;

(7) $y = x^2 \sin \dfrac{1}{x}$;   (8) $y = \left(\arcsin \dfrac{x}{2}\right)^2$;

(9) $y = \sqrt{1 + \ln^2 x}$;   (10) $g(x) = \mathrm{e}^{\sin(ax^2 + bx + c)}$;

(11) $y = \sqrt{x + \sqrt{x + \sqrt{x}}}$;   (12) $y = \sin[\cos^2(x^3 + x)]$.

11. 若函数 $\varphi(x) = a^{f^2(x)}$, 且 $f'(x) = \dfrac{1}{f(x) \cdot \ln a}$, 求 $\varphi'(x)$.

12. 设 $f(x) = xg(x)$, $g(x)$ 在点 $x = 0$ 处连续, 试证 $f(x)$ 在点 $x = 0$ 处可导, 并求 $f'(0)$.

13. 设 $f(x)$ 在 $x = 0$ 处连续, 且 $\lim\limits_{x \to 0} \dfrac{f(x)}{x} = A$($A$ 为常数), 证明: $f(x)$ 在 $x = 0$ 处可导.

14. 求下列隐函数的导数:

(1) $x^3 - 3axy + y^3 = 0$;   (2) $x\ln y + y\ln x = 0$.

15. 利用对数求导法求下列函数的导数:

(1) $y=2x^{\sqrt{x}}$;

(2) $y=(\sin x)^{\cos x}$ $(\sin x>0)$;

(3) $y=x \cdot \sqrt{\dfrac{1-x}{1+x}}$;

(4) $y=\dfrac{x^2}{1-x} \cdot \sqrt{\dfrac{3-x}{(3+x)^2}}$.

16. 求下列函数的高阶导数：

(1) $y=\ln(1-x^2)$，求 y''；

(2) $y=f(x^2+b)$，求 y''；

(3) $y=x\sqrt{1-x^2}+\arcsin x$，求 y''；

(4) $y=\arctan \dfrac{2x}{1-x^2}$，求 y''；

(5) $y=x^3\ln x$，求 $y^{(4)}$；

(6) $y=\dfrac{1-x}{1+x}$，求 $y^{(n)}$.

17. 已知 $xy-\sin(\pi y^2)=0$，求 $y'\Big|_{\substack{x=0\\y=1}}$ 及 $y''\Big|_{\substack{x=0\\y=-1}}$.

18. 落在平静水面上的小石子，产生同心波纹，若最外一圈波半径增大率总是 6 m/s，问在 2 s 末被扰动水面面积增大率为多少？

19. 一球在斜面上向上滚，在 t 时刻末与开始的距离为 $s=3t-t^2$，其初速是多少？何时开始向下滚？

20. 一矩形两边长分别用 x 和 y 来表示，若 x 边以 0.01 m/s 的速度减少，y 边以 0.02 m/s 的速度增加，求在 $x=20$ m，$y=15$ m 时矩形面积的变化速度及对角线的变化速度.

21. 已知 $y=x^3-x$，在 $x=2$ 时计算当 Δx 分别等于 1，0.1，0.01 时的 Δy 和 $\mathrm{d}y$.

22. 求下列函数的微分：

(1) $y=\left(\dfrac{1}{3}\right)^{4x}+(4x)^{\frac{1}{3}}$;

(2) $y=x\mathrm{e}^{2x}$;

(3) $y=f(a^x+x^a)$;

(4) $y=\sqrt{1+\sin^2 x}$;

(5) $y=\dfrac{1}{x\sqrt{x}}+x\sin(\mathrm{e}^x)$;

(6) $y=\sqrt{x\sqrt{x}}+\sin x \cdot \ln x$;

(7) $f\left(\dfrac{1}{x}\right)=\dfrac{x}{1+x}$，求 $\mathrm{d}f(x)$；

(8) $\mathrm{e}^{\frac{x}{y}}-xy=0$，求 $\mathrm{d}y$；

(9) $y=\arctan\sqrt{x}$，求 $\mathrm{d}y\Big|_{\substack{x=1\\\Delta x=0.1}}$;

(10) $y=\ln(1+x^2)$，求 $\mathrm{d}y\Big|_{\substack{x=1\\\Delta x=0.1}}$.

23. 求下列各式的近似值：

(1) $\sqrt[3]{8.02}$;

(2) $\mathrm{e}^{0.05}$;

(3) $\sin 30°30'$;

(4) $\sqrt[3]{65}$.

03

第 3 章 导数的应用

在上一章里，我们利用实际问题中因变量相对于自变量的平均变化率结合极限的概念引入了导数的概念，并讨论了导数的计算方法，本章我们首先介绍微分学中的几个重要定理和法则，然后运用这些知识研究曲线的某些性态.

3.1 微分中值定理

定理 1(罗尔中值定理)　如果函数 $y = f(x)$ 满足条件：

(1) 在闭区间 $[a，b]$ 上连续；

(2) 在开区间 $(a，b)$ 内可导；

(3) $f(a) = f(b)$；

则在区间 $(a，b)$ 内至少存在一点 ξ，使 $f'(\xi) = 0$.

证：因为 $y = f(x)$ 在 $[a，b]$ 上连续，由闭区间上连续函数的性质，可知 $f(x)$ 在 $[a，b]$ 上必有最大值 M 和最小值 m. 于是，有两种情况：

$M = m$，此时 $f(x)$ 在 $[a，b]$ 上恒为常数，则在 $(a，b)$ 内处处有 $f'(x) = 0$.

$M > m$，由于 $f(a) = f(b)$，m 与 M 中至少有一个不等于端点的函数值. 我们不妨假定 $M \neq f(a)$，就是说最大值不在两个端点处取得，则在 $(a，b)$ 内至少存在一点 ξ 使 $f(\xi) = M$. 下面我们证明 $f'(\xi) = 0$.

因为 $f(\xi) = M$ 是 $f(x)$ 在 $[a，b]$ 上的最大值，所以

$$f(\xi + \Delta x) - f(\xi) \leqslant 0$$

因为 $f(x)$ 在 $(a，b)$ 内可导，所以 $f(x)$ 在点 ξ 处可导，即 $f'(\xi)$ 存在，而

$$f'_+(\xi) = \lim_{\Delta x \to 0^+} \frac{f(\xi + \Delta x) - f(\xi)}{\Delta x} \leqslant 0$$

$$f'_-(\xi) = \lim_{\Delta x \to 0^-} \frac{f(\xi + \Delta x) - f(\xi)}{\Delta x} \geqslant 0$$

所以

$$f'(\xi)=0$$

罗尔定理的几何意义是：如果连续曲线除端点外处处都具有不垂直于 x 轴的切线，且两端点处的纵坐标相等，那么其上至少有一条平行于 x 轴的切线（见图 3-1）.

定理的三个条件是十分重要的，如果有某一个条件不满足，定理的结论就可能不成立. 例如，函数 $f(x)=\begin{cases}1, & x=0 \\ x, & 0<x\leqslant1\end{cases}$ 不满足条件(1)；函数 $f(x)=|x|,\ x\in[-1,1]$ 不满足条件(2)；函数 $f(x)=x,\ x\in[0,1]$ 不满足条件(3)，显然，这三个函数在所给区间上没有水平切线.

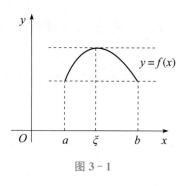

图 3-1

定理 2（拉格朗日中值定理） 如果函数 $y=f(x)$ 满足下列条件：

(1) 在闭区间 $[a,b]$ 上连续，

(2) 在开区间 (a,b) 内可导，

那么在开区间 (a,b) 内至少存在一点 ξ，使得

$$f(b)-f(a)=f'(\xi)(b-a).$$

我们先看定理的几何意义. 连续与可导的条件与罗尔定理一样，在图 3-2 中，连接曲线两端点的弦 AB 的斜率为 $\dfrac{f(b)-f(a)}{b-a}$，显然在曲线上至少存在一点 $C[\xi,f(\xi)]$，使过该点的切线[斜率为 $f'(\xi)$]与弦 AB 平行，即

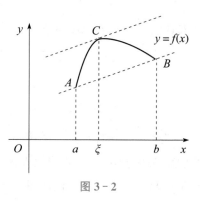

图 3-2

$$\frac{f(b)-f(a)}{b-a}=f'(\xi) \quad \text{或} \quad f(b)-f(a)=f'(\xi)(b-a)$$

在拉格朗日中值定理中，如果再增加一个条件：$f(a)=f(b)$，那么定理的结论正是罗尔定理的结论. 可见，罗尔定理是拉格朗日中值定理的一种特殊情况. 因此，定理的证明就是构造一个辅助函数，使其符合罗尔定理的条件，然后可利用罗尔定理给出证明.

证：作辅助函数

$$\varphi(x)=f(x)-f(a)-\frac{f(b)-f(a)}{b-a}(x-a)$$

容易验证，$\varphi(x)$ 满足罗尔中值定理的条件. 因此，在 (a,b) 内至少存在一点 ξ，使

$$\varphi'(\xi)=0$$

即

$$f'(\xi)-\frac{f(b)-f(a)}{b-a}=0$$

于是

$$f(b)-f(a)=f'(\xi)(b-a)$$

例 1 验证拉格朗日中值定理对于函数 $f(x)=\ln x$ 在区间 $[1,e]$ 上的正确性.

证：因为 $f(x)=\ln x$ 在闭区间 $[1,e]$ 上连续，在开区间 $(1,e)$ 内可导，满足拉格朗日中值定理的条件，则在开区间 $(1,e)$ 内至少存在一点 ξ，使得

$$f(e)-f(1)=f'(\xi)(e-1)$$

即　　　$\ln e-\ln 1=\dfrac{1}{\xi}(e-1)$

解之得　$\xi=e-1\in(1,e)$

所以拉格朗日中值定理对于函数 $f(x)=\ln x$ 在区间 $[1,e]$ 上是正确的.

例 2 利用拉格朗日中值定理证明：当 $x\neq 0$ 时，$e^x>1+x$.

证：先证 $x>0$ 时的情况. 设 $f(x)=e^x$，因为 $f(x)=e^x$ 在 $(-\infty,+\infty)$ 内的任何有限区间上均满足拉格朗日中值定理的条件，在 $(0,+\infty)$ 内任取 x，在闭区间 $[0,x]$ 上使用拉格朗日中值定理，在开区间 $(0,x)$ 内至少存在一点 ξ，使得

$$f(x)-f(0)=f'(\xi)(x-0)$$

即　　　$e^x-e^0=e^\xi(x-0)$

整理得　$e^x=1+xe^\xi$

因为 $\xi>0$，$e^\xi>1$，所以 $xe^\xi>x$.

同理可证 $x<0$ 时，以上结论仍然成立.

所以当 $x\neq 0$ 时，$e^x>1+x$.

由拉格朗日中值定理可以得到两个非常重要的推论：

推论 1   如果 $f(x)$ 在开区间 $(a，b)$ 内的导数恒为零，那么 $f(x)$ 在区间 $(a，b)$ 内是一个常数.

证：设 x_1，x_2 是开区间 $(a，b)$ 内的任意两点，且 $x_1 < x_2$，由拉格朗日中值定理得

$$f(x_2) - f(x_1) = f'(\xi)(x_2 - x_1)(x_1 < \xi < x_2)$$

由假定，$f'(\xi) = 0$，所以 $f(x_2) - f(x_1) = 0$，即

$$f(x_2) = f(x_1)$$

因为 x_1，x_2 是区间 $(a，b)$ 内的任意两点，所以 $f(x) \equiv C$.

推论 2   如果对于开区间 $(a，b)$ 内的任意 x，总有 $f'(x) = g'(x)$，那么在开区间 $(a，b)$ 内，$f(x)$ 与 $g(x)$ 之差是一个常数，即

$$f(x) - g(x) = C(C \text{ 是常数})$$

证：令 $F(x) = f(x) - g(x)$，因为 $F'(x) = [f(x) - g(x)]' = f'(x) - g'(x) = 0$，由推论 1 可知，在区间 $(a，b)$ 内，$F(x) = C$，即

$$f(x) - g(x) = C$$

设 $y = f(x)$ 在区间 $[a，b]$ 上满足拉格朗日中值定理的条件，x 和 $x + \Delta x$ 是该区间内的任意两点，在区间 $[x，x + \Delta x]$ 上使用拉格朗日中值定理得

$$f(x + \Delta x) - f(x) = f'(\xi)\Delta x(x < \xi < x + \Delta x)$$

即 $\Delta y = f'(\xi)\Delta x$

上式也可以看作拉格朗日中值定理使用.

定理 3(柯西中值定理)   如果函数 $f(x)$，$F(x)$ 在闭区间 $[a，b]$ 上连续，在开区间 $(a，b)$ 内可导，$F'(x)$ 在 $(a，b)$ 内均不为零，那么在开区间 $(a，b)$ 内至少存在一点 ξ，使得

$$\frac{f(b) - f(a)}{F(b) - F(a)} = \frac{f'(\xi)}{F'(\xi)}$$

习题 3−1

1. 罗尔中值定理对下列函数是否成立？

(1) $f(x) = \ln\sin x$，$\left[\dfrac{\pi}{6}, \dfrac{5\pi}{6}\right]$；

(2) $f(x) = \dfrac{3}{x^2+1}$，$[-1, 1]$；

(3) $f(x) = x\sqrt{3-x}$，$[0, 3]$.

2. 下列函数在给定的区间上是否满足拉格朗日中值定理的条件？如果满足，求出相应的 ξ 值.

(1) $f(x) = \sqrt{x}$，$x \in [1, 4]$；

(2) $f(x) = e^x$，$x \in [0, 1]$；

(3) $f(x) = \dfrac{1}{3}x^3 - x$，$x \in [-1, 1]$.

3. 证明当 x 在 $[-1, 1]$ 上取值时，$\arcsin x + \arccos x = \dfrac{\pi}{2}$.

4. 证明对于函数 $y = px^2 + qx + r$（p，q，r 均为常数）应用拉格朗日中值定理时，所求得的 ξ 总是在区间的中点上.

5. 已知函数 $f(x) = (x-1)(x-2)(x-3)(x-4)$，不求 $f(x)$ 的导数，讨论方程 $f'(x) = 0$ 的实根，并指出它们所在的区间.

6. 试证方程 $x^3 - 3x^2 + C = 0$ 在区间 $[0, 1]$ 内不可能有两个不同的实根.

7. 用拉格朗日中值定理证明：

(1) 当 $x > 0$ 时，$\dfrac{x}{1+x} < \ln(1+x) < x$；

(2) 若 $a > b > 0$，$n > 1$，则 $nb^{n-1}(a-b) < a^n - b^n < na^{n-1}(a-b)$；

(3) $e^x \geqslant ex$.

3.2　洛必达法则

如果当 $x \to x_0$（或 $x \to \infty$）时，两个函数 $f(x)$ 和 $F(x)$ 都趋于零或都趋于无穷大，

那么极限 $\lim\limits_{\substack{x \to x_0 \\ (x \to \infty)}} \dfrac{f(x)}{F(x)}$ 可能存在，也可能不存在，通常把这类极限称为未定式，记为 $\dfrac{0}{0}$

型或 $\dfrac{\infty}{\infty}$ 型. 例如，$\lim\limits_{x \to 0} \dfrac{\sin x}{x}$ 为未定式 $\dfrac{0}{0}$ 型，$\lim\limits_{x \to +\infty} \dfrac{\ln x}{x^2}$ 为未定式 $\dfrac{\infty}{\infty}$ 型. 这类极限即使存

在，也不能用商的极限的运算法则进行运算，下面介绍求这类极限的极为简便而且非

常重要的方法——洛必达法则.

首先讨论 $x \to x_0$ 时未定式 $\dfrac{0}{0}$ 型的洛必达法则.

定理1　设 $f(x)$，$F(x)$ 在 x_0 的某一去心邻域内有定义，如果

(1) $\lim\limits_{x \to x_0} f(x) = \lim\limits_{x \to x_0} F(x) = 0$；

(2) $f(x)$，$F(x)$ 在 x_0 的某邻域内可导，且 $F'(x) \neq 0$；

(3) $\lim\limits_{x \to x_0} \dfrac{f'(x)}{F'(x)} = A$（或无穷大），

那么　$\lim\limits_{x \to x_0} \dfrac{f(x)}{F(x)} = \lim\limits_{x \to x_0} \dfrac{f'(x)}{F'(x)} = A$（或无穷大）

以上定理说明，当 $x \to x_0$ 时，求未定式 $\dfrac{0}{0}$ 型的值，在符合条件的情况下，可以

先对分子、分母求导数再求极限，这种在一定条件下先对分子、分母分别求导后，再

求极限来确定未定式的值的方法叫洛必达法则.

例1　求 $\lim\limits_{x \to 0} \dfrac{e^x - 1}{x - x^2}$.

解　因为这是未定式 $\dfrac{0}{0}$ 型，所以 $\lim\limits_{x \to 0} \dfrac{e^x - 1}{x - x^2} \overset{\frac{0}{0}}{=\!=} \lim\limits_{x \to 0} \dfrac{e^x}{1 - 2x} = 1$

例2　求 $\lim\limits_{x \to 1} \dfrac{\ln x}{x - 1}$.

解　$\lim\limits_{x \to 1} \dfrac{\ln x}{x - 1} \overset{\frac{0}{0}}{=\!=} \lim\limits_{x \to 1} \dfrac{\frac{1}{x}}{1} = \lim\limits_{x \to 1} \dfrac{1}{x} = 1$

例3　求 $\lim\limits_{x \to 0} \dfrac{\sin ax}{\sin bx}$.

解　$\lim\limits_{x \to 0} \dfrac{\sin ax}{\sin bx} \overset{\frac{0}{0}}{=\!=} \lim\limits_{x \to 0} \dfrac{a \cos ax}{b \cos bx} = \dfrac{a}{b}$

以上讨论的 $x \to x_0$ 时未定式 $\dfrac{0}{0}$ 型的洛必达法则对于 $x \to \infty$ 时未定式 $\dfrac{0}{0}$ 型同样

适用.

例 4　求 $\lim\limits_{x\to+\infty}\dfrac{\pi-2\arctan x}{\dfrac{1}{x}}$.

解　$\lim\limits_{x\to+\infty}\dfrac{\pi-2\arctan x}{\dfrac{1}{x}}\overset{\frac{0}{0}}{=\!=}\lim\limits_{x\to+\infty}\dfrac{-\dfrac{2}{1+x^2}}{-\dfrac{1}{x^2}}=\lim\limits_{x\to+\infty}\dfrac{2x^2}{1+x^2}=2$

对于 $x\to x_0$ 时未定式 $\dfrac{\infty}{\infty}$ 型也有相应的洛必达法则.

定理 2　设 $f(x)$，$F(x)$ 在 x_0 的某一去心邻域内有定义，如果

(1) $\lim\limits_{x\to x_0}f(x)=\infty$，$\lim\limits_{x\to x_0}F(x)=\infty$；

(2) $f(x)$，$F(x)$ 在 x_0 的某邻域内可导，且 $F'(x)\ne0$；

(3) $\lim\limits_{x\to x_0}\dfrac{f'(x)}{F'(x)}=A$（或无穷大），

那么　$\lim\limits_{x\to x_0}\dfrac{f(x)}{F(x)}=\lim\limits_{x\to x_0}\dfrac{f'(x)}{F'(x)}=A$（或无穷大）

以上讨论的 $x\to x_0$ 时未定式 $\dfrac{\infty}{\infty}$ 型的洛必达法则对于 $x\to\infty$ 时未定式 $\dfrac{\infty}{\infty}$ 型同样

适用.

例 5　求 $\lim\limits_{x\to0^+}\dfrac{\ln\cot x}{\ln x}$.

解　$\lim\limits_{x\to0^+}\dfrac{\ln\cot x}{\ln x}\overset{\frac{\infty}{\infty}}{=\!=}\lim\limits_{x\to0^+}\dfrac{\dfrac{1}{\cot x}(-\csc^2 x)}{\dfrac{1}{x}}=-\lim\limits_{x\to0^+}\dfrac{x}{\sin x\cos x}$

$\overset{\frac{0}{0}}{=\!=}-\lim\limits_{x\to0^+}\dfrac{x}{\sin x}\cdot\lim\limits_{x\to0^+}\dfrac{1}{\cos x}=-1$

例 6　求 $\lim\limits_{x\to+\infty}\dfrac{\ln x}{x^n}$ $(n>0)$.

解　$\lim\limits_{x\to+\infty}\dfrac{\ln x}{x^n}\overset{\frac{\infty}{\infty}}{=\!=}\lim\limits_{x\to+\infty}\dfrac{\dfrac{1}{x}}{nx^{n-1}}=\lim\limits_{x\to+\infty}\dfrac{1}{nx^n}=0$

例 7　求 $\lim\limits_{x\to+\infty}\dfrac{x^n}{e^x}$（$n$ 为正整数）.

解 $\lim\limits_{x\to+\infty}\dfrac{x^n}{e^x}\overset{\frac{\infty}{\infty}}{=}\lim\limits_{x\to+\infty}\dfrac{nx^{n-1}}{e^x}\overset{\frac{\infty}{\infty}}{=}\lim\limits_{x\to+\infty}\dfrac{n(n-1)x^{n-2}}{e^x}\overset{\frac{\infty}{\infty}}{=}\lim\limits_{x\to+\infty}\dfrac{n(n-1)(n-2)x^{n-3}}{e^x}$

$\overset{\frac{\infty}{\infty}}{=}\cdots=\lim\limits_{x\to+\infty}\dfrac{n!}{e^x}=0$

其他类型的未定式，如 $0\cdot\infty$ 型、$\infty-\infty$ 型、0^0 型、∞^0 型、1^∞ 型，如果能转化为未定式 $\dfrac{0}{0}$ 型或 $\dfrac{\infty}{\infty}$ 型，同样可以使用洛必达法则求极限.

例8 求 $\lim\limits_{x\to0^+}x^2\ln x$.

解 $\lim\limits_{x\to0^+}x^2\ln x\overset{0\cdot\infty}{=}\lim\limits_{x\to0^+}\dfrac{\ln x}{\frac{1}{x^2}}\overset{\frac{\infty}{\infty}}{=}\lim\limits_{x\to0^+}\dfrac{\frac{1}{x}}{-\frac{2}{x^3}}=-\lim\limits_{x\to0^+}\dfrac{x^2}{2}=0$

例9 求 $\lim\limits_{x\to0^+}x^x$.

解 $\lim\limits_{x\to0^+}x^x\overset{0^0}{=}\lim\limits_{x\to0^+}e^{\ln x^x}=\lim\limits_{x\to0^+}e^{x\ln x}=e^{\lim\limits_{x\to0^+}x\ln x}$

因为 $\lim\limits_{x\to0^+}x\ln x\overset{0\cdot\infty}{=}\lim\limits_{x\to0^+}\dfrac{\ln x}{\frac{1}{x}}\overset{\frac{\infty}{\infty}}{=}\lim\limits_{x\to0^+}\dfrac{\frac{1}{x}}{-\frac{1}{x^2}}=-\lim\limits_{x\to0^+}x=0$

所以 $\lim\limits_{x\to0^+}x^x=e^{\lim\limits_{x\to0^+}x\ln x}=e^0=1$

使用洛必达法则求极限时应注意以下几点：

(1) 不满足洛必达法则的条件（不是未定式或极限 $\lim\limits_{\substack{x\to x_0\\(x\to\infty)}}\dfrac{f'(x)}{F'(x)}$ 不存在）时，不能使用洛必达法则；

(2) 若 $\lim\limits_{\substack{x\to x_0\\(x\to\infty)}}\dfrac{f'(x)}{F'(x)}$ 仍是未定式 $\dfrac{0}{0}$ 型或 $\dfrac{\infty}{\infty}$ 型，且满足洛必达法则的条件，可以继续使用洛必达法则.

(3) 在某些特殊情况下洛必达法则可能失效，此时应寻求其他解法，现举一例.

例10 $\lim\limits_{x\to+\infty}\dfrac{\sqrt{1+x^2}}{x}$.

解 $\lim\limits_{x\to+\infty}\dfrac{\sqrt{1+x^2}}{x}\overset{\frac{\infty}{\infty}}{=}\lim\limits_{x\to+\infty}\dfrac{\frac{2x}{2\sqrt{1+x^2}}}{1}=\lim\limits_{x\to+\infty}\dfrac{x}{\sqrt{1+x^2}}\overset{\frac{\infty}{\infty}}{=}\lim\limits_{x\to+\infty}\dfrac{1}{\frac{2x}{2\sqrt{1+x^2}}}$

$$= \lim_{x \to +\infty} \frac{\sqrt{1+x^2}}{x}$$

对于该题洛必达法则失效，必须寻求其他解法.

另解　$\lim\limits_{x \to +\infty} \dfrac{\sqrt{1+x^2}}{x} = \lim\limits_{x \to +\infty} \sqrt{\dfrac{1}{x^2}+1} = 1.$

习题 3−2

1. 用洛必达法则求下列极限.

(1) $\lim\limits_{x \to 0} \dfrac{\ln(1+x)}{x}$；

(2) $\lim\limits_{x \to 1} \dfrac{1-x^2}{\ln x^2}$；

(3) $\lim\limits_{x \to 0} \dfrac{e^x - e^{-x}}{\sin 2x}$；

(4) $\lim\limits_{x \to 0^+} \dfrac{\ln\tan 5x}{\ln\tan 3x}$；

(5) $\lim\limits_{x \to 0} \dfrac{x e^{\frac{x}{2}}}{1-e^x}$；

(6) $\lim\limits_{x \to \frac{\pi}{2}} \dfrac{\ln\sin x}{(\pi-2x)^2}$；

(7) $\lim\limits_{x \to +\infty} \dfrac{\ln\ln x}{x}$；

(8) $\lim\limits_{x \to +\infty} \dfrac{(\ln x)^n}{x}$（$n$ 为正整数）；

(9) $\lim\limits_{x \to 0} \dfrac{\tan x - x}{x^2 \sin x}$；

(10) $\lim\limits_{x \to 0} x\cot 2x$；

(11) $\lim\limits_{x \to 0^+} \sin x \ln x$；

(12) $\lim\limits_{x \to 0^+} (\tan x)^x$；

(13) $\lim\limits_{x \to \frac{\pi}{2}} (\sec x - \tan x)$；

(14) $\lim\limits_{x \to 0} (1+\sin x)^{\frac{1}{x}}$；

(15) $\lim\limits_{x \to 0^+} \left(\ln \dfrac{1}{x}\right)^x.$

2. 求证：$\lim\limits_{x \to \infty} \dfrac{x - \sin x}{x + \sin x}$ 的极限存在，但不能用洛必达法则求此极限，求出此极限.

3.3　函数单调性的判定法

在第一章中我们介绍了函数单调性的概念，下面利用导数研究函数的单调性.

在图 3 - 3 中，函数 $f(x)$ 在闭区间 $[a, b]$ 上单调递增，其图形是沿 x 轴的正方向逐渐上升的曲线，此曲线上各点的切线与 x 轴的夹角均为锐角，过曲线上任意点的切线的斜率均为正值，即在区间 (a, b) 内 $f'(x) > 0$.

在图 3 - 4 中，函数 $f(x)$ 在闭区间 $[a, b]$ 上单调递减，其图形是沿 x 轴的正方向逐渐降低的曲线，此曲线上各点的切线与 x 轴的夹角均为钝角，过曲线上任意点的切线的斜率均为负值，即在区间 (a, b) 内 $f'(x) < 0$.

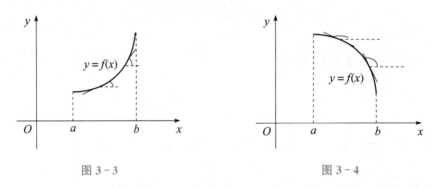

图 3 - 3   图 3 - 4

从上面的分析可以看出，函数的单调性与函数导数的符号有密切的关系，因此我们可以利用函数导数的符号判断函数的单调性，下面给出利用函数的导数判断其单调性的方法.

定理　设函数 $f(x)$ 在闭区间 $[a, b]$ 上连续，在开区间 (a, b) 内可导，如果

(1) 在 (a, b) 内 $f'(x) > 0$，那么函数 $f(x)$ 在 $[a, b]$ 上单调递增；

(2) 在 (a, b) 内 $f'(x) < 0$，那么函数 $f(x)$ 在 $[a, b]$ 上单调递减.

证：设 $f(x)$ 在闭区间 $[a, b]$ 上连续，在开区间 (a, b) 内可导，在闭区间 $[a, b]$ 上任取 $x_1, x_2 (x_1 < x_2)$，$f(x)$ 在 $[x_1, x_2]$ 内满足拉格朗日中值定理的条件，在 (x_1, x_2) 内至少存在一点 ξ，使得

$$f(x_2) - f(x_1) = f'(\xi)(x_2 - x_1) \quad (x_1 < \xi < x_2)$$

因为 $x_2 - x_1 > 0$，所以当 $f'(\xi) > 0$ 时，必有 $f(x_2) - f(x_1) > 0$，即 $f(x_1) < f(x_2)$，所以 $f(x)$ 在 $[a, b]$ 上单调增加.

同理可证定理中的(2).

在使用该定理时应注意以下几点：

(1) 如果在 (a, b) 内，$f'(x) \equiv 0$，由本章第一节的推论 1 可知，$f(x)$ 在 $[a, b]$ 内是一个常数；

（2）该定理中的闭区间换成开区间（包括无穷区间），结论同样成立；

（3）函数在某区间内个别点的导数为零，函数在该区间内仍有单调性.

例如函数 $y=x^3$，$y'=3x^2$，当 $x=0$ 时，$y'=0$；当 $x\neq0$ 时，$y'>0$，该函数在 $(-\infty,+\infty)$ 为单调递增函数.

例 1　判断函数 $f(x)=x-\mathrm{e}^x$ 的单调性.

解　函数 $f(x)$ 的定义域为 $(-\infty,+\infty)$，令 $f'(x)=1-\mathrm{e}^x=0$，得 $x=0$，

当 $x<0$ 时，$f'(x)>0$；当 $x>0$ 时，$f'(x)<0$.

函数 $f(x)$ 在各区间上的单调性见表 3-1，由表 3-1 可知 $f(x)$ 在区间 $(-\infty,0)$ 内单调增加，在区间 $(0,+\infty)$ 内单调减少.

表 3-1

x	$(-\infty,0)$	0	$(0,+\infty)$
$f'(x)$	+	0	−
$f(x)$	↗		↘

说明：表中的"↗"表示函数单调递增，"↘"表示函数单调递减.

例 2　判断函数 $f(x)=\sqrt[3]{x^2}$ 的单调性.

解　函数 $f(x)$ 的定义域为 $(-\infty,+\infty)$，$f'(x)=\dfrac{2}{3\sqrt[3]{x}}$，当 $x=0$ 时，$f'(x)$ 不存在，$x<0$ 时，$f'(x)<0$；$x>0$ 时，$f'(x)>0$. 函数 $f(x)$ 在各区间上的单调性见表 3-2，由表 3-2 可知 $f(x)$ 在区间 $(-\infty,0)$ 内单调减少，在区间 $(0,+\infty)$ 内单调增加.

表 3-2

x	$(-\infty,0)$	0	$(0,+\infty)$
$f'(x)$	−	不存在	+
$f(x)$	↘		↗

从上面的例题可以看出，函数单调区间的分界点为函数的一阶导数等于零的点（驻点）和一阶导数不存在的点，如果函数在定义域内不是单调函数，我们用函数的一阶导数等于零的点和一阶导数不存在的点把函数的定义域划分成若干个区间，使函数

在每个区间上都单调，这些区间就是函数的单调区间.

由此，我们得出求函数 $f(x)$ 的单调区间（或判断函数的单调性）的一般步骤：

(1) 确定函数 $f(x)$ 的定义域；

(2) 求出函数 $f(x)$ 的全部驻点 $[f'(x)=0$ 的实根$]$ 和 $f'(x)$ 不存在的点，用这些点按由小到大的顺序把函数 $f(x)$ 的定义域划分成若干个区间；

(3) 列表讨论函数 $f(x)$ 在各区间上的单调性.

例 3 判断函数 $f(x)=2x^3+3x^2-12x+1$ 的单调性.

解 (1) 函数 $f(x)$ 的定义域为 $(-\infty,+\infty)$；

(2) $f'(x)=6x^2+6x-12=6(x-1)(x+2)$，令 $f'(x)=0$ 得驻点：$x_1=1$，$x_2=-2$；

(3) 列表并考查 $f'(x)$ 在各区间上的符号，见表 3-3：

表 3-3

x	$(-\infty,-2)$	-2	$(-2,1)$	1	$(1,+\infty)$
$f'(x)$	$+$	0	$-$	0	$+$
$f(x)$	↗		↘		↗

由表 3-3 可知 $f(x)$ 在区间 $(-\infty,-2)$ 和 $(1,+\infty)$ 内单调递增，在区间 $(-2,1)$ 内单调递减.

习题 3-3

1. 求下列函数的单调区间，并讨论函数在各个单调区间上的单调性.

(1) $f(x)=x^3-3x^2+2$；

(2) $f(x)=\arctan x-x$；

(3) $f(x)=e^x-x+1$；

(4) $f(x)=(x-2)^2(x+1)^3$；

(5) $f(x)=x+\dfrac{4}{x}$；

(6) $f(x)=x^2e^{-x^2}$；

(7) $y=\dfrac{\sqrt{x}}{x+100}$；

(8) $y=\dfrac{x^2}{1+x}$；

(9) $y=x-\ln(1+x)$；

(10) $y=2x^2-\ln x$.

2. 用函数的单调性证明：当 $x>0$ 时，$x>\ln(1+x)$.

3.4　函数的极值与最值

3.4.1　函数极值的定义

定义　设函数 $f(x)$ 在 x_0 的某邻域内有定义，对于 x_0 的一个去心邻域内的任意 x：

（1）如果 $f(x) < f(x_0)$，那么 $f(x_0)$ 是 $f(x)$ 的一个极大值，点 x_0 是 $f(x)$ 的一个极大值点；

（2）如果 $f(x) > f(x_0)$，那么 $f(x_0)$ 是 $f(x)$ 的一个极小值，点 x_0 是 $f(x)$ 的一个极小值点．

函数的极大值和极小值统称为极值，使函数取得极值的点叫极值点．

在图 3－5 中，$f(x_1)$，$f(x_3)$ 是 $f(x)$ 的两个极大值，x_1，x_3 是 $f(x)$ 的极大值点；$f(x_2)$，$f(x_4)$ 是 $f(x)$ 的两个极小值，x_2，x_4 是 $f(x)$ 的极小值点．

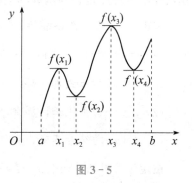

图 3－5

关于函数的极值应注意以下几点：

（1）函数极值是局部概念，$f(x_0)$ 是函数 $f(x)$ 的一个极大值，它只是 $f(x)$ 在 x_0 的某邻域内的最大值，但不一定是 $f(x)$ 在整个定义区间上的最大值，对于函数的极小值也是如此；

（2）极值的定义决定了函数的极值只能在区间的内部取得，不可能在区间的端点取得；

（3）函数的某一极大值有可能小于某一极小值．

3.4.2　函数极值的求法

在图 3－5 中，函数 $f(x)$ 的极值点处的切线都是水平的，这提示我们，对于可导函数，在极值点 x_0 处有 $f'(x) = 0$．下面给出函数存在极值的必要条件．

定理 1　（必要条件）设函数 $f(x)$ 在点 x_0 可导，且在点 x_0 取得极值，那么 $f'(x_0) = 0$．

定理 1 说明可导函数的极值点必定是它的驻点，但是函数的驻点不一定是它的极值点. 例如，$x=0$ 是函数 $f(x)=x^3$ 的驻点，但不是函数的极值点（图 3-6）.

另外，函数的一阶导数不存在的点也可能是它的极值点，例如，$f(x)=|x|$，该函数在点 $x=0$ 不可导，但在点 $x=0$ 取得极小值（见图 3-7）.

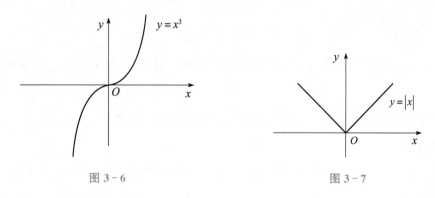

图 3-6   图 3-7

综上所述，函数的极值有可能在函数的驻点或不可导点上取得. 如何判断函数的驻点或不可导点是否为函数的极值点？下面给出函数取得极值的充分条件.

定理 2 （第一充分条件）设函数 $f(x)$ 在点 x_0 连续，在 x_0 的去心邻域内可导，当 x 由小增大经过 x_0 点时，如果：

(1) $f'(x)$ 由正变负，那么 $f(x_0)$ 是函数 $f(x)$ 的极大值；

(2) $f'(x)$ 由负变正，那么 $f(x_0)$ 是函数 $f(x)$ 的极小值；

(3) $f'(x)$ 的符号不变，则 $f(x)$ 在 x_0 点没有极值.

由定理 2 可知，如果 x_0 是函数 $f(x)$ 的驻点（或不可导点），在 x_0 的两侧，$f'(x)$ 的符号相反，点 x_0 就是 $f(x)$ 的极值点；在 x_0 的两侧，$f'(x)$ 的符号相同，点 x_0 就不是 $f(x)$ 的极值点. 在图 3-8 和图 3-9 中 $f(x)$ 在点 x_0 取得极值，在图 3-10 和图 3-11 中 $f(x)$ 在点 x_0 没有极值.

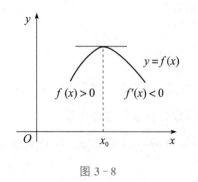

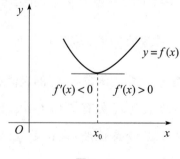

图 3-8   图 3-9

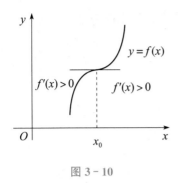

图 3 - 10

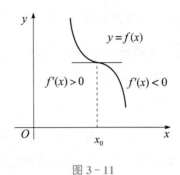

图 3 - 11

例 1　求函数 $f(x)=x^3-6x^2+9x+5$ 的极值.

解　(1) $f(x)$ 的定义域为 $(-\infty,+\infty)$；

(2) $f'(x)=3x^2-12x+9=3(x-1)(x-3)$；

(3) 令 $f'(x)=0$ 得驻点 $x_1=1$，$x_2=3$；

(4) 列表并考查 $f'(x)$ 的符号，见表 3 - 4：

表 3 - 4

x	$(-\infty,1)$	1	$(1,3)$	3	$(3,+\infty)$
$f'(x)$	$+$	0	$-$	0	$+$
$f(x)$	↗	极大值 9	↘	极小值 5	↗

由表 3 - 4 可知函数 $f(x)$ 的极大值为 $f(1)=9$，极小值为 $f(3)=5$.

例 2　求函数 $f(x)=\dfrac{3}{2}\sqrt[3]{x^2}-x$ 的极值.

解　(1) $f(x)$ 的定义域为 $(-\infty,+\infty)$；

(2) $f'(x)=x^{-\frac{1}{3}}-1=\dfrac{1-\sqrt[3]{x}}{\sqrt[3]{x}}$，当 $x=0$ 时 $f'(x)$ 不存在；

(3) 令 $f'(x)=0$ 得驻点 $x_1=1$；

(4) 列表并考查 $f'(x)$ 的符号，见表 3 - 5：

表 3 - 5

x	$(-\infty,0)$	0	$(0,1)$	1	$(1,+\infty)$
$f'(x)$	$-$	不存在	$+$	0	$-$
$f(x)$	↘	极小值 0	↗	极大值 $\dfrac{1}{2}$	↘

由表 3-5 可知函数 $f(x)$ 的极大值为 $f(1)=\dfrac{1}{2}$，极小值为 $f(0)=0$.

例 3 求函数 $f(x)=5+(x^2-1)^2$ 的极值.

解 (1) $f(x)$ 的定义域为 $(-\infty,+\infty)$；

(2) $f'(x)=2(x^2-1)\cdot 2x=4x(x+1)(x-1)$；

(3) 令 $f'(x)=0$ 得驻点 $x_1=-1$，$x_2=0$，$x_3=1$；

(4) 列表并考查 $f'(x)$ 的符号，见表 3-6：

表 3-6

x	$(-\infty,-1)$	-1	$(-1,0)$	0	$(0,1)$	1	$(1,+\infty)$
$f'(x)$	$-$	0	$+$	0	$-$	0	$+$
$f(x)$	↘	极小值 5	↗	极大值 6	↘	极小值 5	↗

由表 3-6 可知函数 $f(x)$ 的极大值为 $f(0)=6$，极小值为 $f(-1)=5$ 和 $f(1)=5$.

定理 3 （第二充分条件）设函数 $f(x)$ 在点 x_0 处有二阶导数，且 $f'(x_0)=0$，

(1) 如果 $f''(x_0)<0$，那么 $f(x_0)$ 是函数 $f(x)$ 的极大值；

(2) 如果 $f''(x_0)>0$，那么 $f(x_0)$ 是函数 $f(x)$ 的极小值；

(3) 如果 $f''(x_0)=0$，那么不能判断 $f(x_0)$ 是否是极值.

例 4 求函数 $f(x)=x^4-10x^2+5$ 的极值.

解 (1) $f(x)$ 的定义域为 $(-\infty,+\infty)$；

(2) $f'(x)=4x^3-20x=4x(x+\sqrt{5})(x-\sqrt{5})$；

(3) 令 $f'(x)=0$，得驻点 $x_1=-\sqrt{5}$，$x_2=0$，$x_3=\sqrt{5}$；

(4) $f''(x)=12x^2-20$，$f''(-\sqrt{5})=40>0$；$f''(0)=-20<0$；$f''(\sqrt{5})=40>0$.

故由定理 3 可知，$f(x)$ 的极小值为 $f(-\sqrt{5})=-20$ 和 $f(\sqrt{5})=-20$，极大值为 $f(0)=5$.

如果函数 $f(x)$ 在所讨论的区间内连续，除个别点外处处可导，那么，可按以下步骤求函数 $f(x)$ 的极值：

(1) 确定函数 $f(x)$ 的定义域；

(2) 求出 $f'(x)$；

(3) 求出函数 $f(x)$ 在定义域内的所有驻点和 $f'(x)$ 不存在的点；

（4）分别考察每一个驻点或导数不存在的点是否为极值点，是极大值点还是极小值点；

（5）求出各极值点的函数值，即得函数 $f(x)$ 的全部极值.

3.4.3　函数的最大值和最小值

在工农业生产和工程技术中经常遇到这样一些问题：在一定条件下怎样才能使生产的产品用料最省、成本最低、利润最高？解决这类问题在数学上就是求函数的最大值和最小值问题.

根据第一章中闭区间上连续函数的性质，如果函数 $f(x)$ 在闭区间 $[a,b]$ 上连续，那么函数 $f(x)$ 在闭区间 $[a,b]$ 上必有最大值和最小值.

由于函数的极值只能在区间的内部取得，如果函数的最大值和最小值在区间的内部取得，则函数的最大值（或最小值）也一定是函数的极大值（或极小值），此时函数的最大值和最小值必定在驻点或导数不存在的点上取得；另外，函数的最大值和最小值还有可能在区间的两个端点上取得，因此可以按以下方法求函数 $f(x)$ 在闭区间 $[a,b]$ 上的最大值和最小值：

（1）求出函数 $f(x)$ 在开区间 (a,b) 内的所有驻点和 $f'(x)$ 不存在的点，并求出这些点对应的函数值；

（2）求出函数 $f(x)$ 在闭区间 $[a,b]$ 上的两个端点的函数值 $f(a)$ 和 $f(b)$；

（3）比较前文中的各函数值，其中最大的为函数 $f(x)$ 在闭区间 $[a,b]$ 上的最大值，最小的为函数 $f(x)$ 在闭区间 $[a,b]$ 上的最小值.

例 5　求函数 $f(x)=x^3-6x^2+9x+7$ 在 $[-1,5]$ 上的最大值和最小值.

解　（1）$f'(x)=3x^2-12x+9=3(x-1)(x-3)$，令 $f'(x)=0$ 得驻点 $x_1=1$，$x_2=3$，相应的函数值为：$f(1)=11$，$f(3)=7$；

（2）$f(x)$ 在两个端点的函数值为 $f(-1)=-9$，$f(5)=27$；

（3）比较这些值得 $f(x)$ 在 $[-1,5]$ 上的最大值为 $f(5)=27$，最小值为 $f(-1)=-9$.

如果函数 $f(x)$ 在开区间 (a,b) 内有唯一的极值点 x_0，若 $f(x_0)$ 是函数 $f(x)$ 的极大值，它也一定是函数 $f(x)$ 在该区间上的最大值；若 $f(x_0)$ 是函数 $f(x)$ 的极小值，它也一定是函数 $f(x)$ 在该区间上的最小值，如图 3-12 和图 3-13 所示.

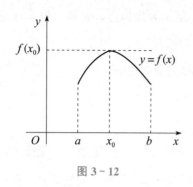

图 3-12

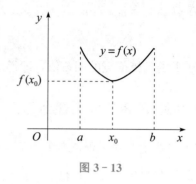

图 3-13

例 6 求函数 $f(x)=x^2-4x+1$ 的最小值.

解 $f(x)$ 的定义域为 $(-\infty,+\infty)$，$f'(x)=2x-4=2(x-2)$，令 $f'(x)=0$ 得驻点 $x=2$. 因为当 $x<2$ 时，$f'(x)<0$；$x>2$ 时，$f'(x)>0$，所以 $f(x)$ 在点 $x=2$ 取得极小值. 又因为 $x=2$ 是 $f(x)$ 在 $(-\infty,+\infty)$ 内唯一的极值点，所以函数在该点取得的极小值也是该函数在 $(-\infty,+\infty)$ 内的最小值，因此函数 $f(x)$ 在 $(-\infty,+\infty)$ 内的最小值为 $f(2)=-3$.

可以证明，如果我们研究的实际问题在给定的区间内部（非端点处）确有最大值（或最小值），而函数 $f(x)$ 在区间内只有一个驻点 x_0，那么 $f(x_0)$ 就是函数 $f(x)$ 在该区间内的最大值（或最小值）.

例 7 某农场欲紧靠院墙用篱笆围成一矩形场地饲养动物，如图 3-14 所示，现有篱笆的总长度为 80 m，问场地的长和宽分别为多少时面积最大？最大面积是多少？

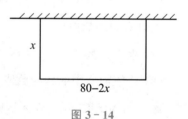

图 3-14

解 设场地的宽为 x，则长为 $80-2x$，场地的面积为

$$S=x(80-2x)=80x-2x^2, x\in(0,40)$$
$$S'=80-4x=4(20-x)$$

令 $S'=0$，得唯一驻点 $x=20$，因为面积 S 在区间 $(0,40)$ 内一定有最大值，所以当 $x=20$ 即场地的宽为 20 m 时，矩形场地的面积最大，此时场地的长为 $80-2x=$ 40 m.

场地的最大面积为：$S_{\max}=20\times40=800$ m².

例 8 铁路上 A，B 两城相距 200 km，如图 3-15 所示，工厂 C 距 A 城 20 km

且 $CA \perp AB$，已知铁路和公路每吨货物每千米的运价之比为 $3:5$，为了节省运费，在铁路上选定一点 D，从工厂 C 到 D 点修一条公路，求 D 点选在何处，把每吨货物从工厂 C 运到 B 城运费最省？

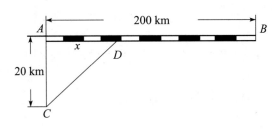

图 3 - 15

解　设 D 点距 A 城 x，则 $CD=\sqrt{20^2+x^2}$，$DB=200-x$，如果铁路和公路每吨货物每千米的运价分别为 $3k$ 和 $5k$（k 为常数），则把每吨货物从工厂 C 运到 B 城的总运费为

$$y=5k\sqrt{20^2+x^2}+3k(200-x) \quad (0 \leqslant x \leqslant 200)$$

因为 $y'=k\left(\dfrac{5x}{\sqrt{20^2+x^2}}-3\right)$，令 $y'=0$ 得唯一驻点 $x=15$，而

$$f(15)=680k, f(0)=700k, f(200)=5k\sqrt{40\,400}>1\,000\,k$$

所以，D 点距 A 城 $15\,km$ 时，把每吨货物从工厂 C 运到 B 城运费最省.

习题 3 - 4

1. 求下列函数的极值：

(1) $f(x)=\dfrac{1}{3}x^3+x^2-3x+1$；

(2) $f(x)=x^2(1-x)^3$；

(3) $f(x)=\dfrac{2x}{1+x^2}$；

(4) $f(x)=(x-1)\sqrt[3]{x^2}$；

(5) $f(x)=(1-x)\mathrm{e}^{-x}$；

(6) $f(x)=x^2\ln x$；

(7) $f(x)=\dfrac{2x}{1+x^2}$；

(8) $f(x)=x+\sqrt{1-x}$；

(9) $f(x)=\sqrt{2+x-x^2}$；

(10) $f(x)=3-2(x+1)^{\frac{1}{3}}$.

2. 求函数 $f(x)=\sin x+\cos x$ 在区间 $[0，2\pi]$ 上的极值.

3. 求下列函数在给定区间上的最大值和最小值：

(1) $f(x)=x^4-2x^2+5$，$[-1，2]$；　　(2) $f(x)=x^3-2x^2+x+1$，$[2，4]$；

(3) $f(x)=\sqrt{25-x^2}$，$[-3，4]$；　　(4) $f(x)=\ln(1+x^2)$，$[-1，3]$；

(5) $f(x)=x+\dfrac{1}{x}$，$[0.01，100]$；　　(6) $f(x)=\sqrt{x}\ln x$，$\left[\dfrac{1}{9}，1\right]$；

微课

数学与屠呦呦
的诺贝尔奖

(7) $f(x)=\dfrac{x-1}{x+1}$，$[0，4]$；

(8) $f(x)=\dfrac{x^2}{1+x}$，$\left[-\dfrac{1}{2}，1\right]$.

4. 做一个无盖圆柱形水桶，设水桶的容积 V 一定，当底面半径 r 和高 h 分别为多少时，用料最省？如果是有盖水桶，其他条件不变，重解此题.

3.5　曲线的凹凸和拐点

3.5.1　曲线凹凸的定义和判定法

在图 3-16 中曲线 ADC 在区间 $(a，c)$ 内是一段凹弧，此时曲线 ADC 位于其任何一点切线的上方；曲线 CEB 在区间 $(c，b)$ 内是一段凸弧，此时曲线 CEB 位于其任何一点切线的下方. 由此我们给出曲线凹凸的定义：

定义 1　设函数 $y=f(x)$ 在开区间 $(a，b)$ 内可导，在该区间内如果曲线位于其任何一点切线的

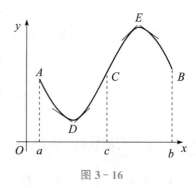

图 3-16

上方，那么称此曲线在该区间内是凹的；如果曲线位于其任何一点切线的下方，那么称此曲线在该区间内是凸的.

在图 3-16 中，曲线在区间 $(a，c)$ 内是凹的，在区间 $(c，b)$ 内是凸的.

在图 3-17 中，曲线在区间 $[a，b]$ 内是凹的，曲线上各点的切线斜率 $\tan\alpha=f'(x)$（α 是切线和横轴的夹角）随 x 的增大而增大，即 $f'(x)$ 在该区间内为单调增函数；在图 3-18 中，曲线在区间 $[a，b]$ 内是凸的，曲线上各点的切线斜率 $\tan\alpha=$

$f'(x)$ 随 x 的增大而减小，即 $f'(x)$ 在该区间内为单调减函数．由于 $f'(x)$ 的单调性可以用函数的二阶导数 $f''(x)$ 判断，因此可由下面的定理判断曲线的凹凸.

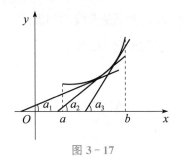

图 3 - 17

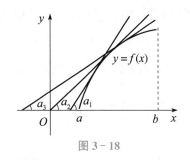

图 3 - 18

定理　设函数 $y=f(x)$ 在闭区间 $[a, b]$ 上连续，在开区间 (a, b) 内具有一阶和二阶导数：

(1) 在 (a, b) 内，若 $f''(x)>0$，那么曲线 $y=f(x)$ 在 $[a, b]$ 内是凹的；

(2) 在 (a, b) 内，若 $f''(x)<0$，那么曲线 $y=f(x)$ 在 $[a, b]$ 内是凸的.

例 1　判断曲线 $y=\ln x$ 的凹凸性.

解　函数 $y=\ln x$ 的定义域为 $(0, +\infty)$，$y''=-\dfrac{1}{x^2}$，因为在 $(0, +\infty)$ 内总有：$y''<0$，所以曲线 $y=\ln x$ 在 $(0, +\infty)$ 内是凸的.

例 2　判断曲线 $y=x^3-6x^2+3x+5$ 的凹凸性.

解　函数的定义域为 $(-\infty, +\infty)$，$y''=6x-12=6(x-2)$，因为当 $x<2$ 时，$y''<0$，当 $x>2$ 时，$y''>0$．所以，曲线在 $(-\infty, 2]$ 内是凸的，曲线在 $[2, +\infty)$ 内是凹的.

3.5.2　拐点的定义和求法

定义 2　连续曲线上凹弧与凸弧的分界点称为曲线的拐点.

由于拐点是曲线上凹弧与凸弧的分界点，而函数的二阶导数可以判断曲线的凹凸，如果函数在点 x_0 的二阶导数 $f''(x_0)$ 存在，且点 $[x_0, f(x_0)]$ 是曲线的拐点，当 x 逐渐增大经过 x_0 时，$f''(x)$ 的符号必定由正变负或由负变正，则必有 $f''(x_0)=0$.

另外，函数在点 x_0 的二阶导数 $f''(x_0)$ 不存在时，$[x_0, f(x_0)]$ 也可能是曲线的拐点，例如，$f(x)=\sqrt[3]{x}$，$f''(x)=-\dfrac{2}{9\sqrt[3]{x^5}}$，当 $x=0$ 时，$f''(x)$ 不存在，但 $x<0$ 时，$f''(x)>0$；$x>0$ 时，$f''(x)<0$，所以 $(0, 0)$ 点是曲线的拐点.

因此，可以按照以下步骤求曲线的拐点：

(1) 确定函数的定义域；

（2）求出 $f''(x)$，并求出所有的使 $f''(x)=0$ 和 $f''(x)$ 不存在的点 x_0；

（3）考查 $f''(x)$ 在 x_0 两侧附近的符号，如果 $f''(x)$ 的符号相反，$[x_0, f(x_0)]$ 就是曲线的拐点；如果 $f''(x)$ 的符号相同，$[x_0, f(x_0)]$ 就不是曲线的拐点.

例 3 求曲线 $f(x)=x^4-5x^3+6x^2-3x+1$ 的凹凸区间和拐点.

解 （1）函数的定义域为 $(-\infty, +\infty)$；

（2）$f''(x)=12x^2-30x+12=6(2x-1)(x-2)$，令 $f''(x)=0$ 得，$x_1=\dfrac{1}{2}$，$x_2=2$；

（3）列表并考查 $f''(x)$ 在各区间内的符号，见表 3-7：

表 3-7

x	$\left(-\infty, \dfrac{1}{2}\right)$	$\dfrac{1}{2}$	$\left(\dfrac{1}{2}, 2\right)$	2	$(2, +\infty)$
$f''(x)$	$+$	0	$-$	0	$+$
$f(x)$	$\cup$	拐点 $\left(\dfrac{1}{2}, \dfrac{7}{16}\right)$	$\cap$	拐点 $(2, -5)$	$\cup$

表中的"$\cup$"表示曲线是凹的；"$\cap$"表示曲线是凸的.

由表 3-7 可知曲线在区间 $\left(-\infty, \dfrac{1}{2}\right)$ 和 $(2, +\infty)$ 内是凹的；在区间 $\left(\dfrac{1}{2}, 2\right)$ 内是凸的，曲线的拐点为：$\left(\dfrac{1}{2}, \dfrac{7}{16}\right)$ 和 $(2, -5)$.

习题 3-5

1. 求下列曲线的凹凸区间和拐点：

（1）$y=x^3-\dfrac{1}{4}x^4$；

（2）$y=\dfrac{1}{2}e^{-x^2}$；

（3）$y=x^2+2\ln x$；

（4）$y=e^{\arctan x}$；

（5）$y=x^2-\dfrac{9}{5}x^{\frac{5}{3}}$；

（6）$y=x+\dfrac{x}{x-1}$；

（7）$y=\dfrac{1}{1+x^2}$；

（8）$y=\ln(1+x^2)$.

2. 当 a，b 为何值时，点 $(-1, 2)$ 是曲线 $y=ax^3+bx^2$ 的拐点？

3.6　函数图形的描绘

3.6.1　曲线的渐近线

1. 垂直渐近线

若函数 $y=f(x)$ 在 C 处间断，且 $\lim\limits_{x \to C} f(x)=\infty$（或 $x \to C^-$，$x \to C^+$），则称直线 $x=C$ 为曲线 $y=f(x)$ 的垂直渐近线.

例如，$\lim\limits_{x \to 0^+} \ln x = \infty$，直线 $x=0$ 是曲线 $y=\ln x$ 的垂直渐近线；$\lim\limits_{x \to 0} \dfrac{1}{x}=\infty$，直线 $x=0$ 是曲线 $y=\dfrac{1}{x}$ 的垂直渐近线.

2. 水平渐近线

若函数 $y=f(x)$ 的定义区间为无穷区间，且 $\lim\limits_{x \to \infty} f(x)=C$（或 $x \to +\infty$，$x \to -\infty$），则称直线 $y=C$ 为曲线 $y=f(x)$ 的水平渐近线.

例如，$y=e^x$ 的定义区间为 $(-\infty，+\infty)$，$\lim\limits_{x \to -\infty} e^x=0$，直线 $y=0$ 是曲线 $y=e^x$ 的水平渐近线；$y=\dfrac{1}{x}$ 的定义区间为 $(-\infty，0) \bigcup (0，+\infty)$，$\lim\limits_{x \to \infty} \dfrac{1}{x}=0$，直线 $y=0$ 是曲线 $y=\dfrac{1}{x}$ 的水平渐近线；$y=\arctan x$ 的定义区间为 $(-\infty，+\infty)$，$\lim\limits_{x \to +\infty} \arctan x=\dfrac{\pi}{2}$，直线 $y=\dfrac{\pi}{2}$ 是曲线 $y=\arctan x$ 的水平渐近线.

3.6.2　函数图形的描绘

通过函数的一阶导数可以判断出函数图形在哪些区间内是上升的，在哪些区间内是下降的，在哪些点上取得极值；借助函数的二阶导数可以确定出函数的图形在哪些区间内是凹的，在哪些区间内是凸的，还可以求出曲线的拐点；利用渐近线可以确定出曲线的变化趋势. 掌握了函数的这些基本特性，就可以比较准确地描绘出函数的图形.

通常可以按照以下步骤描绘函数 $y=f(x)$ 的图形：

（1）确定函数 $y=f(x)$ 的定义域和某些基本性质如奇偶性、周期性等；

（2）求出 $f'(x)$ 和 $f''(x)$，并求出函数的间断点和所有的使 $f'(x)$ 和 $f''(x)$ 等于零和不存在的点，用这些点把函数的定义域划分成若干个区间；

（3）确定 $f'(x)$ 和 $f''(x)$ 在各个区间内的符号，由此确定出函数图形在各个区间内的升降和凹凸以及极值点和拐点；

（4）确定出曲线的水平和垂直渐近线以及其他变化趋势；

（5）在坐标系内标出所有的极值点、拐点、曲线与坐标轴的交点，如要使函数图形画得更准确些，可以再补充一些点；

（6）根据前几个步骤中讨论的结果，把所有的点用平滑的曲线连接起来，即得函数的图形.

例1 描绘函数 $y = x^3 - 3x + 1$ 的图形.

解 （1）函数的定义域为 $(-\infty, +\infty)$；

（2）$y' = 3x^2 - 3 = 3(x+1)(x-1)$，$y'' = 6x$，令 $y' = 0$ 得驻点 $x_1 = -1$，$x_2 = 1$，令 $y'' = 0$ 得 $x_3 = 0$；

（3）函数的单调区间、极值点和极值以及凹凸区间和拐点见表 3-8：

表 3-8

x	$(-\infty, -1)$	-1	$(-1, 0)$	0	$(0, 1)$	1	$(1, +\infty)$
y'	$+$	0	$-$		$-$	0	$+$
y''	$-$		$-$	0	$+$		$+$
y	↗∩	极大值3	↘∩	拐点$(0, 1)$	↘∪	极小值-1	↗∪

（4）曲线没有水平和垂直渐近线；

（5）由表 3-8 可知曲线过 $(-1, 3)$，$(0, 1)$ 和 $(1, -1)$ 点，为了使函数的图形画得更准确些，再补充两个点 $(-2, -1)$ 和 $(2, 3)$，函数的图形如图 3-19 所示.

例2 描绘函数 $y = e^{-\frac{x^2}{2}}$ 的图形.

解 （1）函数的定义域为 $(-\infty, +\infty)$；

（2）$y' = -x e^{-\frac{x^2}{2}}$，$y'' = (x^2 - 1) e^{-\frac{x^2}{2}} = (x+1)(x-1) e^{-\frac{x^2}{2}}$，令 $y' = 0$ 得驻点 $x_1 = 0$；

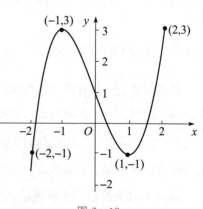

图 3-19

令 $y''=0$ 得 $x_2=-1$，$x_3=1$；

(3)函数的单调区间、极值点和极值以及凹凸区间和拐点见表 3 - 9：

表 3 - 9

x	$(-\infty,-1)$	-1	$(-1,0)$	0	$(0,1)$	1	$(1,+\infty)$
y'	$+$		$+$	0	$-$		$-$
y''	$+$	0	$-$		$-$	0	$+$
y	$\nearrow\cup$	拐点 $(-1,e^{-\frac{1}{2}})$	$\nearrow\cap$	极大值 1	$\searrow\cap$	拐点 $(1,e^{-\frac{1}{2}})$	$\searrow\cup$

(4)$\lim\limits_{x\to\infty}e^{-\frac{x^2}{2}}=0$，直线 $y=0$ 为曲线的水平渐近线；

(5)由表 3 - 9 可知曲线过 $(-1,e^{-\frac{1}{2}})$，$(0,1)$ 和 $(1,e^{-\frac{1}{2}})$ 点，为了使函数的图形画得更准确些，再补充两个点 $(-2,e^{-2})$ 和 $(2,e^{-2})$，函数的图形如图 3 - 20 所示.

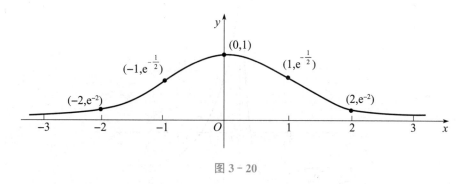

图 3 - 20

例 3　描绘函数 $y=\dfrac{4(x+1)}{x^2}-2$ 的图形.

解　(1)函数的定义域为 $(-\infty,0)\cup(0,+\infty)$；

(2)$y'=\dfrac{(4-4x)x^2-2x(-2x^2+4x+4)}{x^4}=\dfrac{-4(x+2)}{x^3}$，$y''=\dfrac{-4x^3+12x^2(x+2)}{x^6}=\dfrac{8(x+3)}{x^4}$，令 $y'=0$ 得驻点 $x_1=-2$；令 $y''=0$ 得 $x_2=-3$.

(3)函数的单调区间、极值点和极值以及凹凸区间和拐点见表 3 - 10：

表 3 - 10

x	$(-\infty, -3)$	-3	$(-3, -2)$	-2	$(-2, 0)$	0	$(0, +\infty)$
y'	$-$	$-$	$-$	0	$+$	$\times$	$-$
y''	$-$	0	$+$	$+$	$+$	$\times$	$+$
y	$\searrow \cap$	拐点$\left(-3, -2\dfrac{8}{9}\right)$	$\searrow \cup$	极小值-3	$\nearrow \cup$	不存在	$\searrow \cup$

(4) $\lim\limits_{x\to\infty}\left(\dfrac{4(x+1)}{x^2}-2\right)=-2$，直线 $y=-2$ 为曲线的水平渐近线；又因为 $x=0$ 是函数的间断点，且 $\lim\limits_{x\to 0}\left(\dfrac{4(x+1)}{x^2}-2\right)=\infty$，所以 $x=0$ 是曲线的垂直渐近线.

(5) 由表 3 - 10 可知曲线过点 $\left(-3, -2\dfrac{8}{9}\right)$ 和点 $(-2, -3)$，为了使函数的图形画得更准确些，再补充两个点 $(1-\sqrt{3}, 0)$ 和 $(1+\sqrt{3}, 0)$，函数的图形如图 3 - 21 所示.

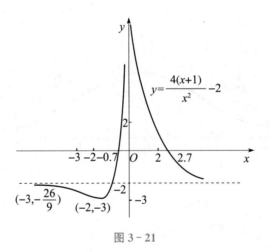

图 3 - 21

◦•◦ 习题 3 - 6 ◦•◦

1. 求下列曲线的渐近线：

(1) $y=\dfrac{1}{x^2-4x-5}$；

(2) $y=e^{\frac{1}{x}}-4$；

(3) $y=\dfrac{1}{(x+3)^2}$；

(4) $y=\dfrac{\ln x}{\sqrt{x}}$；

(5) $y = \dfrac{\mathrm{e}^x}{1+x}$;

(6) $y = \dfrac{\sin 2x}{x(2x+1)}$.

2. 描绘下列函数的图形：

(1) $y = 2x^3 - 9x^2 + 12x + 3$;

(2) $y = x\mathrm{e}^{-x}$;

(3) $y = x^2 - \dfrac{1}{3}x^3$;

(4) $y = \dfrac{1}{1+x^2}$;

(5) $y = \dfrac{x}{(1-x^2)^2}$;

(6) $y = x - \ln(1+x)$;

(7) $y = \dfrac{1}{1+x^2}$;

(8) $y = \dfrac{\mathrm{e}^x}{1+x}$.

复习题三

1. 选择题

(1) $f(x) = x\sqrt{3-x}$ 在 $[0,3]$ 上满足罗尔定理的 ξ 是（　　）.

A. 0

B. 3

C. $\dfrac{3}{2}$

D. 2

(2) 在 $[-1,1]$ 上满足罗尔定理条件的函数是（　　）.

A. $f(x) = \dfrac{1}{x^2}$

B. $f(x) = |x|$

C. $f(x) = 1 - x^2$

D. $f(x) = x^2 - 2x - 1$

(3) 设函数 $f(x)$ 在区间 (a,b) 内可导，x_1，x_2 是 (a,b) 任意两点，且 $x_1 < x_2$，则至少存在一点 ξ，使得下列等式成立的是（　　）

A. $f(b) - f(a) = f'(\xi)(b-a)$　　$\xi \in (a,b)$

B. $f(b) - f(x_1) = f'(\xi)(b-x_1)$　　$\xi \in (x_1,b)$

C. $f(x_2) - f(x_1) = f'(\xi)(x_2-x_1)$　　$\xi \in (x_1,x_2)$

D. $f(x_2) - f(a) = f'(\xi)(x_2-a)$　　$\xi \in (a,x_2)$

(4) 设 a，b 为方程 $f(x) = 0$ 的两个根，$f(x)$ 在 $[a,b]$ 上连续，在 (a,b) 内可导，则 $f'(x)$ 在区间 (a,b) 内（　　）.

A. 只有一实根

B. 至少有一实根

C. 没有实根

D. 至少有两个实根

(5) 下列求极限问题中能够使用洛必达法则的是（　　）.

A. $\lim\limits_{x\to 0}\dfrac{x^2\sin\dfrac{1}{x}}{\sin x}$

B. $\lim\limits_{x\to 1}\dfrac{1-x}{1-\sin x}$

C. $\lim\limits_{x\to\infty}\dfrac{x-\sin x}{x\sin x}$

D. $\lim\limits_{x\to+\infty}x\left(\dfrac{\pi}{2}-\arctan x\right)$

(6) 函数 $y=x-\ln(1+x^2)$ 在定义域内（　　）.

A. 无极值

B. 极大值为 $1-\ln 2$

C. 极小值为 $1-\ln 2$

D. $f(x)$ 为非单调函数

(7) 若函数 $f(x)$ 在点 $x=a$ 的邻域内有定义，且除点 $x=a$ 外恒有 $\dfrac{f(x)-f(a)}{(x-a)^2}>0$，则以下结论正确的是（　　）.

A. $f(x)$ 在点 a 的邻域内单调增加

B. $f(x)$ 在点 a 的邻域内单调减少

C. $f(a)$ 为 $f(x)$ 的极大值

D. $f(a)$ 为 $f(x)$ 的极小值

(8) 设函数 $f(x)$ 在区间 $[1,2]$ 上可导，$f'(x)<0$，$f(1)>0$，$f(2)<0$，则 $f(x)$ 在 $(1,2)$ 内（　　）.

A. 至少有两个零点

B. 有且仅有一个零点

C. 没有零点

D. 零点个数不能确定

(9) 曲线 $y=\dfrac{4x-1}{(x-2)^2}$（　　）.

A. 只有水平渐近线

B. 只有垂直渐近线

C. 没有渐近线

D. 既有水平渐近线，也有垂直渐近线

(10) 曲线 $y=(x-1)^2(x-2)^2$ 拐点的个数为（　　）.

A. 0

B. 1

C. 2

D. 3

2. 证明：

(1) 在 $(-\infty,+\infty)$ 内，$\arctan x+\mathrm{arccot}\,x=\dfrac{\pi}{2}$；

(2) 当 $x>0$ 时，$\ln(x+\sqrt{1+x^2})>\dfrac{x}{\sqrt{1+x^2}}$；

(3) $\dfrac{b-a}{1+b^2}<\arctan b-\arctan a<\dfrac{b-a}{1+a^2}(0<a<b)$；

(4) 方程 $x^5+3x^3+x-3=0$ 只有一个正根.

3. 用洛必达法则求下列极限:

(1) $\lim\limits_{x\to a}\dfrac{x^m-a^m}{x^n-a^n}$;

(2) $\lim\limits_{x\to 0^+}\dfrac{\ln x}{\ln\sin x}$;

(3) $\lim\limits_{x\to 0}\dfrac{1-\cos x^2}{x^2\sin x^2}$;

(4) $\lim\limits_{x\to \frac{\pi}{2}^-}\dfrac{\ln\left(\frac{\pi}{2}-x\right)}{\tan x}$;

(5) $\lim\limits_{x\to +\infty}\dfrac{\ln\left(1+\frac{1}{x}\right)}{\pi-2\arctan x}$;

(6) $\lim\limits_{x\to +\infty}\dfrac{x\mathrm{e}^{\frac{x}{2}}}{\mathrm{e}^x+x}$;

(7) $\lim\limits_{x\to 0}\dfrac{x\tan x}{\tan 5x}$;

(8) $\lim\limits_{x\to 0}\dfrac{\tan x-x}{x-\sin x}$;

(9) $\lim\limits_{x\to 0}\dfrac{\sin x-x\cos x}{\sin^3 x}$;

(10) $\lim\limits_{x\to +\infty}\dfrac{x^n}{\mathrm{e}^{ax}}$($n$ 为正整数，$a>0$);

(11) $\lim\limits_{x\to 0}\left(\dfrac{1}{x}-\dfrac{1}{\mathrm{e}^x-1}\right)$;

(12) $\lim\limits_{x\to 0^+}x^{\sin x}$;

(13) $\lim\limits_{x\to +\infty}\left(\dfrac{2}{\pi}\arctan x\right)^x$;

(14) $\lim\limits_{x\to 0^+}(\cot x)^{\frac{1}{\ln x}}$.

4. 设函数 $f(x)$ 在 $x=0$ 处具有二阶导数，且 $f(0)=0$，$f'(0)=1$，$f''(0)=3$，求极限 $\lim\limits_{x\to 0}\dfrac{f(x)-x}{x^2}$.

5. 求下列函数的单调区间，并判断函数在各个单调区间上的单调性:

(1) $y=x^2-2x+5$;

(2) $y=x+\cos x$;

(3) $y=\mathrm{e}^x-x+1$;

(4) $y=x^2\mathrm{e}^{-x^2}$;

(5) $y=x-\ln(1+x)$.

6. 求下列函数的极值:

(1) $y=x^3-3x^2-9x+4$;

(2) $y=\mathrm{e}^x+\mathrm{e}^{-x}$;

(3) $y=x-\dfrac{3}{2}\sqrt[3]{x^2}$;

(4) $y=2x^2-\ln x$.

7. a 为何值时，函数 $y=\dfrac{1}{3}ax^3-4x$ 在 $x=1$ 处有极值？是极大值还是极小值？求出此极值.

8. 已知 $f(x)=2x^3+ax^2+bx+9$ 有两个极值点 $x=1$，$x=2$，求 $f(x)$ 得极大值与极小值.

9. 求下列函数在给定区间上的最大值和最小值：

(1) $y=x-\sin x$，$\left[-\dfrac{\pi}{2},\dfrac{\pi}{2}\right]$；

(2) $y=x+\sqrt{1-x}$，$[-3,1]$；

(3) $y=2x^3-3x^2+1$，$[0,2]$；

(4) $y=\ln(1+x^2)$，$[-1,2]$.

10. 求下列函数的凹凸区间和拐点：

(1) $y=\dfrac{1}{3}x^3-2x^2+3x+1$；

(2) $y=x\mathrm{e}^{-\frac{x^2}{2}}$；

(3) $y=x^4-4x^3+5$.

11. 函数 $y=ax^3+bx^2+cx+2$ 在 $x=1$ 处有极小值 0，$(0，2)$ 点是曲线的拐点，求 a，b，c 的值.

12. 求曲线 $y=\dfrac{x}{x^2-1}$ 的渐近线.

13. 描绘下列函数的图形：

(1) $y=x^3-x^2-x+1$；

(2) $y=\ln(1+x^2)$；

(3) $y=\dfrac{x}{1+x^2}$.

14. 窗户的上半部分为半圆形，下半部分为矩形（见图 3-22），周长 C 一定，求 x 为多少时，窗户的采光最好？

图 3-22

15. 把边长为 4 的正方形铁皮，四个角分别剪去边长为 x 的小正方形（见图 3-23），再把四个边向上折起，做成一无盖铁盒.

（1）把铁盒容积 V 表示为 x 的函数 $V(x)$；

（2）确定 $V(x)$ 的单调区间；

（3）x 取何值时，铁盒的容积最大？

（4）若要求铁盒的高度 x 与底面正方形长的比值不超过常数 a，x 取何值时，铁盒容积有最大值？

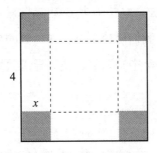

图 3 - 23

04

第4章 不定积分

正如加法有其逆运算减法，乘法有其逆运算除法一样，微分法也有它的逆运算——积分法．在微分学中，我们讨论了求已知函数的导数（或微分）的问题．本章我们将讨论它的反问题，即求一个未知函数，使其导函数恰好是某一已知的函数．这是积分学的基本问题之一．

4.1 不定积分的概念与性质

4.1.1 原函数的概念

定义 1 设函数 $F(x)$ 与 $f(x)$ 在区间 I 上都有定义，并且在该区间内的任一点都有

$$F'(x) = f(x) \text{ 或 } dF(x) = f(x)dx,$$

那么函数 $F(x)$ 就称为函数 $f(x)$ 在区间 I 上的一个原函数．

例如，因为 $(\sin x)' = \cos x$，所以 $\sin x$ 是 $\cos x$ 在 $(-\infty, +\infty)$ 上的一个原函数；又如，因为 $d(\ln x + 1) = \dfrac{1}{x}dx$，所以 $\ln x + 1$ 是 $\dfrac{1}{x}$ 在 $(0, +\infty)$ 上的一个原函数．

事实上，研究原函数必须解决以下两个重要问题：

(1) 一个函数具备什么条件，能保证它的原函数一定存在？如果存在，是否只有一个？

(2) 若已知某函数的原函数存在，又怎样把它求出来？

关于第一个问题，我们有以下两个定理；第二个问题则是我们本章后面要着重介绍的各种积分方法．

定理 1 如果函数 $f(x)$ 在区间 I 上连续，则函数 $f(x)$ 在区间 I 上存在原函数．

由于初等函数在其有定义的区间上都是连续的，因此由定理 1 可知，每个初等函

110

数在其有定义的区间上都有原函数.

定理 2　如果函数 $F(x)$ 是 $f(x)$ 在区间 I 上的一个原函数，则

(1) $F(x)+C$ 也是 $f(x)$ 的原函数，其中 C 为任意常数；

(2) $f(x)$ 的任意两个原函数之间只差一个常数.

证：(1) 对任意常数 C，因为

$$[F(x)+C]'=F'(x)=f(x)$$

所以 $F(x)+C$ 是 $f(x)$ 的原函数，即 $f(x)$ 的原函数有无限多个.

(2) 设 $\Phi(x)$ 是 $f(x)$ 的另一个原函数，则有

$$[\Phi(x)-F(x)]'=\Phi'(x)-F'(x)=f(x)-f(x)=0$$

根据第 3 章第 1 节拉格朗日中值定理的推论 1，可知 $\Phi(x)-F(x)=C$，因此

$$\Phi(x)=F(x)+C$$

这个定理表明，如果函数有一个原函数存在，则必有无穷多个原函数，且它们彼此之间只相差一个常数. 根据原函数的这种性质，只需要求出任意一个原函数，由它分别加上各个不同的常数，便可得到全部原函数.

由以上两点说明，我们进一步引入不定积分的概念.

4.1.2　不定积分的概念

定义 2　函数 $f(x)$ 在区间 I 上的全体原函数称为函数 $f(x)$ 在区间 I 上的不定积分，记作

$$\int f(x)\mathrm{d}x$$

其中，记号 $\int$ 称为积分号，$f(x)$ 称为被积函数，$f(x)\mathrm{d}x$ 称为被积表达式，x 称为积分变量.

由定义 2 可见，不定积分与原函数是总体与个体的关系，即若函数 $F(x)$ 是 $f(x)$ 在区间 I 上的一个原函数，则函数 $f(x)$ 在区间 I 上的不定积分是一个函数族 $\{F(x)+C\}$，其中 C 是任意常数，即

$$\int f(x)\mathrm{d}x=F(x)+C$$

式中，C 称为积分常数.

例 1　求下列不定积分：

(1) $\displaystyle\int e^x dx$；

(2) $\displaystyle\int \frac{1}{x} dx$.

解　(1) 因为 $(e^x)' = e^x$，所以 $\displaystyle\int e^x dx = e^x + C$.

(2) 当 $x > 0$ 时，由于 $(\ln x)' = \dfrac{1}{x}$，所以 $\ln x$ 是 $\dfrac{1}{x}$ 在 $(0, +\infty)$ 内的一个原函数.
因此，在 $(0, +\infty)$ 内

$$\int \frac{1}{x} dx = \ln x + C$$

当 $x < 0$ 时，由于 $[\ln(-x)]' = \dfrac{1}{-x} \cdot (-1) = \dfrac{1}{x}$，所以 $\ln(-x)$ 是 $\dfrac{1}{x}$ 在 $(-\infty, 0)$ 上内的一个原函数. 因此，在 $(-\infty, 0)$ 内

$$\int \frac{1}{x} dx = \ln(-x) + C$$

综合以上两种情况，可得

$$\int \frac{1}{x} dx = \ln|x| + C$$

此外，一个函数存在不定积分与存在原函数是等价的说法.

从不定积分的定义可知，积分运算和微分运算互为逆运算，从而有如下关系：

由于 $\displaystyle\int f(x) dx$ 是 $f(x)$ 的原函数，所以

$$\left(\int f(x) dx \right)' = f(x)$$

或　　$$d\left(\int f(x) dx \right) = f(x) dx$$

又由于 $F(x)$ 是 $F'(x)$ 的原函数，所以

$$\int F'(x) dx = F(x) + C$$

或　　$$\int dF(x) = F(x) + C$$

4.1.3　不定积分的基本公式

既然积分运算是微分运算的逆运算，那么很自然地可以从导数公式得到相应的积分公式.

例如，因为 $(\sin x)'=\cos x$，所以 $\int \cos x\,\mathrm{d}x=\sin x+C$.

类似地可以得到其他积分公式，下面我们把基本初等函数的导数公式改写成积分公式(基本积分表)，罗列如下：

(1) $\displaystyle\int k\,\mathrm{d}x=kx+C$；

(2) $\displaystyle\int x^{\alpha}\,\mathrm{d}x=\dfrac{x^{\alpha+1}}{\alpha+1}+C(\alpha\neq-1,\ x>0)$；

(3) $\displaystyle\int \dfrac{1}{x}\,\mathrm{d}x=\ln|x|+C$；

(4) $\displaystyle\int \mathrm{e}^{x}\,\mathrm{d}x=\mathrm{e}^{x}+C$；

(5) $\displaystyle\int a^{x}\,\mathrm{d}x=\dfrac{a^{x}}{\ln a}+C$；

(6) $\displaystyle\int \cos x\,\mathrm{d}x=\sin x+C$；

(7) $\displaystyle\int \sin x\,\mathrm{d}x=-\cos x+C$；

(8) $\displaystyle\int \sec^{2}x\,\mathrm{d}x=\tan x+C$；

(9) $\displaystyle\int \csc^{2}x\,\mathrm{d}x=-\cot x+C$；

(10) $\displaystyle\int \sec x\tan x\,\mathrm{d}x=\sec x+C$；

(11) $\displaystyle\int \csc x\cot x\,\mathrm{d}x=-\csc x+C$；

(12) $\displaystyle\int \dfrac{\mathrm{d}x}{\sqrt{1-x^{2}}}=\arcsin x+C$；

(13) $\displaystyle\int \dfrac{\mathrm{d}x}{1+x^{2}}=\arctan x+C$.

上列基本积分公式是求不定积分的基础，必须熟记.

例 2　求不定积分 $\int \dfrac{1}{\sqrt{x}}\mathrm{d}x$.

解　$\int \dfrac{1}{\sqrt{x}}\mathrm{d}x = \int x^{-\frac{1}{2}}\mathrm{d}x = \dfrac{1}{1-\dfrac{1}{2}}x^{1-\frac{1}{2}}+C = 2x^{\frac{1}{2}}+C = 2\sqrt{x}+C$

例 3　求不定积分 $\int \mathrm{e}^{x}\cdot 5^{-x}\mathrm{d}x$.

解　$\int \mathrm{e}^{x}\cdot 5^{-x}\mathrm{d}x = \int \left(\dfrac{\mathrm{e}}{5}\right)^{x}\mathrm{d}x = \dfrac{\left(\dfrac{\mathrm{e}}{5}\right)^{x}}{\ln\dfrac{\mathrm{e}}{5}}+C = \dfrac{\mathrm{e}^{x}\cdot 5^{-x}}{1-\ln 5}+C$

注意　检验积分结果是否正确，只要对结果求导，看它的导数是否等于被积函数，相等时结果是正确的，否则结果是错误的. 如例 3 中，由于

$$\left(\dfrac{\mathrm{e}^{x}\cdot 5^{-x}}{1-\ln 5}+C\right)' = \dfrac{1}{1-\ln 5}\left[\left(\dfrac{\mathrm{e}}{5}\right)^{x}\right]' = \dfrac{1}{1-\ln 5}\cdot\left(\dfrac{\mathrm{e}}{5}\right)^{x}\cdot\ln\dfrac{\mathrm{e}}{5} = \left(\dfrac{\mathrm{e}}{5}\right)^{x} = \mathrm{e}^{x}\cdot 5^{-x}$$

所以结果是正确的.

4.1.4　不定积分的基本运算法则

由导数的线性运算法则，立刻可得不定积分的线性运算法则.

法则 1　两个函数的代数和的积分等于各个函数不定积分的代数和，即

$$\int \left[f_{1}(x)\pm f_{2}(x)\right]\mathrm{d}x = \int f_{1}(x)\mathrm{d}x \pm \int f_{2}(x)\mathrm{d}x$$

法则 1 对于有限个函数的代数和也是成立的.

法则 2　被积表达式中的非零常数因子可提到积分号外，即

$$\int kf(x)\mathrm{d}x = k\int f(x)\mathrm{d}x \quad (k\neq 0)$$

读者可用微分法证明上述两个法则.

利用不定积分的基本积分公式和基本运算法则可以求一些简单的不定积分.

例 4　求 $\int \left(\dfrac{1}{\sqrt{x}}+\dfrac{2}{x}-3\mathrm{e}^{x}\right)\mathrm{d}x$.

解　$\int \left(\dfrac{1}{\sqrt{x}}+\dfrac{2}{x}-3\mathrm{e}^{x}\right)\mathrm{d}x = \int \dfrac{1}{\sqrt{x}}\mathrm{d}x + 2\int \dfrac{1}{x}\mathrm{d}x - 3\int \mathrm{e}^{x}\mathrm{d}x = 2\sqrt{x}+2\ln|x|-3\mathrm{e}^{x}+C$

注意　在分项积分后，每个不定积分的结果都含有任意常数. 但由于任意常数之和仍是任意常数，因此，只要总的写出一个任意常数就行了.

例 5　求 $\int x^2(\sqrt{x}-1)\mathrm{d}x$.

解　$\int x^2(\sqrt{x}-1)\mathrm{d}x=\int (x^{\frac{5}{2}}-x^2)\mathrm{d}x=\frac{2}{7}x^{\frac{7}{2}}-\frac{1}{3}x^3+C=\frac{2}{7}x^3\sqrt{x}-\frac{1}{3}x^3+C$

例 6　求 $\int \dfrac{x^2}{x^2+1}\mathrm{d}x$.

解　$\int \dfrac{x^2}{x^2+1}\mathrm{d}x=\int \dfrac{x^2+1-1}{x^2+1}\mathrm{d}x=\int \left(1-\dfrac{1}{x^2+1}\right)\mathrm{d}x=\int 1\mathrm{d}x-\int \dfrac{1}{1+x^2}\mathrm{d}x$

$\qquad\qquad =x-\arctan x+C$

注意　对于有理分式，像本题这种不容易直接进行拆分的，可以根据分母的形式，对分子进行加减项，使分式能恒等变形成几个简单函数的和差形式，然后再进行分项积分.

例 7　求 $\int \tan^2 x\mathrm{d}x$.

解　$\int \tan^2 x\mathrm{d}x=\int (\sec^2 x-1)\mathrm{d}x=\int \sec^2 x\mathrm{d}x-\int 1\mathrm{d}x=\tan x-x+C$

例 8　求 $\int \sin^2 \dfrac{x}{2}\mathrm{d}x$.

解　$\int \sin^2 \dfrac{x}{2}\mathrm{d}x=\dfrac{1}{2}\int (1-\cos x)\mathrm{d}x=\dfrac{1}{2}\left(\int 1\mathrm{d}x-\int \cos x\mathrm{d}x\right)=\dfrac{1}{2}(x-\sin x)+C$

从以上几个例子可以看出，求不定积分时，有时要对被积函数进行恒等变形，利用不定积分的线性运算性质，转化为基本积分公式表中存在的不定积分，从而得到它们的不定积分，这种方法称为直接积分法.

4.1.5　不定积分的几何意义

函数 $f(x)$ 在区间 I 上的一个原函数 $F(x)$，在几何上表示一条曲线 $y=F(x)$，称为函数 $f(x)$ 的一条积分曲线. 这条曲线上点 x 处的切线斜率等于 $f(x)$，即 $F'(x)=f(x)$. 由于函数 $f(x)$ 的不定积分是 $f(x)$ 的全体原函数 $F(x)+C$（C 为任意常数），对于每一个给定的 C 的值，都有一条确定的积分曲线，当 C 取不同的值时，就得到不同的积分曲线，所有的积分曲线组成了积分曲线族. 由 $[F(x)+C]'=f(x)$ 可知，积分曲线族上横坐标相同的点处的切线是相互平行的. 因为任意两条积分曲线的纵坐标之间只相差一个常数，所以它们都可以由曲线 $y=F(x)$ 沿 y 轴方向上下平行移动而得到(见图 4-1).

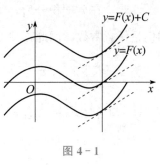

例 9 求经过点 $(2，3)$ 且其上任一点 $(x，y)$ 的切线的斜率为 $2x$ 的曲线方程.

解 设所求曲线方程为 $y=f(x)$，由题意可知 $f'(x)=2x$，所以

图 4-1

$$y=\int 2x\mathrm{d}x=x^2+C$$

由于所求的曲线经过点 $(2，3)$，把 $x=2$，$y=3$ 代入上式可得 $C=-1$，所以所求的曲线方程为

$$y=x^2-1$$

习题 4-1

1. 若 $f(x)$ 的一个原函数是 $\sin x$，求：(1) $f'(x)$；(2) $\int f(x)\mathrm{d}x$.

2. 若 $\int f(x)\mathrm{d}x=\ln\sin x+C$，求 $f(x)$.

3. 设一函数 $y=f(x)$ 在 $(x，y)$ 处的切线斜率为 $3x^2$，且该函数图形过点 $(0，-1)$，求该函数的解析式.

4. 求下列不定积分：

(1) $\int (x^2+3x-1)\mathrm{d}x$；

(2) $\int 3^x 4^x\mathrm{d}x$；

(3) $\int \dfrac{\mathrm{d}h}{\sqrt{2gh}}$；

(4) $\int \dfrac{(t+1)^2}{t^2}\mathrm{d}t$；

(5) $\int \dfrac{x-4}{\sqrt{x}+2}\mathrm{d}x$；

(6) $\int \dfrac{(x+1)^2}{x(x^2+1)}\mathrm{d}x$；

(7) $\int \dfrac{3x^4+3x^2+1}{x^2+1}\mathrm{d}x$；

(8) $\int \dfrac{x^4}{1+x^2}\mathrm{d}x$；

(9) $\int \sec x(\sec x+\tan x)\mathrm{d}x$；

(10) $\int \dfrac{\sin 2x}{\sin x}\mathrm{d}x$；

(11) $\displaystyle\int \frac{\cos 2x}{\sin^2 x}\mathrm{d}x$；

(12) $\displaystyle\int \frac{\mathrm{d}x}{1+\cos 2x}$；

(13) $\displaystyle\int \frac{\cos 2x}{\cos^2 x \sin^2 x}\mathrm{d}x$；

(14) $\displaystyle\int \frac{\mathrm{d}x}{\sin^2 \frac{x}{2}\cos^2 \frac{x}{2}}$.

4.2　换元积分法

利用基本积分公式和基本运算法则，所能计算的不定积分是非常有限的．下面介绍计算不定积分的最基本也是最重要的方法——换元积分法．

换元积分法有两种，下面先学习第一换元积分法．

4.2.1　第一换元积分法

例 1　求 $\displaystyle\int 2\mathrm{e}^{2x}\mathrm{d}x$.

解　被积函数中，e^{2x} 是复合函数，不能直接套用 $\displaystyle\int \mathrm{e}^x\mathrm{d}x=\mathrm{e}^x+C$，为此我们把原积分作下列变形

$$\int 2\mathrm{e}^{2x}\mathrm{d}x=\int \mathrm{e}^{2x}(2x)'\mathrm{d}x=\int \mathrm{e}^{2x}\mathrm{d}(2x)$$

作变换 $u=2x$，便有

$$\int 2\mathrm{e}^{2x}\mathrm{d}x=\int \mathrm{e}^u\mathrm{d}u=\mathrm{e}^u+C$$

再以 $u=2x$ 代入，即得

$$\int 2\mathrm{e}^{2x}\mathrm{d}x=\mathrm{e}^{2x}+C$$

容易验证，上面的计算结果是正确的．这种解法的特点是通过代换 $u=\varphi(x)$，使所求积分化成对新变量 u 的积分，从而可以利用积分基本公式进行计算．

于是有下述定理：

定理 3　设 $f(u)$ 有原函数 $F(u)$，且 $u=\varphi(x)$ 是可导函数，则

$$\int f[\varphi(x)]\varphi'(x)\mathrm{d}x = F[\varphi(x)] + C \qquad\qquad (4-1)$$

该公式称为第一换元公式.

一般地，若求不定积分 $\int g(x)\mathrm{d}x$，如果被积函数 $g(x)$ 可以写成 $f[\varphi(x)]\varphi'(x)$ 即可用此方法解决，过程如下：

$$\int g(x)\mathrm{d}x = \int f[\varphi(x)]\mathrm{d}\varphi(x) \xrightarrow{\varphi(x)=u} \int f(u)\mathrm{d}u = F(u) + C$$

$$\xrightarrow{u=\varphi(x)} F[\varphi(x)] + C$$

上述求不定积分的方法称为第一换元积分法，它是复合函数微分法的逆运算. 上式中由 $\varphi'(x)\mathrm{d}x$ 凑成微分 $\mathrm{d}\varphi(x)$ 是关键的一步，因此，第一换元积分法又称为凑微分法. 要掌握此方法，大家必须能灵活运用微分(或导数)公式及基本积分公式.

例 2　求 $\int (4x+3)^3\mathrm{d}x$.

解　被积函数中存在复合函数 $(4x+3)^3$，可看作由 u^3，$u=4x+3$ 复合而成，将 "$\mathrm{d}x$" 凑成 $\frac{1}{4}\mathrm{d}(4x+3)$，可得

$$\int (4x+3)^3\mathrm{d}x = \frac{1}{4}\int (4x+3)^3(4x+3)'\mathrm{d}x = \frac{1}{4}\int (4x+3)^3\mathrm{d}(4x+3)$$

$$= \int \frac{1}{4}u^3\mathrm{d}u = \frac{1}{16}u^4 + C = \frac{1}{16}(4x+3)^4 + C$$

例 3　求 $\int \sin^2 x\cos x\mathrm{d}x$.

解　被积函数中存在复合函数 $\sin^2 x$，可看作由 u^2，$u=\sin x$ 复合而成，将 "$\cos x\mathrm{d}x$" 凑成 $\mathrm{d}(\sin x)$，可得

$$\int \sin^2 x\cos x\mathrm{d}x = \int \sin^2 x(\sin x)'\mathrm{d}x = \int \sin^2 x\mathrm{d}(\sin x)$$

$$= \int u^2\mathrm{d}u = \frac{1}{3}u^3 + C = \frac{1}{3}\sin^3 x + C$$

由以上例题可以看出，用第一类换元积分法进行积分，关键是把被积函数拆成两部分，使其中一部分与 $\mathrm{d}x$ 凑成微分 $\mathrm{d}\varphi(x)$，另一部分为 $\varphi(x)$ 的函数 $f[\varphi(x)]$.

为了便于使用，特将一些常用的通过凑微分求解的积分形式归纳如下：

(1) $\int f(au+b)\mathrm{d}u=\dfrac{1}{a}\int f(au+b)\mathrm{d}(au+b)$，$(a\neq0)$；

(2) $\int f(au^n+b)u^{n-1}\mathrm{d}u=\dfrac{1}{na}\int f(au^n+b)\mathrm{d}(au^n+b)$，$(a\neq0,\ n\neq0)$；

(3) $\int f(a^u+b)a^u\mathrm{d}u=\dfrac{1}{\ln a}\int f(a^u+b)\mathrm{d}(a^u+b)$，$(a>0,\ a\neq1)$；

(4) $\int f(\sqrt{u})\dfrac{1}{\sqrt{u}}\mathrm{d}u=2\int f(\sqrt{u})\mathrm{d}(\sqrt{u})$；

(5) $\int f\left(\dfrac{1}{u}\right)\dfrac{1}{u^2}\mathrm{d}u=-\int f\left(\dfrac{1}{u}\right)\mathrm{d}\left(\dfrac{1}{u}\right)$；

(6) $\int f(\ln u)\dfrac{1}{u}\mathrm{d}u=\int f(\ln u)\mathrm{d}(\ln u)$；

(7) $\int f(\sin u)\cos u\,\mathrm{d}u=\int f(\sin u)\mathrm{d}(\sin u)$；

(8) $\int f(\cos u)\sin u\,\mathrm{d}u=-\int f(\cos u)\mathrm{d}(\cos u)$；

(9) $\int f(\tan u)\sec^2 u\,\mathrm{d}u=\int f(\tan u)\mathrm{d}(\tan u)$；

(10) $\int f(\arcsin u)\dfrac{1}{\sqrt{1-u^2}}\mathrm{d}u=\int f(\arcsin u)\mathrm{d}(\arcsin u)$；

(11) $\int f\left(\arctan\dfrac{u}{a}\right)\dfrac{1}{a^2+x^2}\mathrm{d}u=\dfrac{1}{a}\int f\left(\arctan\dfrac{u}{a}\right)\mathrm{d}\left(\arctan\dfrac{u}{a}\right)$，$(a>0)$；

(12) $\int\dfrac{f'(u)}{f(u)}\mathrm{d}u=\ln|f(u)|+C$.

当运算熟练后，设变量代换 $\varphi(x)=u$ 和回代这两个步骤可省略不写，而直接求解.

例 4　求 $\int x\sqrt{x^2-2}\,\mathrm{d}x$.

解　$\int x\sqrt{x^2-2}\,\mathrm{d}x=\dfrac{1}{2}\int\sqrt{x^2-2}(x^2-2)'\mathrm{d}x=\dfrac{1}{2}\int\sqrt{x^2-2}\,\mathrm{d}(x^2-2)$

$\qquad=\dfrac{1}{2}\int(x^2-2)^{\frac{1}{2}}\mathrm{d}(x^2-2)=\dfrac{1}{3}(x^2-2)^{\frac{3}{2}}+C$.

例 5　求 $\int\tan x\,\mathrm{d}x$.

解　$\int\tan x\,\mathrm{d}x=\int\dfrac{\sin x}{\cos x}\mathrm{d}x=-\int\dfrac{1}{\cos x}\cdot(\cos x)'\mathrm{d}x=-\int\dfrac{1}{\cos x}\mathrm{d}\cos x$

$$=-\ln|\cos x|+C=\ln|\sec x|+C$$

同理可得 $\int \cot x \, dx = \ln|\sin x| + C = -\ln|\csc x| + C$

例 6　求 $\int \dfrac{1}{a^2+x^2} dx \, (a>0)$.

解　$\int \dfrac{1}{a^2+x^2} dx = \int \dfrac{1}{a^2} \cdot \dfrac{1}{1+\left(\dfrac{x}{a}\right)^2} dx = \dfrac{1}{a} \int \dfrac{1}{1+\left(\dfrac{x}{a}\right)^2} d\dfrac{x}{a} = \dfrac{1}{a} \arctan \dfrac{x}{a} + C$

类似可得

$$\int \dfrac{1}{\sqrt{a^2-x^2}} dx = \arcsin \dfrac{x}{a} + C \quad (a>0)$$

例 7　求 $\int \dfrac{1}{x^2-a^2} dx \quad (a>0)$.

解　$\int \dfrac{1}{x^2-a^2} dx = \int \dfrac{1}{(x+a)(x-a)} dx = \dfrac{1}{2a} \int \left(\dfrac{1}{x-a} - \dfrac{1}{x+a} \right) dx$

$$= \dfrac{1}{2a} \left(\int \dfrac{1}{x-a} dx - \int \dfrac{1}{x+a} dx \right)$$

$$= \dfrac{1}{2a} \left[\int \dfrac{1}{x-a} d(x-a) - \int \dfrac{1}{x+a} d(x+a) \right]$$

$$= \dfrac{1}{2a} (\ln|x-a| - \ln|x+a|) + C$$

$$= \dfrac{1}{2a} \ln \left| \dfrac{x-a}{x+a} \right| + C$$

同理 $\int \dfrac{1}{a^2-x^2} dx = \dfrac{1}{2a} \ln \left| \dfrac{a+x}{a-x} \right| + C$.

例 8　求 $\int \sec x \, dx$.

解　$\int \sec x \, dx = \int \dfrac{1}{\cos x} dx = \int \dfrac{1}{\cos^2 x} \cdot \cos dx = \int \dfrac{1}{1-\sin^2 x} d(\sin x)$

$$= \dfrac{1}{2} \ln \left| \dfrac{1+\sin x}{1-\sin x} \right| + C = \dfrac{1}{2} \ln \left| \dfrac{(1+\sin x)^2}{1-\sin^2 x} \right| + C$$

$$= \ln \left| \dfrac{1+\sin x}{\cos x} \right| + C = \ln|\sec x + \tan x| + C$$

类似可得

$$\int \csc x \, dx = \ln|\csc x - \cot x| + C$$

例 9　求 $\int \cos^2 x \, dx$.

解
$$\int \cos^2 x \, dx = \int \frac{1+\cos 2x}{2} dx = \frac{1}{2}\left(\int dx + \int \cos 2x \, dx\right)$$
$$= \frac{1}{2}\int dx + \frac{1}{4}\int \cos 2x \, d(2x) = \frac{x}{2} + \frac{\sin 2x}{4} + C$$

例 10　求 $\int \sin x \sin 3x \, dx$.

解　利用三角函数积化和差公式得

$$\int \sin x \sin 3x \, dx = \frac{1}{2}\int (\cos 2x - \cos 4x) dx = \frac{1}{2}\left(\int \cos 2x \, dx - \int \cos 4x \, dx\right)$$
$$= \frac{1}{8}(2\sin 2x - \sin 4x) + C$$

从上面的例子可以看出，使用第一换元积分法的关键是设法把被积函数表达式 $g(x)dx$ 凑成 $f[\varphi(x)]\varphi'(x)dx$ 的形式，以便选取变换 $u = \varphi(x)$，化为易积分的 $\int f(u)df(u)$，最终不要忘记把新引入的变元 u 还原成起初的变元 x.

注意　求同一不定积分，若选用不同的积分方法，可能得出不同形式的积分结果.

4.2.2　第二换元积分法

第一类换元积分法使用的范围相当广泛，但对于某些函数的积分，不适宜用第一类换元积分法.

例 11　求 $\int \frac{dx}{1+\sqrt{x}}$.

解　为去掉根式，令 $\sqrt{x} = t$，即 $x = t^2$，$dx = 2t \, dt$，于是

$$\int \frac{dx}{1+\sqrt{x}} = \int \frac{2t}{1+t} dt = 2\int \frac{t+1-1}{1+t} dt = 2\left[\int dt - \int \frac{1}{1+t} d(1+t)\right]$$
$$= 2t - 2\ln(1+t) + C$$

将 $\sqrt{x} = t$ 代入上式，得

$$\int \frac{\mathrm{d}x}{1+\sqrt{x}} = 2\sqrt{x} - 2\ln(1+\sqrt{x}) + C$$

也就是说，如果 $\int f(x)\mathrm{d}x$ 不易求，但作变换 $x = \psi(t)$ 后，$\int f[\psi(t)]\psi'(t)\mathrm{d}t$ 易求，那么就按此种换元方法计算不定积分.

注意   此种换元方法是需要一定条件的。首先，等式右边的不定积分 $\int f[\psi(t)]\psi'(t)\mathrm{d}t$ 要存在；其次，$\int f[\psi(t)]\psi'(t)\mathrm{d}t$ 求出后必须用 $x = \psi(t)$ 的反函数 $t = \psi^{-1}(x)$ 代回去，也就是函数 $x = \psi(t)$ 必须有反函数.

归纳上述，我们给出如下定理：

定理 4（第二换元积分法）   设 $x = \psi(t)$ 是单调的可导函数，且 $\psi'(t) \neq 0$，又设 $f[\psi(t)]\psi'(t)$ 的一个原函数为 $\Phi(t)$，则

$$\int f(x)\mathrm{d}x = \Phi[\psi^{-1}(x)] + C \tag{4-2}$$

该公式称为第二换元公式.

证   由题设知，$x = \psi(t)$ 有单调可导的反函数 $t = \psi^{-1}(x)$，由复合函数和反函数求导公式得

$$\frac{\mathrm{d}}{\mathrm{d}x}\Phi[\psi^{-1}(x)] = \frac{\mathrm{d}\Phi}{\mathrm{d}t} \cdot \frac{\mathrm{d}t}{\mathrm{d}x} = f[\psi(t)]\psi'(t) \cdot \frac{1}{\psi'(t)} = f[\psi(t)] = f(x)$$

这表明 $\Phi[\psi^{-1}(x)]$ 是 $f(x)$ 的一个原函数，所以

$$\int f(x)\mathrm{d}x = \Phi[\psi^{-1}(x)] + C$$

一般地，求积分 $\int f(x)\mathrm{d}x$ 时，如果设 $x = \psi(t)$，且 $x = \psi(t)$ 满足定理 4 的条件，则根据第二换元公式（4-2）求积分的过程如下：

$$\int f(x)\mathrm{d}x \xrightarrow{x=\psi(t)} \int f[\psi(t)]\psi'(t)\mathrm{d}t = \Phi(t) + C \xrightarrow{t=\psi^{-1}(x)} \Phi[\psi^{-1}(x)] + C$$

两种换元法都用到了换元的过程，换元后都需要还原为原变量的函数. 第二换元法经常用于被积函数中出现根式，且无法用直接积分法和第一换元法计算的题目.

下面举例说明第二类换元积分法的应用.

例 12　求 $\displaystyle\int\frac{x}{\sqrt{x-3}}\mathrm{d}x$.

解　为了消去根式，令 $\sqrt{x-3}=t$，则 $x=t^2+3$，$\mathrm{d}x=2t\,\mathrm{d}t$，于是

$$\int\frac{x}{\sqrt{x-3}}\mathrm{d}x=\int\frac{t^2+3}{t}2t\,\mathrm{d}t=2\int(t^2+3)\mathrm{d}t=2\left(\frac{1}{3}t^3+3t\right)+C$$

$$=\frac{2}{3}(x-3)^{\frac{3}{2}}+6(x-3)^{\frac{1}{2}}+C$$

例 13　求 $\displaystyle\int\frac{1}{\sqrt{x}+\sqrt[3]{x}}\mathrm{d}x$.

解　令 $x=t^6$，$\mathrm{d}x=6t^5\mathrm{d}t$，则

$$\int\frac{1}{\sqrt{x}+\sqrt[3]{x}}\mathrm{d}x=\int\frac{6t^5}{t^3+t^2}\mathrm{d}t=6\int\frac{t^3}{t+1}\mathrm{d}t=6\int\frac{(t^3+1)-1}{t+1}\mathrm{d}t$$

$$=6\int(t^2-t+1)\mathrm{d}t-6\int\frac{1}{t+1}\mathrm{d}t=2t^3-3t^2+6t-6\ln|t+1|+C$$

$$=2\sqrt{x}-3\sqrt[3]{x}+6\sqrt[6]{x}-6\ln|\sqrt[6]{x}+1|+C$$

例 14　求 $\displaystyle\int\sqrt{a^2-x^2}\,\mathrm{d}x$　$(a>0)$.

解　为了消去根式，我们利用三角公式 $\sin^2t+\cos^2t=1$.

令 $x=a\sin t\left(-\dfrac{\pi}{2}<t<\dfrac{\pi}{2}\right)$，则 $\sqrt{a^2-x^2}=a\cos t$，$\mathrm{d}x=a\cos t\,\mathrm{d}t$

于是

$$\int\sqrt{a^2-x^2}\,\mathrm{d}x=\int a^2\cos^2t\,\mathrm{d}t=a^2\int\frac{1+\cos2t}{2}\mathrm{d}t=\frac{a^2}{2}t+\frac{a^2}{4}\sin2t+C$$

由于 $x=a\sin t\left(-\dfrac{\pi}{2}<t<\dfrac{\pi}{2}\right)$，所以

$$t=\arcsin\frac{x}{a}$$

$$\cos t=\sqrt{1-\sin^2t}=\sqrt{1-\left(\frac{x}{a}\right)^2}=\frac{\sqrt{a^2-x^2}}{a}$$

于是　　$\displaystyle\int\sqrt{a^2-x^2}\,\mathrm{d}x=\frac{a^2}{2}\arcsin\frac{x}{a}+\frac{1}{2}x\sqrt{a^2-x^2}+C$

例 15 求 $\int \dfrac{\mathrm{d}x}{\sqrt{x^2+a^2}}$ $(a>0)$.

解 为了消去根式，我们利用三角公式 $1+\tan^2 t=\sec^2 t$.

令 $x=a\tan t\left(-\dfrac{\pi}{2}<t<\dfrac{\pi}{2}\right)$，则 $t=\arctan\dfrac{x}{a}$，$\mathrm{d}x=a\sec^2 t\,\mathrm{d}t$，于是有

$$\int \frac{1}{\sqrt{a^2+x^2}}\mathrm{d}x=\int\frac{a\sec^2 t}{a\sec t}\mathrm{d}t=\int\sec t\,\mathrm{d}t=\ln|\sec t+\tan t|+C$$

作辅助三角形，如图 4-2 所示.

$$x=a\tan t,\tan t=\frac{x}{a},\sec t=\frac{1}{\cos t}=\frac{\sqrt{a^2+x^2}}{a}$$

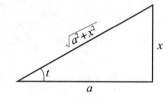

图 4-2

所以

$$\int\frac{1}{\sqrt{a^2+x^2}}\mathrm{d}x=\ln\left|\frac{\sqrt{a^2+x^2}}{a}+\frac{x}{a}\right|+C_1$$

$$=\ln|x+\sqrt{a^2+x^2}|+C \quad (C=C_1-\ln a)$$

例 16 求 $\int\dfrac{\mathrm{d}x}{\sqrt{x^2-a^2}}(a>0)$.

解 为了消去根式，我们利用三角公式 $\sec^2 t-1=\tan^2 t$.

令 $x=a\sec t\left(0<t<\dfrac{\pi}{2}\right)$（在 $x=a\sec t$ 的其他单调区间上也可同样讨论），则 $\mathrm{d}x=a\sec t\cdot\tan t\,\mathrm{d}t$，于是

$$\int\frac{\mathrm{d}x}{\sqrt{x^2-a^2}}=\int\frac{a\sec t\cdot\tan t\,\mathrm{d}t}{a\tan t}=\int\sec t\,\mathrm{d}t=\ln(\sec t+\tan t)+C_1$$

为了把 $\sec t$ 及 $\tan t$ 换成 x 的函数，可以根据 $\sec t=\dfrac{x}{a}$ 作辅助三角形.

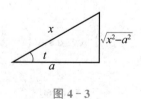

图 4-3

由图 4-3 所示的直角三角形，得

$$\tan t=\frac{\sqrt{x^2-a^2}}{a}$$

于是 $\int\dfrac{1}{\sqrt{x^2-a^2}}\mathrm{d}x=\ln\left|\dfrac{x}{a}+\dfrac{\sqrt{x^2-a^2}}{a}\right|+C_1$

$$=\ln|x+\sqrt{x^2-a^2}|+C \quad (C=C_1-\ln a)$$

上述五个例题都是利用第二换元积分法处理被积函数中有根式的问题，通过变量代换实现有理化. 现将被积函数中含有根式类型的不定积分换元归纳如下：

(1) 含有根式 $\sqrt[n]{ax+b}$ 时，令 $\sqrt[n]{ax+b}=t$；

(2) 同时含有根式 $\sqrt[m_1]{x}$ 和根式 $\sqrt[m_2]{x}$（m_1，$m_2\in\mathbf{Z}^+$）时，令 $x=t^m$，其中 m 是 m_1，m_2 的最小公倍数；

(3) 含有根式 $\sqrt{a^2-x^2}$（$a>0$）时，令 $x=a\sin t$；

(4) 含有根式 $\sqrt{a^2+x^2}$（$a>0$）时，令 $x=a\tan t$；

(5) 含有根式 $\sqrt{x^2-a^2}$（$a>0$）时，令 $x=a\sec t$；

其中，方法(3)，(4)，(5)称为三角换元. 另外，当被积函数的分母次幂较高时，还有经常用倒代换，利用它可以消去被积函数分母中的变量 x.

求不定积分时，要分析被积函数的具体情况，选取尽可能简单的代换. 另外，上面的例题中，有几个积分是以后会经常用到的，这些积分作为公式记住会给计算不定积分带来方便. 所以，在基本积分公式表中，再添加几个常用的积分公式（其中常数 $a>0$）：

(1) $\displaystyle\int\frac{1}{\sqrt{a^2-x^2}}dx=\arcsin\frac{x}{a}+C$；

(2) $\displaystyle\int\frac{1}{a^2+x^2}dx=\frac{1}{a}\arctan\frac{x}{a}+C$；

(3) $\displaystyle\int\frac{1}{a^2-x^2}dx=\frac{1}{2a}\ln\left|\frac{a+x}{a-x}\right|+C$；

(4) $\displaystyle\int\tan x\,dx=-\ln|\cos x|+C=\ln|\sec x|+C$；

(5) $\displaystyle\int\cot x\,dx=\ln|\sin x|+C=-\ln|\csc x|+C$；

(6) $\displaystyle\int\sec x\,dx=\ln|\sec x+\tan x|+C$；

(7) $\displaystyle\int\csc x\,dx=\ln|\csc x-\cot x|+C$；

(8) $\displaystyle\int\frac{1}{\sqrt{x^2\pm a^2}}dx=\ln\left|x+\sqrt{x^2\pm a^2}\right|+C$；

(9) $\displaystyle\int\sqrt{a^2-x^2}\,dx=\frac{a^2}{2}\arcsin\frac{x}{a}+\frac{x}{2}\sqrt{a^2-x^2}+C$.

例 17 求 $\int \dfrac{\mathrm{d}x}{\sqrt{4x^2+9}}$.

解 $\int \dfrac{\mathrm{d}x}{\sqrt{4x^2+9}}=\dfrac{1}{2}\int \dfrac{\mathrm{d}(2x)}{\sqrt{(2x)^2+3^2}}$

利用公式(8)，便得

$$\int \dfrac{\mathrm{d}x}{\sqrt{4x^2+9}}=\dfrac{1}{2}\ln(2x+\sqrt{4x^2+9})+C$$

例 18 求 $\int \dfrac{\mathrm{d}x}{\sqrt{-x^2-2x+1}}$.

解 $\int \dfrac{\mathrm{d}x}{\sqrt{-x^2-2x+1}}=\int \dfrac{\mathrm{d}x}{\sqrt{2-(x+1)^2}}=\int \dfrac{\mathrm{d}(x+1)}{\sqrt{(\sqrt{2})^2-(x+1)^2}}$

利用公式(1)，便得

$$\int \dfrac{\mathrm{d}x}{\sqrt{-x^2-2x+1}}=\arcsin \dfrac{x+1}{\sqrt{2}}+C$$

习题 4-2

1. 在下列各式括号内填入适当的常数，使等式成立，例如 $\mathrm{d}x=\left(\dfrac{1}{4}\right)\mathrm{d}(4x-5)$：

(1) $\mathrm{d}x=(\quad)\mathrm{d}(1-3x)$；

(2) $x\,\mathrm{d}x=(\quad)\mathrm{d}(5x^2+3)$；

(3) $x^3\,\mathrm{d}x=(\quad)\mathrm{d}(5x^4-2)$；

(4) $\dfrac{1}{x^2}\mathrm{d}x=(\quad)\mathrm{d}\left(\dfrac{1}{x}+1\right)$；

(5) $\dfrac{1}{\sqrt{x}}\mathrm{d}x=(\quad)\mathrm{d}(1-\sqrt{x})$；

(6) $\dfrac{1}{x}\mathrm{d}x=(\quad)\mathrm{d}(2\ln|x|+3)$；

(7) $\sin \dfrac{x}{2}\mathrm{d}x=(\quad)\mathrm{d}\left(\cos \dfrac{x}{2}\right)$；

(8) $x\mathrm{e}^{-x^2}\mathrm{d}x=(\quad)\mathrm{d}\mathrm{e}^{-x^2}$；

(9) $\dfrac{\mathrm{d}x}{\sin^2 3x}=(\quad)\mathrm{d}(\cot 3x)$；

(10) $\dfrac{\mathrm{d}x}{\sqrt{1-9x^2}}=(\quad)\mathrm{d}(\arcsin 3x)$；

(11) $\dfrac{\mathrm{d}x}{1+9x^2}=(\quad)\mathrm{d}(\arctan 3x)$；

(12) $\dfrac{x\,\mathrm{d}x}{\sqrt{1-x^2}}=(\quad)\mathrm{d}(\sqrt{1-x^2})$.

2. 求下列不定积分：

(1) $\displaystyle\int \cos 5x \, \mathrm{d}x$；

(2) $\displaystyle\int (3-2x)^2 \, \mathrm{d}x$；

(3) $\displaystyle\int \frac{\mathrm{d}x}{\sqrt{1-2x}}$；

(4) $\displaystyle\int \frac{x^2}{1+x^3} \mathrm{d}x$；

(5) $\displaystyle\int \frac{\sin\sqrt{x}}{\sqrt{x}} \mathrm{d}x$；

(6) $\displaystyle\int \frac{\cos x}{\sqrt{\sin x}} \mathrm{d}x$；

(7) $\displaystyle\int \mathrm{e}^x \sqrt{2+\mathrm{e}^x} \, \mathrm{d}x$；

(8) $\displaystyle\int \frac{3^{\frac{1}{x}}}{x^2} \mathrm{d}x$；

(9) $\displaystyle\int x\,\mathrm{e}^{-x^2} \, \mathrm{d}x$；

(10) $\displaystyle\int x \cos x^2 \, \mathrm{d}x$；

(11) $\displaystyle\int \frac{\sqrt{1+\ln x}}{x} \mathrm{d}x$；

(12) $\displaystyle\int \frac{\sec^2 \frac{1}{x}}{x^2} \mathrm{d}x$；

(13) $\displaystyle\int \frac{\mathrm{d}x}{4+x^2}$；

(14) $\displaystyle\int \frac{\mathrm{d}x}{\sqrt{4-3x^2}}$；

(15) $\displaystyle\int \frac{\tan x}{\cos^2 x} \mathrm{d}x$；

(16) $\displaystyle\int \frac{10^{2\arccos x}}{\sqrt{1-x^2}} \mathrm{d}x$；

(17) $\displaystyle\int \frac{\sin x + \cos x}{\sqrt[3]{\sin x - \cos x}} \mathrm{d}x$；

(18) $\displaystyle\int \frac{2\cot x + 3}{\sin^2 x} \mathrm{d}x$.

3. 求下列不定积分：

(1) $\displaystyle\int \sin^2 \frac{x}{2} \, \mathrm{d}x$；

(2) $\displaystyle\int \sin^4 x \, \mathrm{d}x$；

(3) $\displaystyle\int \sin^4 x \cos^3 x \, \mathrm{d}x$；

(4) $\displaystyle\int \tan^3 x \sec x \, \mathrm{d}x$；

(5) $\displaystyle\int \frac{\mathrm{d}x}{x(x+1)}$；

(6) $\displaystyle\int \cos x \cos 5x \, \mathrm{d}x$.

4. 求下列不定积分：

(1) $\displaystyle\int x \sqrt{x+1} \, \mathrm{d}x$；

(2) $\displaystyle\int \frac{\mathrm{d}x}{1+\sqrt{2x}}$；

(3) $\displaystyle\int \frac{\mathrm{d}x}{\sqrt{x}+\sqrt[4]{x}}$；

(4) $\displaystyle\int \frac{\mathrm{d}x}{\sqrt{1+\mathrm{e}^x}}$；

(5) $\displaystyle\int \frac{\mathrm{d}x}{x^2 \sqrt{1-x^2}}$；

(6) $\displaystyle\int (1+x^2)^{-\frac{3}{2}} \, \mathrm{d}x$.

4.3　分部积分法

前面我们在复合函数求导法则的基础上，得到了换元积分法，现在我们利用两个函数乘积的微分法则，可以推导出另一个求积分的基本方法——分部积分法.

设函数 $u=u(x)$ 与 $v=v(x)$ 具有连续的导数，根据函数乘积的微分法则

$$\mathrm{d}(uv)=u\,\mathrm{d}v+v\,\mathrm{d}u$$

移项后，得 $u\mathrm{d}v=\mathrm{d}(uv)-v\mathrm{d}u$

对上式两边求不定积分，即有下述定理：

定理5 设 $u=u(x)$，$v=v(x)$ 在区间 I 上都有连续的导数，则有

$$\int u(x)v'(x)\mathrm{d}x=u(x)v(x)-\int u'(x)v(x)\mathrm{d}x$$

即

$$\int u(x)\mathrm{d}[v(x)]=u(x)v(x)-\int v(x)\mathrm{d}[u(x)]$$

简记为

$$\int u\mathrm{d}v=uv-\int v\mathrm{d}u$$

上述公式被称为**分部积分公式**，其实质是求函数乘积的导数的逆过程. 如果求 $\int uv'\mathrm{d}x$ 有困难，而求 $\int u'v\mathrm{d}x$ 比较容易时，分部积分公式就可以起到化难为易的转化作用.

分部积分法应用的基本步骤可归纳为

$$\int f(x)\mathrm{d}x=\int u(x)\cdot v'(x)\mathrm{d}x=\int u(x)\mathrm{d}v(x)=u(x)\cdot v(x)-\int v(x)\mathrm{d}u(x)$$

分部积分法的关键在于适当地选择 u 和 $\mathrm{d}v$. 选取 u 和 $\mathrm{d}v$ 一般要考虑下面两点：

(1) 由 $v'(x)\mathrm{d}x$ 要容易求得 $v(x)$；

(2) $\int v(x)\mathrm{d}u(x)$ 要比 $\int u(x)\mathrm{d}v(x)$ 容易积分.

下面通过例子说明如何运用分部积分公式.

例1 求 $\int x\cos x\mathrm{d}x$.

解 若选取 $u=x$，$\mathrm{d}v=\cos x\mathrm{d}x$，那么 $\mathrm{d}u=\mathrm{d}x$，$v=\sin x$，代入分部积分公式得

$$\int x\cos x\mathrm{d}x=x\sin x-\int \sin x\mathrm{d}x$$

而 $\int v\mathrm{d}u=\int \sin x\mathrm{d}x$ 容易积出，所以

$$\int x\cos x\mathrm{d}x=x\sin x+\cos x+C$$

注 若设 $u=\cos x$，$\mathrm{d}v=x\,\mathrm{d}x$，那么 $\mathrm{d}u=-\sin x\,\mathrm{d}x$，$v=\dfrac{x^2}{2}$.

于是得

$$\int x\cos x\,\mathrm{d}x=\frac{x^2}{2}\cos x+\int\frac{x^2}{2}\sin x\,\mathrm{d}x$$

该式右端的积分比原积分更不容易求.

由此可见，在利用分部积分法求不定积分时，如果 u 和 v 的选取不合适，就不容易求出结果.

例 2 求 $\int x\mathrm{e}^x\,\mathrm{d}x$.

解 令 $u=x$，$\mathrm{d}v=\mathrm{e}^x\,\mathrm{d}x$，则 $v=\mathrm{e}^x$，所以

$$\int x\mathrm{e}^x\,\mathrm{d}x=\int x\,\mathrm{d}\mathrm{e}^x=x\mathrm{e}^x-\int\mathrm{e}^x\,\mathrm{d}x=x\mathrm{e}^x-\mathrm{e}^x+C$$

例 3 求 $\int x^2\mathrm{e}^x\,\mathrm{d}x$.

解 设 $u=x^2$，$\mathrm{d}v=\mathrm{e}^x\,\mathrm{d}x$，则 $\mathrm{d}u=2x\,\mathrm{d}x$，$v=\mathrm{e}^x$，于是

$$\int x^2\mathrm{e}^x\,\mathrm{d}x=\int x^2\,\mathrm{d}\mathrm{e}^x=x^2\mathrm{e}^x-\int\mathrm{e}^x\,\mathrm{d}(x^2)=x^2\mathrm{e}^x-2\int x\mathrm{e}^x\,\mathrm{d}x$$

由例 2，对 $\int x\mathrm{e}^x\,\mathrm{d}x$ 再使用一次分部积分法，得

$$\int x^2\mathrm{e}^x\,\mathrm{d}x=x^2\mathrm{e}^x-2\int x\mathrm{e}^x\,\mathrm{d}x=x^2\mathrm{e}^x-2(x\mathrm{e}^x-\mathrm{e}^x)+C=\mathrm{e}^x(x^2-2x+2)+C$$

此题两次利用分部积分公式. 先后两次选择 u 与 $\mathrm{d}v$ 的方法一致，即两次都选择了 x 的幂函数部分为 u，而 $\mathrm{e}^x\,\mathrm{d}x$ 为 $\mathrm{d}v$.

注 如果被积函数是幂函数与正（余）弦函数或指数函数的乘积，可用分部积分法，并选幂函数为 u，正（余）弦函数或指数函数选作 v'. 并可以多次使用分部积分法.

熟悉了分部积分法后，u 与 $\mathrm{d}v$ 及 v 与 $\mathrm{d}u$ 可以心算完成，不必具体写出.

例 4 求 $\int x^2\ln x\,\mathrm{d}x$.

解 $\int x^2\ln x\,\mathrm{d}x=\int\ln x\,\mathrm{d}\left(\dfrac{x^3}{3}\right)=\dfrac{x^3}{3}\ln x-\int\dfrac{x^3}{3}\,\mathrm{d}(\ln x)=\dfrac{x^3}{3}\ln x-\int\dfrac{x^3}{3}\cdot\dfrac{1}{x}\,\mathrm{d}x$

$$=\frac{x^3}{3}\ln x-\frac{1}{3}\int x^2\mathrm{d}x=\frac{x^3}{3}\ln x-\frac{1}{9}x^3+C$$

例 5　求 $\displaystyle\int x\arctan x\,\mathrm{d}x.$

解　$\displaystyle\int x\arctan x\,\mathrm{d}x=\int\arctan x\,\mathrm{d}\left(\frac{x^2}{2}\right)=\frac{x^2}{2}\arctan x-\frac{1}{2}\int x^2\mathrm{d}(\arctan x)$

$$=\frac{x^2}{2}\arctan x-\frac{1}{2}\int\frac{x^2}{1+x^2}\mathrm{d}x$$

$$=\frac{x^2}{2}\arctan x-\frac{1}{2}\int\left(1-\frac{1}{1+x^2}\right)\mathrm{d}x$$

$$=\frac{1}{2}x^2\arctan x-\frac{1}{2}(x-\arctan x)+C$$

注　如果被积函数是幂函数与反三角函数或对数函数的乘积，可用分部积分法，并选反三角函数或对数函数为 u，幂函数选作 v'.

例 6　求 $\displaystyle\int\arcsin x\,\mathrm{d}x.$

解　$\displaystyle\int\arcsin x\,\mathrm{d}x=x\arcsin x-\int x\,\mathrm{d}(\arcsin x)$

$$=x\arcsin x-\int x\cdot\frac{1}{\sqrt{1-x^2}}\mathrm{d}x$$

$$=x\arcsin x+\frac{1}{2}\int\frac{1}{\sqrt{1-x^2}}\mathrm{d}(1-x^2)$$

$$=x\arcsin x+\sqrt{1-x^2}+C$$

注　被积函数只有一个，且不能用积分公式直接积分，可以考虑运用分部积分法，将唯一的被积函数视为分部积分公式中的 u 函数，将 $\mathrm{d}x$ 视为 $\mathrm{d}v$，直接利用分部积分公式求解.

例 7　求 $\displaystyle\int\mathrm{e}^x\cos x\,\mathrm{d}x.$

解　令 $I=\displaystyle\int\mathrm{e}^x\cos x\,\mathrm{d}x$，则有

$$I=\int\cos x\,\mathrm{d}(\mathrm{e}^x)=\mathrm{e}^x\cos x-\int\mathrm{e}^x\mathrm{d}(\cos x)$$

$$=\mathrm{e}^x\cos x+\int\mathrm{e}^x\sin x\,\mathrm{d}x=\mathrm{e}^x\cos x+\int\sin x\,\mathrm{d}(\mathrm{e}^x)$$

$$=\mathrm{e}^x\cos x+\mathrm{e}^x\sin x-\int\mathrm{e}^x\mathrm{d}(\sin x)=\mathrm{e}^x\cos x+\mathrm{e}^x\sin x-I$$

所以

$$2I = e^x \cos x + e^x \sin x + C_1$$

即

$$\int e^x \cos x \, dx = \frac{1}{2} e^x (\cos x + \sin x) + C$$

注 被积函数为指数函数与三角函数乘积的不定积分，多次应用分部积分后得到一个关于所求积分的方程(产生循环的结果)，通过求解方程得到不定积分. 这一方法也称为"循环积分法".

需要注意的是：多次使用分部积分时，u 和 v' 的选取类型要与第一次的保持一致，否则将回到原积分；求解方程得到不定积分后一定要加上积分常数.

求一个不定积分时可能需要几种方法结合使用，要灵活处理.

例 8 求 $\int e^{\sqrt{x}} \, dx$.

解 设 $\sqrt{x} = t$，则 $x = t^2$，$dx = 2t \, dt$，于是

$$\int e^{\sqrt{x}} \, dx = 2 \int t e^t \, dt = 2 \int t \, de^t = 2(t-1) e^t + C = 2(\sqrt{x} - 1) e^{\sqrt{x}} + C$$

习题 4 - 3

求下列不定积分：

(1) $\int x \sin x \, dx$;

(2) $\int x \ln x \, dx$;

(3) $\int x e^{-x} \, dx$;

(4) $\int \arccos x \, dx$;

(5) $\int \dfrac{x \arcsin x}{\sqrt{1-x^2}} \, dx$;

(6) $\int x^2 \arctan x \, dx$;

(7) $\int e^{-x} \cos x \, dx$;

(8) $\int x^2 \cos^2 \dfrac{x}{2} \, dx$;

(9) $\int x \tan^2 x \, dx$;

(10) $\int x \sin x \cos x \, dx$;

(11) $\int (\arcsin x)^2 \, dx$;

(12) $\int \sin \sqrt{x} \, dx$.

4.4 有理函数的积分

至此我们已经学到了一些最基本的积分方法，灵活地应用它们，就能求出许多不定积分。本节将简要介绍关于有理函数的积分和部分可化为有理函数的积分。

4.4.1 有理函数的积分

有理函数是指由两个多项式函数的商所表示的函数，也称为有理分式。有理分式的一般表达式为

$$R(x) = \frac{P(x)}{Q(x)} = \frac{a_0 x^n + a_1 x^{n-1} + \cdots + a_{n-1} x + a_n}{b_0 x^m + b_1 x^{m-1} + \cdots + b_{m-1} x + b_m}$$

式中，m，n 为自然数；a_0，a_1，$\cdots$，a_n 及 b_0，b_1，$\cdots$，b_m 都是实数，并且 $a_0 \neq 0$，$b_0 \neq 0$.

在有理分式中，当 $n < m$ 时，称之为真分式；当 $n \geq m$ 时，称之为假分式。根据多项式的除法，任意一个假分式都可以化为一个多项式和一个真分式的和。例如

$$\frac{3x^3 - x^2 + 2}{x-1} = 3x^2 + 2x + 2 + \frac{4}{x-1}$$

因此，有理函数的积分可以转化为多项式或真分式的积分，多项式的积分比较简单，所以只需要讨论真分式的积分。

要求解真分式 $\dfrac{P(x)}{Q(x)}$ 的积分，需要用到代数学中的两个结论：

（1）任一多项式在实数范围内都可分解为一次因式和二次质因式的乘积；

（2）分母 $Q(x)$ 在实数范围内能分解成如下形式

$$Q(x) = b_0 (x-a)^\alpha \cdots (x-b)^\beta (x^2 + px + q)^\lambda \cdots (x^2 + rx + s)^\mu$$

式中，$p^2 - 4q < 0$，$\cdots$，$r^2 - 4s < 0$，则真分式 $\dfrac{P(x)}{Q(x)}$ 可以被分解为如下最简分式（分母只含一个一次因式或一个二次质因式的真分式）的和

$$\frac{P(x)}{Q(x)} = \frac{A_1}{(x-a)^\alpha} + \frac{A_2}{(x-a)^{\alpha-1}} + \cdots + \frac{A_\alpha}{x-a} + \cdots + \frac{B_1}{(x-b)^\beta} + \frac{B_2}{(x-b)^{\beta-1}} + \cdots$$

$$+\frac{B_\beta}{x-b}+\cdots+\frac{M_1 x+N_1}{(x^2+px+q)^\lambda}+\frac{M_2 x+N_2}{(x^2+px+q)^{\lambda-1}}+\cdots+\frac{M_\lambda x+N_\lambda}{x^2+px+q}$$

$$+\cdots+\frac{R_1 x+S_1}{(x^2+rx+s)^\mu}+\frac{R_2 x+S_2}{(x^2+rx+s)^{\mu-1}}+\cdots+\frac{R_\mu x+S_\mu}{x^2+rx+s} \quad (4-3)$$

式中，$A_1,\cdots,A_\alpha,\cdots,B_1,\cdots,B_\beta,M_1,\cdots,M_\lambda,N_1,\cdots,N_\lambda,\cdots,R_1,\cdots,$ $R_\mu,S_1,\cdots,S_\mu$ 等为待定常数，利用待定系数法可以将所有的系数确定. 若不计求和次序，则分解式(4-1)是唯一的. 假设真分式能够分解成如式(4-3)的分解式，则真分式的积分最终归结为如下面两种部分分式的积分：

(1) $\displaystyle\int\frac{A}{(x-a)^n}\mathrm{d}x$ ；(2) $\displaystyle\int\frac{Mx+N}{(x^2+px+q)^n}\mathrm{d}x$，$(n\in\mathbf{N}^+,\ p^2-4q<0)$.

对于第(1)种部分分式的积分，将 $\mathrm{d}x$ 凑成 $\mathrm{d}(x-a)$，然后利用换元和基本积分公式直接可以积出. 下面我们重点讨论第(2)种部分分式的积分.

若 $n=1$，则第(2)种部分分式变为 $\displaystyle\int\frac{Mx+N}{x^2+px+q}\mathrm{d}x$，将被积函数的分母配方得

$$x^2+px+q=\left(x+\frac{p}{2}\right)^2+q-\frac{p^2}{4}$$

令 $x+\frac{p}{2}=t$，将 $x=t-\frac{p}{2}$ 代入到被积函数，则被积函数变形为

$$\frac{Mx+N}{x^2+px+q}=\frac{Mt+N-\frac{Mp}{2}}{t^2+q-\frac{p^2}{4}}$$

此时记作 $a^2=q-\frac{p^2}{4}$，$b=N-\frac{Mp}{2}$，则有

$$\int\frac{Mx+N}{x^2+px+q}\mathrm{d}x=\int\frac{Mt+b}{t^2+a^2}\mathrm{d}t=\int\frac{Mt}{t^2+a^2}\mathrm{d}t+\int\frac{b}{t^2+a^2}\mathrm{d}t$$

$$=\frac{M}{2}\ln|x^2+px+q|+\frac{b}{a}\arctan\frac{x+\frac{p}{2}}{a}+C$$

若 $n>1$，借助于上述记法，则

$$\int\frac{Mx+N}{(x^2+px+q)^n}\mathrm{d}x=\int\frac{Mt}{(t^2+a^2)^n}\mathrm{d}t+\int\frac{b}{(t^2+a^2)^n}\mathrm{d}t$$

$$=-\frac{M}{2(n-1)(t^2+a^2)^{n-1}}+b\int\frac{1}{(t^2+a^2)^n}\mathrm{d}t$$

例 1　求 $\displaystyle\int \frac{x+3}{x^2-5x+6}\mathrm{d}x$.

解　被积函数 $\dfrac{x+3}{x^2-5x+6}$ 是真分式，可分解为最简分式之和

$$\frac{x+3}{x^2-5x+6}=\frac{x+3}{(x-2)(x-3)}=\frac{A_1}{x-2}+\frac{A_2}{x-3}$$

式中，A_1，A_2 为待定系数，可以按照如下的方法求出待定系数.

在分解式两端消去分母得

$$x+3=A_1(x-3)+A_2(x-2)=(A_1+A_2)x+(-3A_1-2A_2)$$

比较 x 的各次幂的系数得

$$\begin{cases} A_1+A_2=1 \\ -3A_1-2A_2=3 \end{cases}$$

解得 $A_1=-5$，$A_2=6$. 从而得

$$\frac{x+3}{x^2-5x+6}=\frac{-5}{x-2}+\frac{6}{x-3}$$

所以

$$\int \frac{x+3}{x^2-5x+6}\mathrm{d}x=\int \frac{-5}{x-2}\mathrm{d}x+\int \frac{6}{x-3}\mathrm{d}x=-5\ln|x-2|+6\ln|x-3|+C$$

例 2　求 $\displaystyle\int \frac{1}{(x^2+1)(x+1)^2}\mathrm{d}x$.

解　被积函数的分母含有 $(x+1)^2$ 和二次质因式 x^2+1，按照式(4-3)的分解公式，得

$$\frac{1}{(x^2+1)(x+1)^2}=\frac{A_1x+A_2}{x^2+1}+\frac{A_3}{(x+1)^2}+\frac{A_4}{x+1}$$

等式的两端去分母得 $1=(A_1x+A_2)(x+1)^2+A_3(x^2+1)+A_4(x+1)(x^2+1)$

等式右端合并同类项后，比较 x 的各次幂的系数得

$$\begin{cases} A_1+A_4=0 \\ 2A_1+A_2+A_3+A_4=0 \\ A_1+2A_2+A_4=0 \\ A_2+A_3+A_4=1 \end{cases}$$

求得 $A_1=-\dfrac{1}{2}$，$A_2=0$，$A_3=\dfrac{1}{2}$，$A_4=\dfrac{1}{2}$.

所以 $\displaystyle\int\dfrac{1}{(x^2+1)(x+1)^2}\mathrm{d}x=-\dfrac{1}{2}\int\dfrac{x}{x^2+1}\mathrm{d}x+\dfrac{1}{2}\int\dfrac{1}{(x+1)^2}\mathrm{d}x+\dfrac{1}{2}\int\dfrac{1}{x+1}\mathrm{d}x$

$$=-\dfrac{1}{4}\ln|x^2+1|-\dfrac{1}{2(x+1)}+\dfrac{1}{2}\ln|x+1|+C$$

例 3　求 $\displaystyle\int\dfrac{2x+1}{x^3-2x^2+x}\mathrm{d}x$.

解　先将被积函数分解成最简分式之和

$$\dfrac{2x+1}{x^3-2x^2+x}=\dfrac{2x+1}{x(x-1)^2}=\dfrac{A}{x}+\dfrac{B}{x-1}+\dfrac{D}{(x-1)^2}$$

通分得 $2x+1=A(x-1)^2+Bx(x-1)+Dx$. 分别取 $x=0$，1，2，可求得 $A=1$，$B=-1$，$D=3$. 于是

$$\int\dfrac{2x+1}{x^3-2x^2+x}\mathrm{d}x=\int\left[\dfrac{1}{x}-\dfrac{1}{x-1}+\dfrac{3}{(x-1)^2}\right]\mathrm{d}x$$

$$=\ln|x|-\ln|x-1|-\dfrac{3}{x-1}+C=\ln\left|\dfrac{x}{x-1}\right|-\dfrac{3}{x-1}+C$$

例 4　求 $\displaystyle\int\dfrac{x+4}{x^3+2x-3}\mathrm{d}x$.

解　先将被积函数分解成最简分式之和，取

$$\dfrac{x+4}{x^3+2x-3}=\dfrac{x+4}{(x-1)(x^2+x+3)}=\dfrac{A}{x-1}+\dfrac{Bx+D}{x^2+x+3}$$

两端去分母，得

$$x+4=A(x^2+x+3)+(Bx+D)(x-1)$$

分别取 $x=0$，1，2，可求得 $A=1$，$B=-1$，$D=-1$. 于是

$$\int\dfrac{x+4}{x^3+2x-3}\mathrm{d}x=\int\left(\dfrac{1}{x-1}+\dfrac{-x-1}{x^2+x+3}\right)\mathrm{d}x$$

$$=\int\dfrac{1}{x-1}\mathrm{d}x-\int\dfrac{\dfrac{1}{2}(2x+1)+\dfrac{1}{2}}{x^2+x+3}\mathrm{d}x$$

$$=\int\dfrac{1}{x-1}\mathrm{d}(x-1)-\dfrac{1}{2}\int\dfrac{1}{x^2+x+3}\mathrm{d}(x^2+x+3)-$$

$$\frac{1}{2}\int\frac{1}{\left(x+\frac{1}{2}\right)^2+\frac{11}{4}}\mathrm{d}\left(x+\frac{1}{2}\right)$$

$$=\ln|x-1|-\frac{1}{2}\ln(x^2+x+3)-\frac{1}{\sqrt{11}}\arctan\frac{2x+1}{\sqrt{11}}+C$$

以上将有理真分式函数分解为简单分式之和求其积分的方法称为待定系数法. 确定简单分式分子中的待定常数, 例 1 和例 2 所用的方法称为比较系数法; 例 3 和例 4 采用了对 x 取特殊值的方法, 称为特殊值法.

对于某些特殊有理函数的积分, 有时利用其他技巧, 积分会更简单.

例 5   求 $\displaystyle\int\frac{x^3}{(x-1)^{10}}\mathrm{d}x$.

解 $\displaystyle\int\frac{x^3}{(x-1)^{10}}\mathrm{d}x\xLeftarrow{x-1=t}\int\frac{(t+1)^3}{t^{10}}\mathrm{d}t=\int\left[t^{-7}+3t^{-8}+3t^{-9}+t^{-10}\right]\mathrm{d}t$

$$=-\frac{1}{6t^6}-\frac{3}{7t^7}-\frac{3}{8t^8}-\frac{1}{9t^9}+C$$

$$=-\frac{1}{6(x-1)^6}-\frac{3}{7(x-1)^7}-\frac{3}{8(x-1)^8}-\frac{1}{9(x-1)^9}+C$$

例 6   求 $\displaystyle\int\frac{\mathrm{d}x}{x^8(1+x^2)}$.

解 $\displaystyle\int\frac{\mathrm{d}x}{x^8(1+x^2)}\xLeftarrow{x=\frac{1}{t}}-\int\frac{t^8\mathrm{d}t}{1+t^2}=-\int\left[t^6-t^4+t^2-1+\frac{1}{1+t^2}\right]\mathrm{d}t$

$$=-\frac{t^7}{7}+\frac{t^5}{5}-\frac{t^3}{3}+t-\arctan t+C$$

$$=-\frac{1}{7x^7}+\frac{1}{5x^5}-\frac{1}{3x^3}+\frac{1}{x}-\arctan\frac{1}{x}+C$$

4.4.2　三角有理函数的积分

由 $u(x)$, $v(x)$ 及常数经过有限次四则运算所得的函数称为关于 $u(x)$, $v(x)$ 的有理式, 并用 $R[u(x),v(x)]$ 来表示.

其中, $R(\sin x,\cos x)$ 称为三角有理函数.

在三角函数学中, 我们学习了万能公式

$$\sin x=2\sin\frac{x}{2}\cos\frac{x}{2}=\frac{2\tan\frac{x}{2}}{\sec^2\frac{x}{2}}=\frac{2\tan\frac{x}{2}}{1+\tan^2\frac{x}{2}}$$

$$\cos x = \cos^2 \frac{x}{2} - \sin^2 \frac{x}{2} = \frac{1 - \tan^2 \frac{x}{2}}{\sec^2 \frac{x}{2}} = \frac{1 - \tan^2 \frac{x}{2}}{1 + \tan^2 \frac{x}{2}}$$

可以看出，在此组公式中，$\sin x$，$\cos x$ 都是关于 $\tan \frac{x}{2}$ 的有理函数，所以在三角有理函数的积分中，如果令 $u = \tan \frac{x}{2}$，则 $x = 2\arctan u$，$\mathrm{d}x = \frac{2}{1+u^2}\mathrm{d}u$，就可以将三角有理函数转化为关于变量 u 的有理函数，即

$$\int R(\sin x, \cos x)\mathrm{d}x = \int R\left(\frac{2u}{1+u^2}, \frac{1-u^2}{1+u^2}\right)\frac{2}{1+u^2}\mathrm{d}u$$

例 7　求 $\displaystyle\int \frac{1+\sin x}{\sin x(1+\cos x)}\mathrm{d}x$.

解　令 $u = \tan \frac{x}{2}$，则 $\sin x = \frac{2u}{1+u^2}$，$\cos x = \frac{1-u^2}{1+u^2}$，$\mathrm{d}x = \frac{2}{1+u^2}\mathrm{d}u$，于是

$$\int \frac{1+\sin x}{\sin x(1+\cos x)}\mathrm{d}x = \int \frac{1 + \dfrac{2u}{1+u^2}}{\dfrac{2u}{1+u^2}\left(1 + \dfrac{1-u^2}{1+u^2}\right)} \cdot \frac{2}{1+u^2}\mathrm{d}u$$

$$= \frac{1}{2}\int \left(u + 2 + \frac{1}{u}\right)\mathrm{d}u = \frac{1}{2}\left(\frac{u^2}{2} + 2u + \ln|u|\right) + C$$

$$= \frac{1}{4}\tan^2 \frac{x}{2} + \tan \frac{x}{2} + \frac{1}{2}\ln\left|\tan \frac{x}{2}\right| + C$$

例 8　求 $\displaystyle\int \frac{1}{\sin^4 x}\mathrm{d}x$.

解　令 $u = \tan \frac{x}{2}$，则 $\sin x = \frac{2u}{1+u^2}$，$\mathrm{d}x = \frac{2}{1+u^2}\mathrm{d}u$，于是

$$\int \frac{1}{\sin^4 x}\mathrm{d}x = \int \frac{1}{\left(\dfrac{2u}{1+u^2}\right)^4} \cdot \frac{2}{1+u^2}\mathrm{d}u$$

$$= \int \frac{1 + 3u^2 + 3u^4 + u^6}{8u^4}\mathrm{d}u$$

$$= \frac{1}{8}\left[-\frac{1}{3u^3} - \frac{3}{u} + 3u + \frac{u^3}{3}\right] + C$$

$$= -\frac{1}{24\left(\tan\dfrac{x}{2}\right)^3} - \frac{3}{8\tan\dfrac{x}{2}} + \frac{3}{8}\tan\frac{x}{2} + \frac{1}{24}\left(\tan\frac{x}{2}\right)^3 + C$$

注 上面所用的变换 $u = \tan\dfrac{x}{2}$ 对三角函数有理式的积分虽然是有效的，但并不意味着在任何情况下都是简便的．因此在某些特殊情形下，计算三角有理函数的积分时，可以先考虑其他积分方法是否能够解决．

例 9 求 $\displaystyle\int \frac{\mathrm{d}x}{a^2\sin^2 x + b^2\cos^2 x}$．

解 由于 $\displaystyle\int \frac{\mathrm{d}x}{a^2\sin^2 x + b^2\cos^2 x} = \int \frac{\sec^2 x\,\mathrm{d}x}{a^2\tan^2 x + b^2} = \int \frac{\mathrm{d}(\tan x)}{a^2\tan^2 x + b^2}$

故令 $u = \tan x$，就有

$$\int \frac{\mathrm{d}x}{a^2\sin^2 x + b^2\cos^2 x} = \int \frac{\mathrm{d}u}{a^2 u^2 + b^2} = \frac{1}{ab}\arctan\frac{au}{b} + C$$

$$= \frac{1}{ab}\arctan\left(\frac{a}{b}\tan x\right) + C$$

在此例中，如果仍令 $u = \tan\dfrac{x}{2}$，则不如上法简单．通常当被积函数是 $\sin^2 x$，$\cos^2 x$ 及 $\sin x\cos x$ 的有理式时，采用变换 $u = \tan x$ 往往较为简便．

最后指出，虽然理论上可以证明，初等函数在其定义区间内都有原函数，但是其原函数不一定都是初等函数，有些函数的不定积分不能用初等函数表示，例如，$\displaystyle\int \mathrm{e}^{x^2}\,\mathrm{d}x$，$\displaystyle\int \mathrm{e}^{\frac{1}{x}}\,\mathrm{d}x$，$\displaystyle\int \frac{\mathrm{e}^x}{x}\,\mathrm{d}x$，$\displaystyle\int \frac{\sin x}{x}\,\mathrm{d}x$，$\displaystyle\int \sin\frac{1}{x}\,\mathrm{d}x$，$\displaystyle\int \sin x^2\,\mathrm{d}x$，$\displaystyle\int \frac{1}{\ln x}\,\mathrm{d}x$．对这些积分，形式上很简单的积分，已经证明是积不出来的．

习题 4 - 4

求下列不定积分：

(1) $\displaystyle\int \frac{x^2}{x-1}\,\mathrm{d}x$；

(2) $\displaystyle\int \frac{x-2}{x^2 - 7x + 12}\,\mathrm{d}x$；

(3) $\displaystyle\int \frac{1}{x^3 + 1}\,\mathrm{d}x$；

(4) $\displaystyle\int \frac{x}{(x+2)(x+3)^2}\,\mathrm{d}x$；

(5) $\displaystyle\int \frac{x+1}{(x-1)^3}\mathrm{d}x$；

(6) $\displaystyle\int \frac{1}{(x^2+1)(x^2+x+1)}\mathrm{d}x$；

(7) $\displaystyle\int \frac{\mathrm{d}x}{5-3\cos x}$；

(8) $\displaystyle\int \frac{\mathrm{d}x}{\sin x+\cos x}$；

(9) $\displaystyle\int \frac{\mathrm{d}x}{\sin^2 x+2}$；

(10) $\displaystyle\int \frac{\mathrm{d}x}{5+4\sin 2x}$．

4.5　积分表的使用

通过前面的讨论可以看出，积分的运算要比微分运算复杂得多．为了实用的需要，人们已将常用的积分公式汇集起来编制成"积分表"，本书末列出的积分表是按照被积函数的类型排列的．下面举例说明积分表的用法．

例 1　查表求 $\displaystyle\int \frac{\mathrm{d}x}{x(3x+4)^2}$．

解　被积函数含有 $a+bx$，在积分表（一）类中查得公式 9，当 $a=4$，$b=3$ 时，有 $\displaystyle\int \frac{\mathrm{d}x}{x(3x+4)^2}=\frac{1}{4(4+3x)}-\frac{1}{4^2}\ln\left|\frac{3x+4}{x}\right|+C=\frac{1}{12x+16}-\frac{1}{16}\ln\left|\frac{3x+4}{x}\right|+C$

例 2　查表求 $\displaystyle\int \frac{\mathrm{d}x}{5-4\cos x}$．

解　被积函数含有三角函数，在积分表（十一）类中查到公式 105～106，当 $a=5$，$b=-4$ 时，$a^2=25$，$b^2=16$，$a^2>b^2$，利用公式 105，得

$$\int \frac{\mathrm{d}x}{5-4\cos x}=\frac{2}{\sqrt{5^2-(-4)^2}}\arctan\left[\sqrt{\frac{5-(-4)}{5+(-4)}}\tan\frac{x}{2}\right]+C$$

$$=\frac{2}{3}\arctan\left(3\tan\frac{x}{2}\right)+C$$

例 3　查表求 $\displaystyle\int x^2\sqrt{1-9x^2}\,\mathrm{d}x$．

解　在积分表中不能直接查到，需要先进行变量代换．

设 $3x=u$，则 $x=\dfrac{u}{3}$，$\mathrm{d}x=\dfrac{1}{3}\mathrm{d}u$，即

$$\int x^2\sqrt{1-9x^2}\,\mathrm{d}x=\frac{1}{3^2}\int u^2\sqrt{1-u^2}\cdot\frac{1}{3}\mathrm{d}u=\frac{1}{27}\int u^2\sqrt{1-u^2}\,\mathrm{d}u$$

在积分表(七)类中查到公式 65，当 $a=1$ 时

$$\int u^2 \sqrt{1-u^2}\, du = \frac{u}{8}(2u^2-1)\sqrt{1-u^2} + \frac{1}{8}\arcsin u + C$$

再把 $u=3x$ 回代，得

$$\int x^2 \sqrt{1-9x^2}\, dx = \frac{1}{27}\left[\frac{3x}{8}(18x^2-1)\sqrt{1-9x^2} + \frac{1}{8}\arcsin(3x)\right] + C$$

例 4　查表求 $\displaystyle\int \frac{dx}{(2+7x^2)^2}$.

解　在积分表(四)类中查到公式 28，得

$$\int \frac{dx}{(2+7x^2)^2} = \frac{x}{4(2+7x^2)} + \frac{1}{4}\int \frac{dx}{2+7x^2}$$

上式右端积分，再用公式 22，得

$$\int \frac{dx}{(2+7x^2)^2} = \frac{x}{4(2+7x^2)} + \frac{1}{4\sqrt{14}}\arctan\sqrt{\frac{7}{2}}\, x + C$$

例 5　查表求 $\displaystyle\int x^3 \ln^2 x\, dx$.

解　在积分表(十四)类中查到公式 136，即

$$\int x^m \ln^n x\, dx = \frac{x^{m+1}}{m+1}\ln^n x - \frac{n}{m+1}\int x^m \ln^{n-1} x\, dx$$

就本例而言，利用这个公式并不能求出最后结果，但是可使被积函数中 $\ln x$ 的幂指数减少一次. 重复使用这个公式可使 $\ln x$ 的幂指数继续减少，直到求出最后结果. 这类公式称为*递推公式*.

本例中 $m=3$，$n=2$，两次运用公式 136，得

$$\int x^3 \ln^2 x\, dx = \frac{x^4}{4}\ln^2 x - \frac{1}{2}\int x^3 \ln x\, dx = \frac{x^4}{4}\ln^2 x - \frac{1}{2}\left(\frac{x^4}{4}\ln x - \frac{1}{4}\int x^3\, dx\right)$$

$$= \frac{x^4}{4}\ln^2 x - \frac{1}{2}\left(\frac{x^4}{4}\ln x - \frac{x^4}{16}\right) + C = \frac{x^4}{32}(8\ln^2 x - 4\ln x + 1) + C$$

一般说来，查积分表可以节省计算积分的时间. 但是，只有在掌握了前面学过的基本积分方法后才能灵活地使用积分表. 对一些较简单的积分，应用基本积分方法来

计算比查表更快些. 例如求 $\int \sin^2 x \cos^3 x\,\mathrm{d}x$，使用换元积分法很快就可以得到结果. 因此，在求不定积分时究竟使用哪种方法，应具体问题具体对待.

习题 4 - 5

利用积分表求下列不定积分：

(1) $\int \sqrt{3x^2+2}\,\mathrm{d}x$；

(2) $\int \dfrac{\mathrm{d}x}{2+\sin 2x}$；

(3) $\int \dfrac{\mathrm{d}x}{x^2+2x+5}$；

(4) $\int \dfrac{\mathrm{d}x}{2+5\cos x}$；

(5) $\int \dfrac{\mathrm{d}x}{(x^2+9)^2}$；

(6) $\int \mathrm{e}^{-2x}\sin 3x\,\mathrm{d}x$；

(7) $\int \sin^4 x\,\mathrm{d}x$；

(8) $\int \ln^3 x\,\mathrm{d}x$；

(9) $\int \sqrt{\dfrac{1-x}{1+x}}\,\mathrm{d}x$；

(10) $\int \dfrac{x^4}{25+4x^2}\,\mathrm{d}x$.

复习题四

1. 判断题

(　)(1) 若 $\int f(x)\mathrm{d}x = \int g(x)\mathrm{d}x$，则一定有 $f(x)=g(x)$.

(　)(2) 若 $\int f(x)\mathrm{d}x = f(x)+C$，则有 $f(x)=\mathrm{e}^x$.

(　)(3) $\int \cos x^2\,\mathrm{d}x = \sin x^2 + C$.

(　)(4) $\int \dfrac{1}{f(x)}\mathrm{d}x = \ln|f(x)|+C$.

(　)(5) 若 $f(x)$ 的一个原函数是 x^2，而 $g(x)$ 的一个原函数是 $x^2+\ln a$，那么，一定有 $f(x)\neq g(x)$.

(　)(6) 若 $F_1(x)$ 和 $F_2(x)$ 都是 $f(x)$ 的原函数，则它们的图形必是同一条曲线.

(　)(7) 任何连续函数都存在原函数.

2. 填空题

(1) 设 $\int f(x)\mathrm{d}x = 2^x + \cos x + C$，则 $f(x) = $ _____.

(2) $\mathrm{d}\int \mathrm{d}f(x) = $ _____.

(3) 若 $f(x)$ 的一个原函数是 $\cos x$，则 $\int f'(x)\mathrm{d}x = $ _____.

(4) 已知 $[\ln f(x)]' = \cos x$，则 $f(x) = $ _____.

(5) 若 $\int f(x)\mathrm{d}x = F(x) + C$，则 $\int e^x f(2e^x)\mathrm{d}x = $ _____.

(6) $\int \left(\tan \dfrac{x}{3} + 2\right)\mathrm{d}x = $ _____.

(7) $\int e^x \cos e^x \mathrm{d}x = $ _____.

(8) $\left[\int f(x)\mathrm{d}x\right]' = $ _____.

(9) $\int f(x)\mathrm{d}x = e^{-x^2} + C$，则 $f(x) = $ _____.

(10) 通过点 $\left(1, \dfrac{\pi}{4}\right)$ 且斜率为 $\dfrac{1}{1+x^2}$ 的曲线方程为 _____.

(11) $\int f(x)\mathrm{d}x = x\sin x + C$，则 $f(x) = $ _____.

(12) $\int \dfrac{f'(\ln x)}{x}\mathrm{d}x = $ _____.

3. 选择题

(1) 下列函数对中是同一函数的原函数的是（　　　）.

A. $\dfrac{\ln x}{x^2}$ 与 $\dfrac{\ln^2 x}{x}$

B. $\arcsin x$ 与 $-\arccos x$

C. $\arctan x$ 与 $\operatorname{arccot} x$

D. $\cos 2x$ 与 $2\cos x$

(2) 设 $\int f(x)\mathrm{d}x = e^x + C$，则 $\int x f(1-x^2)\mathrm{d}x = ($　　　$)$.

A. $2e^{1-x^2} + C$

B. $x e^{1-x^2} + C$

C. $-\dfrac{1}{2}e^{1-x^2} + C$

D. $\dfrac{1}{2}e^{1-x^2} + C$

(3) 设 $F(x)$ 是连续函数 $\dfrac{1}{x}$ 的原函数，则下列结论不成立的是（　　　）.

A. $F(x) = \ln(cx) \quad (c \neq 0)$ B. $F(x) = \ln x + C$

C. $F(x) = \ln 3x + C$ D. $F(x) = 3\ln x + C$

(4) 设 $\int f(x)\mathrm{d}x = x^2 \mathrm{e}^{2x} + C$，则 $f(x) = ($ $)$.

A. $2x\mathrm{e}^{2x}$ B. $2x^2\mathrm{e}^{2x}$

C. $x\mathrm{e}^{2x}$ D. $2x\mathrm{e}^{2x}(1+x)$

(5) 下列凑微分正确的是(   ).

A. $2x\mathrm{e}^{x^2}\mathrm{d}x = \mathrm{d}\mathrm{e}^{x^2}$ B. $\dfrac{1}{x+1}\mathrm{d}x = \mathrm{d}(\ln x + 1)$

C. $\arctan x\,\mathrm{d}x = \mathrm{d}\dfrac{1}{1+x^2}$ D. $\cos 2x\,\mathrm{d}x = \mathrm{d}(\sin 2x)$

(6) 在区间 (a, b) 内，如果 $f'(x) = g'(x)$，则一定有(   ).

A. $f(x) = g(x) + C$ B. $f(x) = g(x)$

C. $\left[\int f(x)\mathrm{d}x\right]' = \left[\int g(x)\mathrm{d}x\right]'$ D. $\int \mathrm{d}f(x) = \int \mathrm{d}g(x)$

(7) 如果 $F(x)$ 是 $f(x)$ 的一个原函数，C 为不等于 0 且不等于 1 的其他任意常数，那么下列也是 $f(x)$ 的原函数是(   ).

A. $CF(x)$ B. $F(Cx)$

C. $F\left(\dfrac{x}{C}\right)$ D. $F(x) + C$

(8) 若 $\int f(x)\mathrm{d}x = x + C$，则 $\int f(1-x)\mathrm{d}x = ($ $)$.

A. $1 - x + C$ B. $-x + C$

C. $x + C$ D. $\dfrac{1}{2}(1 - x^2) + C$

(9) $\int \dfrac{x}{\sqrt{1+x^2}}\mathrm{d}x = ($ $)$.

A. $\arctan x + C$ B. $\ln(1+x^2) + C$

C. $2\sqrt{1+x^2} + C$ D. $\sqrt{1+x^2} + C$

(10) $\int x\,\mathrm{d}(\sin x) = ($ $)$.

A. $\dfrac{x^2}{2}\sin x + C$ B. $x\sin x + \cos x + C$

C. $x\cos x + C$ D. $x\sin x - \cos x + C$

(11) $\int \dfrac{x^2}{1+x^2}\mathrm{d}x = (\quad)$.

A. $\ln(1+x^2)+C$ 　　　　　 B. $x-\ln(1+x^2)+C$

C. $x-\arctan x+C$ 　　　　　 D. $\dfrac{1}{2}(1+x^2)^2+C$

4. 计算下列积分：

(1) $\int \dfrac{1+2x^2}{x^2(1+x^2)}\mathrm{d}x$；　　　　(2) $\int \mathrm{e}^{\sqrt{x+1}}\mathrm{d}x$；

(3) $\int \dfrac{x}{\sqrt{1+4x^2}}\mathrm{d}x$；　　　　(4) $\int x\ln(x-1)\mathrm{d}x$；

(5) $\int \dfrac{1}{\sqrt{x}+\sqrt[4]{x}}\mathrm{d}x$；　　　　(6) $\int \dfrac{1}{(x^2-a^2)^{\frac{3}{2}}}\mathrm{d}x$；

(7) $\int \ln(x+\sqrt{x^2+1})\mathrm{d}x$；　　　(8) $\int \dfrac{\sqrt{1+4\arctan x}}{1+x^2}\mathrm{d}x$；

(9) $\int (\tan x+\cot x)^2\mathrm{d}x$；　　　(10) $\int \cos(\ln x)\mathrm{d}x$；

(11) $\int \mathrm{e}^x\sin^2 x\,\mathrm{d}x$.

5. 综合题

(1) 一曲线过点$(\mathrm{e}^2,3)$且在任意点处的斜率等于该点横坐标的倒数，求该曲线的方程.

(2) 已知 $f'(\sin^2 x)=\cos^2 x$，求证 $f(x)=x-\dfrac{1}{2}x^2+C$.

(3) 设 $y=\int (x+\sin x)\mathrm{d}x$，求 y' 在闭区间$[0,2\pi]$上的最大值和最小值.

(4) 设 $f(x)$ 的一个原函数为 $\dfrac{\sin x}{x}$，求 $\int xf'(x)\mathrm{d}x$.

(5) 已知 $f(u)$ 有二阶连续的导数，求 $\int \mathrm{e}^{2x}f''(\mathrm{e}^x)\mathrm{d}x$.

05 第5章 定积分及其应用

不定积分是微分法逆运算的一个侧面，而定积分是它的另一个侧面，它们之间既有区别又有联系．定积分是从大量的实际问题中抽象出来的，在自然科学与工程技术中有着广泛的应用．本章我们先从实际问题引入定积分的概念，然后讨论它的性质与计算方法以及如何运用微元法建立各种实际问题的定积分模型，从而解决几何学和物理学中的相关问题，同时我们将介绍定积分的推广——广义积分．

5.1 定积分的概念与性质

5.1.1 两个实例

引例 1 曲边梯形的面积．

设函数 $y=f(x)$ 在区间 $[a，b]$ 上非负连续，由曲线 $y=f(x)$，直线 $x=a$，$x=b$ 以及 x 轴所围成图形称为曲边梯形，如图 5-1 所示．试问如何求此曲边梯形的面积？

在初等数学里，圆面积是用一系列边数无限增加的内接正多边形的面积的极限来定义的，现在我们仍用这种办法来定义曲边梯形的面积．

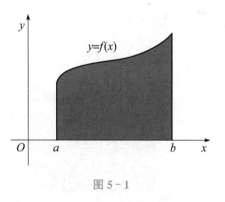

图 5-1

不难看出，该曲边梯形的面积取决于区间 $[a，b]$ 及曲边 $y=f(x)$．如果 $f(x)$ 在 $[a，b]$ 上为常数 h，此时曲边梯形为矩形，则其面积等于 $h(b-a)$．现在的问题是 $f(x)$ 在 $[a，b]$ 上不是常数，而是变化着的，因此它的面积就不能简单地用矩形面积公式计算．但是，由于 $f(x)$ 在 $[a，b]$ 上连续，当 x 变化不大时，$f(x)$ 变化也不大，因此，如果将区间 $[a，b]$ 分割成许多小区间，相应地将曲边梯形分割成许多小曲边梯形，每个区间上对应的小曲边梯形可以近似地看成小矩形．所有的小矩形面积的和，就是整个曲边梯形面积的近似值．显然，分割得愈细，近似的程度愈好．当分割无限细密时，小矩形面积之和的极限就是所要求的曲边梯形的面积．

根据上面的分析，曲边梯形的面积可按下述步骤来计算：

（1）分割。

在区间$[a，b]$中任意插入$n-1$个分点，即

$$a=x_0<x_1<\cdots<x_{n-1}<x_n=b$$

将区间分成n份，得到n个小区间$[x_{i-1}，x_i]$，每个小区间用Δx_i来表示，同时用Δx_i表示该区间的长度，即

$$\Delta x_i=x_i-x_{i-1}，(i=1,2,\cdots,n)$$

过每个分点作直线$x=x_i(i=1，2，\cdots，n-1)$，这样，整个曲边梯形被分割成了n个小的曲边梯形，如图5-2所示．每个小曲边梯形的面积记为ΔA_i．

（2）近似。

任取小区间$[x_{i-1}，x_i]$，在其中任取一点ξ_i，以$f(\xi_i)$为高，以Δx_i为宽，作小矩形，如图5-3所示．小矩形的面积为$f(\xi_i)\Delta x_i$，用该结果近似代替$[x_{i-1}，x_i]$上的小曲边梯形的面积ΔA_i，即

$$\Delta A_i\approx f(\xi_i)\Delta x_i$$

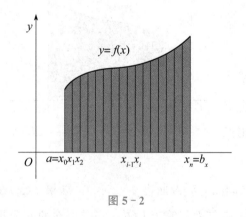

图5-2

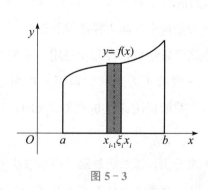

图5-3

（3）求和。

把所有的小矩形面积求和$\displaystyle\sum_{i=1}^{n}f(\xi_i)\Delta x_i$，得到整个曲边梯形面积$A$的近似值，即

$$A \approx \sum_{i=1}^{n} f(\xi_i)\Delta x_i$$

如图 5-4 所示.

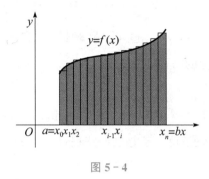

图 5-4

（4）取极限。

将区间无限分割，分得越细，误差越小. 设 λ 是 n 个小区间 $\Delta x_i (i=1, 2, \cdots, n)$ 中长度最大的一个，即

$$\lambda = \max_{1 \leqslant i \leqslant n}\{\Delta x_i\}$$

最后取极限 $\lim_{\lambda \to 0}\sum_{i=1}^{n} f(\xi_i)\Delta x_i$，那么，所求曲边梯形的面积 A 就等于 $\lim_{\lambda \to 0}\sum_{i=1}^{n} f(\xi_i)\Delta x_i$，即

$$A = \lim_{\lambda \to 0}\sum_{i=1}^{n} f(\xi_i)\Delta x_i$$

引例 2 变速直线运动的路程.

设某物体作变速直线运动，已知速度 $v=v(t)$ 是时间区间 $[T_1, T_2]$ 上的连续函数，且 $v(t) \geqslant 0$，求该物体在由 T_1 到 T_2 这段时间内所经过的路程 s.

我们知道，对于匀速直线运动，有公式：

路程＝速度×时间

现在速度是变量，因此，所求路程 S 不能直接按匀速直线运动的路程公式来计算. 但是，由于速度函数 $v=v(t)$ 是区间 $[T_1, T_2]$ 上的连续函数，在很短的一段时间内，速度的变化很小，近似于匀速. 因此，如果把时间间隔分得很小，那么在一小段时间内，就可以用匀速直线运动代替变速直线运动，求其路程的近似值. 仿照求曲边梯形面积的四个步骤，具体计算如下：

（1）分割。

将时间间隔 $[a，b]$ 任意分成 n 段，即

$$a=t_0<t_1<\cdots t_{n-1}<t_n=b$$

用 $\Delta t_i=t_i-t_{i-1}(i=1，2，\cdots，n)$ 表示第 i 段时间和该时间段的时间间隔．相应的，在各段时间内质点所走的路程记为 $\Delta S_i(i=1，2，\cdots，n)$．

（2）近似。

在区间 $[t_{i-1}，t_i]$ 内任取一个时刻 ζ_i，当时间间隔很小时，我们可以用 ζ_i 时刻的速度作为 $[t_{i-1}，t_i]$ 上的平均速度，于是这段路程可以用 $v(\zeta_i)\Delta t_i$ 近似，即

$$\Delta S_i\approx v(\zeta_i)\Delta t_i$$

（3）求和。

将每一小段上的近似路程求和，得 $\sum\limits_{i=1}^{n}v(\zeta_i)\Delta t_i$，并可得整个路程 S 的近似值，即

$$S\approx\sum_{i=1}^{n}v(\zeta_i)\Delta t_i$$

（4）取极限。

用参数 λ 表示所有 n 个时间段中最长的一段，即

$$\lambda=\max_{1\leqslant i\leqslant n}\{\Delta t_i\}$$

当 λ 趋于零时，则该质点在时间 $t=a$ 到 $t=b$ 这段时间内走过的路程 S 为

$$S=\lim_{\lambda\to0}\sum_{i=1}^{n}v(\zeta_i)\Delta t_i$$

以上的两个引例虽然属于不同学科，具有不同的含义，但在解决问题的过程中却用到了相同的思想和方法，都是通过"分割、近似、求和、取极限"这四个步骤，将所求的量归结为求一种特定结构和式的极限．实际上，许多问题都可以归结为这种求和式的极限问题，将这种思想抽象化，即可得到定积分的概念．

5.1.2 定积分的定义

定义 1 设函数 $y=f(x)$ 在区间 $[a，b]$ 上有界，在 $[a，b]$ 内任意插入 $n-1$ 个分点

$$a = x_0 < x_1 < \cdots < x_{n-1} < x_n = b$$

将区间 $[a, b]$ 分成 n 个小区间 $[x_{i-1}, x_i]$ $(i=1, 2, \cdots, n)$，每个小区间的长度记为 $\Delta x_i = x_i - x_{i-1}$ $(i=1, 2, \cdots, n)$，在每个小区间上任取一点 $\xi_i \in [x_{i-1}, x_i]$，作乘积 $f(\xi_i)\Delta x_i$，再求和

$$\sum_{i=1}^{n} f(\xi_i)\Delta x_i$$

记 $\lambda = \max\{\Delta x_i\}$ $(i=1, 2, \cdots, n)$，取 $\lambda \to 0$ 时上述和式的极限

$$\lim_{\lambda \to 0} \sum_{i=1}^{n} f(\xi_i)\Delta x_i$$

如果该极限存在，则称函数 $f(x)$ 在区间 $[a, b]$ 上可积，此极限值为函数 $f(x)$ 在区间 $[a, b]$ 上的定积分，记作

$$\int_a^b f(x)\mathrm{d}x$$

即

$$\int_a^b f(x)\mathrm{d}x = \lim_{\lambda \to 0} \sum_{i=1}^{n} f(\xi_i)\Delta x_i$$

式中，$f(x)$ 称为被积函数；x 称为积分变量；$f(x)\mathrm{d}x$ 称为被积表达式；$[a, b]$ 称为积分区间；a 称为积分下限；b 称为积分上限；$\sum_{i=1}^{n} f(\xi_i)\Delta x_i$ 称为 $f(x)$ 在 $[a, b]$ 上的积分和.

根据定积分的定义，前面两个引例就可以用定积分概念来描述：

曲边梯形的面积 A 等于其曲边函数 $y = f(x)$ 在其底边所在的区间 $[a, b]$ 上的定积分，即

$$A = \int_a^b f(x)\mathrm{d}x$$

变速直线运动的物体从时刻 T_1 到时刻 T_2 这段时间中所经过的路程 s 等于其速度函数 $v = v(t)$ 在时间区间 $[T_1, T_2]$ 上的定积分，即

$$S = \int_{T_1}^{T_2} v(t)\mathrm{d}t$$

注　（1）定积分 $\int_a^b f(x)\mathrm{d}x$ 是一个数值，它只与被积函数 $f(x)$ 和积分区间 $[a,$ $b]$ 有关，而与积分变量的符号无关，即

$$\int_a^b f(x)\mathrm{d}(x) = \int_a^b f(t)\mathrm{d}t = \int_a^b f(u)\mathrm{d}u$$

（2）定积分存在，与区间的分法和每个小区间内 ξ_i 的选取无关．

对于定积分，自然要问：函数满足什么条件是可积的？这个问题我们不深入探讨，而只给出定积分存在的两个充分条件．

定理 1　函数 $f(x)$ 在闭区间 $[a,b]$ 上连续，则函数 $y=f(x)$ 在区间 $[a,b]$ 上可积．

定理 2　函数 $f(x)$ 在闭区间 $[a,b]$ 上除有有限个第一类间断点外处处连续，则函数 $y=f(x)$ 在区间 $[a,b]$ 上可积．

按照定积分的定义，记号 $\int_a^b f(x)\mathrm{d}x$ 中的 a,b 应满足关系 $a<b$，为了研究的方便，我们可以合理地规定：

（1）当 $a=b$ 时，$\displaystyle\int_a^b f(x)\mathrm{d}x = \int_a^a f(x)\mathrm{d}x = 0$；

（2）当 $a>b$ 时，$\displaystyle\int_a^b f(x)\mathrm{d}x = -\int_b^a f(x)\mathrm{d}x$．

5.1.3　定积分的几何意义

由引例 1 可知，当函数 $y=f(x)$ 在 $[a,b]$ 上非负时，定积分 $\int_a^b f(x)\mathrm{d}x$ 表示的是直线 $x=a$，$x=b$ 和 x 轴所围成的曲边梯形的面积．

当函数 $y=f(x)$ 在 $[a,b]$ 上非正时，定积分 $\int_a^b f(x)\mathrm{d}x$ 的值是一个负值，这时可以理解为是由函数 $y=f(x)$，直线 $x=a$，$x=b$ 和 x 轴所围成的曲边梯形（在 x 轴的下方）的面积的相反数．

当函数 $y=f(x)$ 在区间 $[a,b]$ 上有正有负时，定积分 $\int_a^b f(x)\mathrm{d}x$ 表示由函数 $y=f(x)$，直线 $x=a$，$x=b$ 和 x 轴所围成的图形各部分面积的代数和．例如，如图 5-5 所示，有

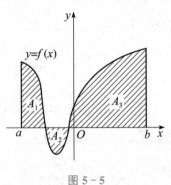

图 5-5

$$\int_a^b f(x)\mathrm{d}x = A_1 - A_2 + A_3$$

特别地，当 $f(x)=1$ 时，有

$$\int_a^b \mathrm{d}x = b - a$$

例 1　利用几何意义计算定积分 $\int_0^1 \sqrt{1-x^2}\,\mathrm{d}x$.

解　由定积分的几何意义，知

$\int_0^1 \sqrt{1-x^2}\,\mathrm{d}x$ 在数值上等于由函数 $y=\sqrt{1-x^2}$，

$x=0$，$x=1$ 以及 x 轴所围成的图形的面积 A，即圆

面积的四分之一，所以 $A=\dfrac{\pi}{4}$，如图 5-6 所示. 即

$$\int_0^1 \sqrt{1-x^2}\,\mathrm{d}x = \frac{\pi}{4}$$

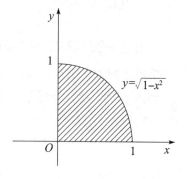

图 5-6

例 2　用定义求定积分 $\int_0^1 x^2\,\mathrm{d}x$.

解　因为 $y=x^2$ 在区间 $[0,1]$ 上连续，所以
可积. 为计算方便，我们将区间 $[0,1]$ 分成 n 等
份，如图 5-7 所示，并且取每一个小区间的右端点
的值为 ξ_i，即 $\xi_i=\dfrac{i}{n}(i=1,2,\cdots,n)$，则 $\Delta x_i =$
$\dfrac{1}{n}$，而 $f(\xi_i)=\xi_i^2=\left(\dfrac{i}{n}\right)^2$.

于是

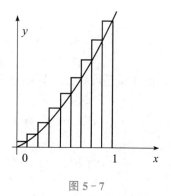

图 5-7

$$f(\xi_i)\Delta x_i = \left(\frac{1}{n}\right)^2 \frac{1}{n} = \frac{i^2}{n^3}$$

积分和为

$$\sum_{i=1}^n f(\xi_i)\Delta x_i = \sum_{i=1}^n \frac{1}{n^3} i^2 = \frac{1}{n^3}(1^2 + 2^2 + \cdots + n^2)$$

$$= \frac{1}{n^3} \frac{1}{6} n(n+1)(2n+1)$$

$$= \frac{1}{6}\left(1+\frac{1}{n}\right)\left(2+\frac{1}{n}\right)$$

当 $\lambda \to 0$ 时与此种分法的 $n \to \infty$ 是等价的，所以，对上式取极限，得定积分为

$$\int_0^1 x^2 \mathrm{d}x = \lim_{\lambda \to 0} \sum_{i=1}^n f(\xi_i) \Delta x_i$$

$$= \lim_{n \to \infty}\left[\frac{1}{6}\left(1+\frac{1}{n}\right)\left(2+\frac{1}{n}\right)\right] = \frac{1}{3}$$

5.1.4 定积分的性质

利用定积分的定义及极限的运算法则，可以推出定积分的以下性质，并假设函数均在给定区间上可积.

性质 1 若 $f(x)$ 在 $[a,b]$ 上可积，k 为常数，则 $kf(x)$ 在 $[a,b]$ 上也可积，且

$$\int_a^b kf(x)\mathrm{d}x = k\int_a^b f(x)\mathrm{d}x$$

性质 2 若 $f(x)$，$g(x)$ 在 $[a,b]$ 上可积，则 $f(x) \pm g(x)$ 在 $[a,b]$ 上也可积，且

$$\int_a^b [f(x) \pm g(x)]\mathrm{d}x = \int_a^b f(x)\mathrm{d}x \pm \int_a^b g(x)\mathrm{d}x$$

此性质还可以推广到任意有限个函数和与差的情况，即

$$\int_a^b [f_1(x) \pm f_2(x) \pm \cdots \pm f_n(x)]\mathrm{d}x$$

$$= \int_a^b f_1(x)\mathrm{d}x \pm \int_a^b f_2(x)\mathrm{d}x \pm \cdots \pm \int_a^b f_n(x)\mathrm{d}x$$

性质 1 和性质 2 可直接由定积分的定义得到，上述两性质称为定积分的线性性质.

性质 3(区间可加性) 有界函数 $f(x)$ 在 $[a,b]$ 上可积的充要条件是：$f(x)$ 在 $[a,b]$ 上可积且有等式

$$\int_a^b f(x)\mathrm{d}x = \int_a^c f(x)\mathrm{d}x + \int_c^b f(x)\mathrm{d}x \tag{5-1}$$

若 $f(x) \geqslant 0$，则性质 3 的几何意义是很明显的：它表示曲边梯形面积的可加性.

不难验证，式(5-1)对 a，b，c 的任何顺序都能成立.

以 $f(x) \geqslant 0$ 为例，当 c 在 a，b 之间时，如图 5-8 所示，显然

$$\int_a^b f(x)\mathrm{d}x = \int_a^c f(x)\mathrm{d}x + \int_c^b f(x)\mathrm{d}x$$

当 c 在 a，b 之外时，如图 5-9 所示，则

$$\int_a^b f(x)\mathrm{d}x = \int_c^b f(x)\mathrm{d}x - \int_c^a f(x)\mathrm{d}x$$

$$= \int_a^c f(x)\mathrm{d}x + \int_c^b f(x)\mathrm{d}x$$

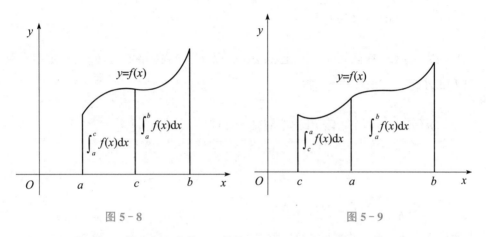

图 5-8　　　　　　　　　图 5-9

性质 4（保序性）　若 $f(x)$ 在 $[a, b]$ 上可积，且在区间 $[a, b]$ 上有 $f(x) \geqslant 0$，则

$$\int_a^b f(x)\mathrm{d}x \geqslant 0$$

推论 1　若 $f(x)$，$g(x)$ 为定义在区间 $[a, b]$ 上的两个可积函数，且有 $f(x) \leqslant g(x)$，则

$$\int_a^b f(x)\mathrm{d}x \leqslant \int_a^b g(x)\mathrm{d}x$$

推论 2　若 $f(x)$ 在区间 $[a, b]$ 上可积，则 $|f(x)|$ 在区间 $[a, b]$ 上可积，且

$$\left| \int_a^b f(x)\mathrm{d}x \right| \leqslant \int_a^b |f(x)|\mathrm{d}x$$

注意　这个定理的逆命题不成立. 如

$$f(x) = \begin{cases} 1, & x \text{ 为无理数} \\ -1, & x \text{ 为有理数} \end{cases}$$

在$[0，1]$上不可积，但$|f(x)|\equiv1$在$[0，1]$上可积.

性质 5(估值定理)　设 M 和 m 分别是函数 $f(x)$ 在区间$[a，b]$上的最大值和最小值，则

$$m(b-a)\leqslant\int_a^b f(x)\mathrm{d}x\leqslant M(b-a)$$

性质 6(积分中值定理)　设函数 $f(x)$ 在区间$[a，b]$上连续，则在区间$[a，b]$上至少存在一点 ξ，使得

$$\int_a^b f(x)\mathrm{d}x=f(\xi)(b-a)$$

证　因为 $f(x)$ 在区间$[a，b]$上连续，所以 $f(x)$ 在区间$[a，b]$上一定存在最大值 M 和最小值 m，由性质 5，得

$$m(b-a)\leqslant\int_a^b f(x)\mathrm{d}x\leqslant M(b-a)$$

即

$$m\leqslant\frac{1}{b-a}\int_a^b f(x)\mathrm{d}x\leqslant M$$

由闭区间上连续函数的介值定理可得，在区间$[a，b]$上至少存在一点 ξ，使得

$$f(\xi)=\frac{1}{b-a}\int_a^b f(x)\mathrm{d}x$$

即

$$\int_a^b f(x)\mathrm{d}x=f(\xi)(b-a)$$

从几何上理解，若 $f(x)$ 在区间$[a，b]$上连续且非负，则 $f(x)$ 在区间$[a，b]$上的曲边梯形的面积等于底边上至少可以找到一个点 ξ，使曲边梯形的面积等于与曲边梯形同底且高为 $f(\xi)=\frac{1}{b-a}\int_a^b f(x)\mathrm{d}x$ 的一个矩形的面积，如图 5 - 10 所示.

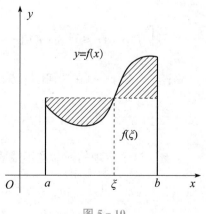

图 5 - 10

因而 $\dfrac{1}{b-a}\displaystyle\int_a^b f(x)\mathrm{d}x$ 可理解为连续函数 $f(x)$ 在区间 $[a,b]$ 上的**平均值**，$f(\xi)$ 表示图中曲边梯形的平均高度.

例 3　不计算定积分的值，比较下列定积分的大小.

(1) $\displaystyle\int_0^1 x^2\mathrm{d}x$ 与 $\displaystyle\int_0^1 x^3\mathrm{d}x$ ；(2) $\displaystyle\int_e^4 \ln x\,\mathrm{d}x$ 与 $\displaystyle\int_e^4 (\ln x)^2\mathrm{d}x$.

解　(1) 在区间 $[0,1]$ 内，$x^2\geqslant x^3$，由性质 4 得

$$\int_0^1 x^2\mathrm{d}x \geqslant \int_0^1 x^3\mathrm{d}x$$

(2) 在区间 $[e,4]$ 内，$\ln x\geqslant 1$，因此 $\ln x\leqslant(\ln x)^2$，由性质 4 的推论 1 知

$$\int_e^4 \ln x\,\mathrm{d}x\leqslant\int_e^4 (\ln x)^2\mathrm{d}x$$

例 4　估计定积分 $\displaystyle\int_0^{\frac{\pi}{2}} e^{\sin x}\mathrm{d}x$ 的值.

解　在区间 $\left[0,\dfrac{\pi}{2}\right]$ 上，$0\leqslant\sin x\leqslant 1$，所以 $1\leqslant e^{\sin x}\leqslant e$，由性质 5 定积分估值定理可知

$$\frac{\pi}{2}\leqslant\int_0^{\frac{\pi}{2}} e^{\sin x}\mathrm{d}x\leqslant\frac{\pi}{2}e$$

习题 5.1

1. 利用定积分的几何意义，求下列定积分的值：

(1) $\displaystyle\int_0^R \sqrt{R^2-x^2}\,\mathrm{d}x$；　(2) $\displaystyle\int_0^1 (x+1)\mathrm{d}x$；　(3) $\displaystyle\int_{-\pi}^{\pi}\sin x\,\mathrm{d}x$.

2. 不计算定积分，比较下列定积分的大小：

(1) $\displaystyle\int_1^2 x^2\mathrm{d}x$ 和 $\displaystyle\int_1^2 x^3\mathrm{d}x$；　(2) $\displaystyle\int_4^3 \ln^2 x\,\mathrm{d}x$ 与 $\displaystyle\int_4^3 \ln^3 x\,\mathrm{d}x$；

(3) $\displaystyle\int_0^1 \sin x\,\mathrm{d}x$ 和 $\displaystyle\int_0^1 \sin^2 x\,\mathrm{d}x$；　(4) $\displaystyle\int_0^1 e^x\mathrm{d}x$ 和 $\displaystyle\int_0^1 e^{2x}\mathrm{d}x$.

3. 不计算定积分，估计下列各式的值：

(1) $\displaystyle\int_{-1}^1 (x^2+1)\mathrm{d}x$；　(2) $\displaystyle\int_{\frac{\pi}{4}}^{\frac{5}{4}\pi} (1+\sin^2 x)\mathrm{d}x$.

4. 设 $I_1 = \int_0^{\frac{\pi}{4}} x \, \mathrm{d}x$，$I_2 = \int_0^{\frac{\pi}{4}} \sqrt{x} \, \mathrm{d}x$，$I_3 = \int_0^{\frac{\pi}{4}} \sin x \, \mathrm{d}x$，比较 I_1，I_2，I_3 的大小关系.

5. 把极限 $\lim\limits_{n \to \infty} \ln \sqrt[n]{\left(1+\dfrac{1}{n}\right)^2 \left(1+\dfrac{2}{n}\right)^2 \cdots \left(1+\dfrac{n}{n}\right)^2}$ 用定积分表示出来.

5.2　微积分基本公式

在上一节中，我们用定义计算了定积分 $\int_0^1 x^2 \mathrm{d}x$. 可以看出，若被积函数比较复杂，其定积分按定义来计算则是一件很不容易的事. 本节将通过对定积分与原函数关系的讨论，寻求一种计算定积分的简便方法.

5.2.1　积分上限函数

设函数 $y = f(x)$ 在区间 $[a, b]$ 上连续，对任意 $x \in [a, b]$，有 $y = f(x)$ 在 $[a, x]$ 上连续，因此函数 $y = f(x)$ 在 $[a, x]$ 上可积，即定积分 $\int_a^x f(x)\mathrm{d}x$ 存在，如图 5 - 11 所示. 这里，x 既表示定积分上限又表示积分变量. 由于定积分与积分变量的记法无关，为将积分变量与积分上限区分开，可以把积分变量改用其他符号，则该定

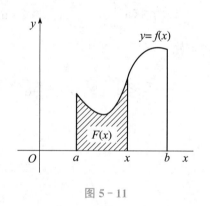

图 5 - 11

积分可改写为 $\int_a^x f(t)\mathrm{d}t$. 显然，该定积分的值由积分上限 x 在区间 $[a, b]$ 上的取值决定，因此积分 $\int_a^x f(t)\mathrm{d}t$ 定义了一个在区间 $[a, b]$ 上的函数，称为积分上限函数，记作

$$\Phi(x) = \int_a^x f(t)\mathrm{d}t, x \in [a, b]$$

积分上限函数具有一个重要性质，此性质在推导微积分基本公式中有非常重要的作用.

定理 3　设函数 $y=f(x)$ 在区间 $[a,b]$ 上连续，则积分上限函数 $\Phi(x)=\int_a^x f(t)\mathrm{d}t$ 在区间 $[a,b]$ 上可导，且

$$\Phi'(x)=\left(\int_a^x f(t)\mathrm{d}t\right)'=f(x),x\in[a,b]$$

证　设 x 是区间 $[a,b]$ 上的任意一点，设在自变量 x 处的改变量为 Δx，且 $x+\Delta x\in[a,b]$，所对应的函数值的改变量为 $\Delta\Phi$，则

$$\Delta\Phi=\Phi(x+\Delta x)-\Phi(x)=\int_a^{x+\Delta x} f(t)\mathrm{d}t-\int_a^x f(t)\mathrm{d}t=\int_x^{x+\Delta x} f(t)\mathrm{d}t$$

由积分中值定理知，存在 ξ 介于 x 与 $x+\Delta x$ 之间，使得

$$\Delta\Phi=f(\xi)\Delta x$$

由于 $\Delta x\to 0$ 时 $\xi\to x$，再由导数的定义及函数 $f(x)$ 的连续性，得

$$\lim_{\Delta x\to 0}\frac{\Delta\Phi}{\Delta x}=\lim_{\Delta x\to 0}f(\xi)=\lim_{\xi\to x}f(\xi)=f(x)$$

即

$$\Phi'(x)=f(x)$$

上述定理表明，积分上限函数 $\Phi(x)=\int_a^x f(t)\mathrm{d}t$ 就是函数 $f(x)$ 的一个原函数，即连续函数一定存在原函数，即给出第 4 章定理 1 的证明.

本定理沟通了导数和定积分这两个从表面上看去似不相干的概念之间的内在联系，也初步揭示了积分学中定积分与原函数之间的联系. 因此，我们就有可能通过原函数来计算定积分.

例 1　求函数的导数：(1) $F(x)=\int_0^x (t^2+\sin t)\mathrm{d}t$；(2) $F(x)=\int_x^2 \frac{\sin t}{t^2+1}\mathrm{d}t$.

解　(1) $F'(x)=\left[\int_0^x (t^2+\sin t)\mathrm{d}t\right]'=x^2+\sin x$

(2) $F'(x)=\left(\int_x^2 \frac{\sin t}{t^2+1}\mathrm{d}t\right)'=\left(-\int_2^x \frac{\sin t}{t^2+1}\mathrm{d}t\right)'=-\frac{\sin x}{x^2+1}$

如果 $f(x)$ 连续，$\varphi(x)$ 可导，令 $\varphi(x)=u$，则函数 $\int_a^{\varphi(x)} f(t)\mathrm{d}t$ 可以看成是由 $\int_a^u f(t)\mathrm{d}t$ 和 $u=\varphi(x)$ 复合而成的函数，根据定理 2 和复合函数的求导法则，得

$$\left[\int_a^{\varphi(x)} f(t)\,\mathrm{d}t \right]' = f[\varphi(x)] \cdot \varphi'(x)$$

同理，如果 $\varphi(x)$，$\psi(x)$ 可导，则

$$\left(\int_{\psi(x)}^{\varphi(x)} f(t)\,\mathrm{d}t \right)' = f[\varphi(x)] \cdot \varphi'(x) - f[\psi(x)] \cdot \psi'(x)$$

例 2 求积分上限函数 $F(x) = \int_0^{\sin x} \sqrt{t^2+1}\,\mathrm{d}t$ 的导数.

解 $F'(x) = \left(\int_0^{\sin x} \sqrt{t^2+1}\,\mathrm{d}t \right)' = \sqrt{\sin^2 x + 1} \cdot \cos x$

例 3 求 $\lim\limits_{x \to 0} \dfrac{\int_{\cos x}^{1} \mathrm{e}^t\,\mathrm{d}t}{x^2}$.

解 $\lim\limits_{x \to 0} \dfrac{\int_{\cos x}^{1} \mathrm{e}^t\,\mathrm{d}t}{x^2} = \lim\limits_{x \to 0} \dfrac{-\mathrm{e}^{\cos x} \cdot (-\sin x)}{2x} = \lim\limits_{x \to 0} \dfrac{\mathrm{e}^{\cos x} \cdot \sin x}{2x}$

$$= \frac{1}{2} \lim_{x \to 0} \mathrm{e}^{\cos x} \cdot \lim_{x \to 0} \frac{\sin x}{x} = \frac{1}{2} \mathrm{e} \cdot 1 = \frac{1}{2}\mathrm{e}$$

例 4 求 $\dfrac{\mathrm{d}}{\mathrm{d}x} \int_x^{x^2} \sin t\,\mathrm{d}t$.

解 $\dfrac{\mathrm{d}}{\mathrm{d}x} \int_x^{x^2} \sin t\,\mathrm{d}t = \sin x^2 \cdot (x^2)' - \sin x$

$$= 2x \sin x^2 - \sin x$$

5.2.2 微积分基本公式

定理 4（微积分基本定理） 设函数 $f(x)$ 在区间 $[a,b]$ 上连续，且 $F(x)$ 是 $f(x)$ 在该区间上的一个原函数，则

$$\int_a^b f(x)\,\mathrm{d}x = F(b) - F(a) \tag{5-2}$$

证 已知 $F(x)$ 是连续函数 $f(x)$ 的一个原函数，又由定理 3 知，$\int_a^x f(t)\,\mathrm{d}t$ 也是 $f(x)$ 的一个原函数. 于是，由原函数性质可知，存在常数 C，使得

$$F(x) = \int_a^x f(t)\,\mathrm{d}t + C, x \in [a,b]$$

令 $x=a$，得 $F(a) = C$，再令 $x=b$，得 $F(b) = \int_a^b f(t)\,\mathrm{d}t + C$，所以

$$\int_a^b f(x)\,\mathrm{d}x = F(b) - F(a) \tag{5-3}$$

由定积分的补充规定可知，式 (5-3) 对 $a > b$ 的情形同样成立.

为了方便起见，通常将 $F(b) - F(a)$ 简记为 $F(x)\,|_a^b$ 或 $[F(x)]_a^b$.

式 (5-2) 称为微积分基本公式，也称为牛顿-莱布尼茨公式.

这个公式进一步揭示了定积分与被积函数的原函数或不定积分之间的关系，同时给出了求定积分简单而有效的方法：将求定积分转化为求原函数. 因此，只要找到被积函数的一个原函数就可解决定积分的计算问题.

例 5　求定积分 (1) $\displaystyle\int_{-1}^{\sqrt{3}} \frac{\mathrm{d}x}{1+x^2}$; (2) $\displaystyle\int_0^1 x^2\,\mathrm{d}x$.

解　(1) $\displaystyle\int_{-1}^{\sqrt{3}} \frac{\mathrm{d}x}{1+x^2} = \arctan x\,|_{-1}^{\sqrt{3}} = \arctan\sqrt{3} - \arctan(-1) = \frac{\pi}{3} - \left(-\frac{\pi}{4}\right) = \frac{7}{12}\pi$

(2) $\displaystyle\int_0^1 x^2\,\mathrm{d}x = \left[\frac{1}{3}x^3\right]_0^1 = \frac{1}{3}$

例 6　求定积分 $\displaystyle\int_{-2}^{-1} \frac{\mathrm{d}x}{x}$.

解　当 $x < 0$ 时，$\dfrac{1}{x}$ 的一个原函数是 $\ln(-x)$，现在积分区间是 $[-2, -1]$，所以由牛顿-莱布尼茨公式，有

$$\int_{-2}^{-1} \frac{\mathrm{d}x}{x} = [\ln(-x)]_{-2}^{-1} = \ln 1 - \ln 2 = -\ln 2$$

例 7　求定积分 $\displaystyle\int_{-2}^{1} |1+x|\,\mathrm{d}x$.

解　因为 $|1+x| = \begin{cases} -1-x, & -2 \leqslant x \leqslant -1 \\ 1+x, & -1 < x \leqslant 1 \end{cases}$，所以

$$\int_{-2}^{1} |1+x|\,\mathrm{d}x = \int_{-2}^{-1} (-1-x)\,\mathrm{d}x + \int_{-1}^{1} (1+x)\,\mathrm{d}x = \left(-x - \frac{x^2}{2}\right)\Big|_{-2}^{-1} + \left(x + \frac{x^2}{2}\right)\Big|_{-1}^{1}$$

$$= \frac{1}{2} + 2 = \frac{5}{2}$$

例 8　设 $f(x) = \begin{cases} 2x+1, & x \leqslant 2 \\ 1+x^2, & 2 < x \leqslant 4 \end{cases}$，求 $k(-2 < k < 2)$ 的值，使 $\displaystyle\int_k^3 f(x)\,\mathrm{d}x = \frac{40}{3}$.

解　由定积分积分区间的可加性，得

$$\int_k^3 f(x)\mathrm{d}x = \int_k^2 (2x+1)\mathrm{d}x + \int_2^3 (1+x^2)\mathrm{d}x = (x^2+x)\Big|_k^2 + \left(x+\frac{x^3}{3}\right)\Big|_2^3$$

$$= 6-(k^2+k)+\frac{22}{3}=\frac{40}{3}-(k^2+k)$$

即 $\frac{40}{3}-(k^2+k)=\frac{40}{3}$，因此 $k^2+k=0$，解得 $k=-1$ 或 0.

注 如果函数在所讨论的区间上不满足可积条件，则定理 4 不能使用. 例如 $\int_{-1}^1 \frac{\mathrm{d}x}{x^2}$，如按定理 4 计算则有

$$\int_{-1}^1 \frac{\mathrm{d}x}{x^2} = -\frac{1}{x}\Big|_{-1}^1 = -1-1=-2$$

这个做法是错误的，因为在区间 $[-1,1]$ 上函数 $f(x)=\frac{1}{x^2}$ 在点 $x=0$ 处为无穷间断点.

习题 5－2

1. 求下列定积分：

(1) $\int_{-1}^{\sqrt{3}} \frac{1}{1+x^2}\mathrm{d}x$；　　(2) $\int_{-1}^1 (x^3+3x^2-x+2)\mathrm{d}x$；(3) $\int_{-2}^1 |x|\mathrm{d}x$.

2. 求下列函数的导数：

(1) $\int_1^x \sqrt{1+t^2}\,\mathrm{d}t$；　　(2) $\int_0^{x^2} \frac{1}{\sqrt{1+\mathrm{e}^t}}\mathrm{d}t$；　　(3) $\int_x^{x^2} \mathrm{e}^t\mathrm{d}t$.

3. 求下列定积分：

(1) $\int_4^9 \sqrt{x}(1+\sqrt{x})\mathrm{d}x$；　(2) $\int_{-\mathrm{e}-1}^{-2} \frac{1}{1+x}\mathrm{d}x$；　(3) $\int_{-1}^0 \frac{4x^4+4x^2+1}{x^2+1}\mathrm{d}x$；

(4) $\int_0^{\frac{\pi}{4}} \tan^2\theta\mathrm{d}\theta$；　(5) $\int_{-\frac{\pi}{2}}^{\frac{\pi}{2}} \cos^2 t\,\mathrm{d}t$；　(6) $\int_0^{\sqrt{3}a} \frac{1}{a^2+u^2}\mathrm{d}u$；

(7) $\int_0^1 \frac{1}{\sqrt{4-x^2}}\mathrm{d}x$；　(8) $\int_1^{\frac{1}{2}} \frac{2x}{\sqrt{1-x^2}}\mathrm{d}x$；　(9) $\int_0^{2\pi} |\sin x|\mathrm{d}x$.

4. 设函数

$$f(x)=\begin{cases} \sqrt{x}, & 0\leqslant x\leqslant 1, \\ \mathrm{e}^x, & 1<x\leqslant 3, \end{cases}$$

求 $\displaystyle\int_0^3 f(x)\mathrm{d}x.$

5.3　定积分的换元积分法和分部积分法

由微积分基本公式可知，求定积分的问题一般可归结为求原函数的问题．在不定积分的研究中，我们知道用换元积分法和分部积分法可以求出一些函数的原函数．因此，在一定条件下，可以用换元积分法和分部积分法来计算定积分．下面首先来讨论定积分的换元积分法．

5.3.1　定积分的换元积分法

定理 5　如果函数 $f(x)$ 在区间 $[a,b]$ 上连续，函数 $x=\varphi(t)$ 满足条件：

(1) 当 $t\in[\alpha,\beta][$ 或 $[\beta,\alpha]]$ 时，$a\leqslant\varphi(t)\leqslant b$，

(2) $\varphi(t)$ 在区间 $[\alpha,\beta][$ 或 $[\beta,\alpha]]$ 上有连续的导数，且 $\varphi'(t)\neq 0$，

(3) $\varphi(\alpha)=a$，$\varphi(\beta)=b$，

则有

$$\int_a^b f(x)\mathrm{d}x=\int_\alpha^\beta f[\varphi(t)]\varphi'(t)\mathrm{d}t \qquad (5-4)$$

证　由于式 (5-4) 两端积分中的被积函数都是连续的，所以它们的原函数都存在．设 $F(x)$ 是 $f(x)$ 在区间 $[a,b]$ 上的原函数，即 $F'(x)=f(x)$．由复合函数微分法

$$\frac{\mathrm{d}}{\mathrm{d}t}F[\varphi(t)]=f[\varphi(t)]\varphi'(t)$$

可见 $F[\varphi(t)]$ 是 $f[\varphi(t)]\varphi'(t)$ 的原函数．根据微积分基本公式，得

$$\int_\alpha^\beta f[\varphi(t)]\varphi'(t)\mathrm{d}t=F[\varphi(t)]\big|_\alpha^\beta=F[\varphi(\beta)]-F[\varphi(\alpha)]=F(b)-F(a).$$

注　(1) 式 (5-4) 从左往右相当于不定积分中的第二换元法，从右往左相当于不定积分中的第一换元法(此时可以不换元，而直接凑微分)．

(2) 与不定积分换元法不同，定积分在换元后不需要还原，只要把最终的数值计

算出来即可.

（3）采用换元法计算定积分时，如果换元，一定换限；不换元就不换限.

例 1 求定积分 $\int_0^{\frac{\pi}{2}} \sin x \cos x \, dx$.

解 令 $t = \sin x$，则 $dt = \cos x \, dx$. 当 t 由 0 变到 1 时，x 由 0 递增到 $\frac{\pi}{2}$，

于是

$$\int_0^{\frac{\pi}{2}} \sin x \cos x \, dx = \int_0^1 u \, du = \frac{1}{2} u^2 \Big|_0^1 = \frac{1}{2}(1-0) = \frac{1}{2}$$

这类题目用第一换元法，也可以不写出新的积分变量. 若不写出新的积分变量，也就无须换限. 本题可写成

$$\int_0^{\frac{\pi}{2}} \sin x \cos x \, dx = \int_0^{\frac{\pi}{2}} \sin x \, d(\sin x) = \frac{1}{2}(\sin x)^2 \Big|_0^{\frac{\pi}{2}} = \frac{1}{2}(1-0) = \frac{1}{2}$$

例 2 求定积分 $\int_2^4 \dfrac{dx}{x\sqrt{x-1}}$.

解 令 $t = \sqrt{x-1}$，则 $x = 1 + t^2$，$dx = 2t \, dt$. 当 t 由 1 变到 $\sqrt{3}$ 时，x 由 2 递增到 4，

于是

$$\int_2^4 \frac{dx}{x\sqrt{x-1}} = \int_1^{\sqrt{3}} \frac{2t \, dt}{t(1+t^2)} = 2\int_1^{\sqrt{3}} \frac{1}{1+t^2} \, dt = 2\arctan t \Big|_1^{\sqrt{3}} = \frac{\pi}{6}$$

例 3 求定积分 $\int_0^a \sqrt{a^2 - x^2} \, dx$.

解 令 $x = a\sin t$，则 $dx = a\cos t \, dt$. 当 t 由 0 变到 $\frac{\pi}{2}$ 时，x 由 0 递增到 a，

于是

$$\int_0^a \sqrt{a^2 - x^2} \, dx = a^2 \int_0^{\frac{\pi}{2}} \cos^2 t \, dt = \frac{a^2}{2} \int_0^{\frac{\pi}{2}} (1+\cos 2t) \, dt$$

$$= \frac{a^2}{2} \left[t + \frac{1}{2}\sin 2t \right]_0^{\frac{\pi}{2}} = \frac{\pi a^2}{4}$$

例 4 求定积分 $\int_0^{\pi} \sqrt{\sin x - \sin^3 x} \, dx$.

解　因为 $\sqrt{\sin x - \sin^3 x} = \sqrt{\sin x \cos^2 x} = |\cos x| \sqrt{\sin x}$，在 $\left[0, \dfrac{\pi}{2}\right]$ 上，

$|\cos x| = \cos x$；在 $\left[\dfrac{\pi}{2}, \pi\right]$ 上，$|\cos x| = -\cos x$. 于是

$$\int_0^\pi \sqrt{\sin x - \sin^3 x}\, \mathrm{d}x = \int_0^\pi |\cos x| \sqrt{\sin x}\, \mathrm{d}x$$

$$= \int_0^{\frac{\pi}{2}} \sqrt{\sin x}\, \mathrm{d}\sin x - \int_{\frac{\pi}{2}}^\pi \sqrt{\sin x}\, \mathrm{d}\sin x$$

$$= \left[\dfrac{2}{3} \sin^{\frac{3}{2}} x\right]_0^{\frac{\pi}{2}} - \left[\dfrac{2}{3} \sin^{\frac{3}{2}} x\right]_{\frac{\pi}{2}}^\pi = \dfrac{2}{3}(1-0) - \dfrac{2}{3}(0-1)$$

$$= \dfrac{4}{3}$$

例 5　设函数 $y = f(x)$ 在区间 $[-a, a]\ (a > 0)$ 上连续，试证：

(1) $\displaystyle\int_{-a}^a f(x)\, \mathrm{d}x = \int_0^a [f(x) + f(-x)]\, \mathrm{d}x$；

(2) $\displaystyle\int_{-a}^a f(x)\, \mathrm{d}x = \begin{cases} 0, & f(x) \text{ 是奇函数}, \\[2mm] 2\displaystyle\int_0^a f(x)\, \mathrm{d}x, & f(x) \text{ 是偶函数}. \end{cases}$

证　(1) 因为函数 $y = f(x)$ 在 $[-a, a]$ 上连续，所以 $\displaystyle\int_{-a}^a f(x)\, \mathrm{d}x$ 存在，由定积分积分区间的可加性得

$$\int_{-a}^a f(x)\, \mathrm{d}x = \int_{-a}^0 f(x)\, \mathrm{d}x + \int_0^a f(x)\, \mathrm{d}x$$

对上式中的 $\displaystyle\int_{-a}^0 f(x)\, \mathrm{d}x$，设 $x = -t$，则 $\mathrm{d}x = -\mathrm{d}t$，且当 $x = -a$ 时，$t = a$；当 $x = 0$ 时，$t = 0$. 于是

$$\int_{-a}^0 f(x)\, \mathrm{d}x = -\int_a^0 f(-t)\, \mathrm{d}t = \int_0^a f(-t)\, \mathrm{d}t = \int_0^a f(-x)\, \mathrm{d}x$$

所以　　$\displaystyle\int_{-a}^a f(x)\, \mathrm{d}x = \int_0^a [f(x) + f(-x)]\, \mathrm{d}x$

(2) 特别地，当 $y = f(x)$ 是奇函数时，则有 $f(-x) = -f(x)$，于是

$$\int_{-a}^a f(x)\, \mathrm{d}x = \int_{-a}^0 f(x)\, \mathrm{d}x + \int_0^a f(x)\, \mathrm{d}x = -\int_0^a f(x)\, \mathrm{d}x + \int_0^a f(x)\, \mathrm{d}x = 0$$

当 $y = f(x)$ 是偶函数时，则有 $f(-x) = f(x)$，于是

$$\int_{-a}^{a} f(x)\mathrm{d}x = \int_{-a}^{0} f(x)\mathrm{d}x + \int_{0}^{a} f(x)\mathrm{d}x = \int_{0}^{a} f(x)\mathrm{d}x + \int_{0}^{a} f(x)\mathrm{d}x$$

$$= 2\int_{0}^{a} f(x)\mathrm{d}x$$

原式成立.

上题（2）中的结论，我们可从定积分的几何意义上加以理解，如图 5-12 所示. 同时，本题的结论也可当作公式来用，以简化定积分计算.

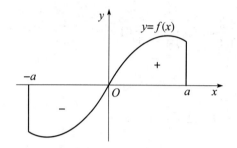 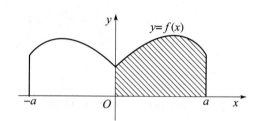

图 5-12

例6 计算下列定积分（1）$\displaystyle\int_{-1}^{1} \frac{\cos x}{1+\mathrm{e}^{x}}\mathrm{d}x$；（2）$\displaystyle\int_{-1}^{1} \frac{x^2+\sin x}{1+x^2}\mathrm{d}x$.

解 （1）根据例 5 中（1）的结论，有

$$\int_{-1}^{1} \frac{\cos x}{1+\mathrm{e}^{x}}\mathrm{d}x = \int_{0}^{1}\left[\frac{\cos x}{1+\mathrm{e}^{x}}+\frac{\cos(-x)}{1+\mathrm{e}^{-x}}\right]\mathrm{d}x = \int_{0}^{1}\left[\frac{\cos x}{1+\mathrm{e}^{x}}+\frac{\cos x}{1+\mathrm{e}^{-x}}\right]\mathrm{d}x$$

$$= \int_{0}^{1}\cos x\left[\frac{1}{1+\mathrm{e}^{x}}+\frac{1}{1+\mathrm{e}^{-x}}\right]\mathrm{d}x = \int_{0}^{1}\cos x\left[\frac{1}{1+\mathrm{e}^{x}}+\frac{\mathrm{e}^{x}}{\mathrm{e}^{x}+1}\right]\mathrm{d}x$$

$$= \int_{0}^{1}\cos x\,\mathrm{d}x = \sin x\,\big|_{0}^{1} = \sin 1$$

（2）$\dfrac{x^2+\sin x}{1+x^2} = \dfrac{x^2}{1+x^2} + \dfrac{\sin x}{1+x^2}$，其中前者是 $[-1,1]$ 上的偶函数，后者是 $[-1,1]$ 上的奇函数. 于是

$$\int_{-1}^{1} \frac{x^2+\sin x}{1+x^2}\mathrm{d}x = \int_{-1}^{1}\left(\frac{x^2}{1+x^2}+\frac{\sin x}{1+x^2}\right)\mathrm{d}x = \int_{-1}^{1}\frac{x^2}{1+x^2}\mathrm{d}x + 0$$

$$= 2\int_{0}^{1}\frac{x^2}{1+x^2}\mathrm{d}x = 2\left(1-\frac{\pi}{4}\right)$$

5.3.2 定积分的分部积分法

定理6 设 $u(x)$，$v(x)$ 在 $[a,b]$ 上具有连续的导数，则

$$\int_a^b u(x)v'(x)\mathrm{d}x = u(x)v(x)\big|_a^b - \int_a^b u'(x)v(x)\mathrm{d}x$$

简记为　　$\displaystyle\int_a^b u\,\mathrm{d}v = (uv)\big|_a^b - \int_a^b v\,\mathrm{d}u$

这就是定积分的分部积分公式. 公式表明原函数已经积出来的部分可以先用上、下限代入.

例 7　求定积分 $\displaystyle\int_0^1 x\mathrm{e}^x\,\mathrm{d}x$.

解　$\displaystyle\int_0^1 x\mathrm{e}^x\,\mathrm{d}x = \int_0^1 x\,\mathrm{d}(\mathrm{e}^x) = x\mathrm{e}^x\big|_0^1 - \int_0^1 \mathrm{e}^x\,\mathrm{d}x = \mathrm{e} - \mathrm{e}^x\big|_0^1$

$$= \mathrm{e} - (\mathrm{e}-1) = 1$$

例 8　求定积分 $\displaystyle\int_0^4 \mathrm{e}^{\sqrt{x}}\,\mathrm{d}x$.

解　令 $\sqrt{x} = t$，则 $x = t^2$，$\mathrm{d}x = 2t\,\mathrm{d}t$，且当 $x=0$ 时，$t=0$；当 $x=4$ 时，$t=2$，于是

$$\int_0^4 \mathrm{e}^{\sqrt{x}}\,\mathrm{d}x = 2\int_0^2 t\mathrm{e}^t\,\mathrm{d}t = 2\int_0^2 t\,\mathrm{d}\mathrm{e}^t = 2\left(\left[t\mathrm{e}^t\right]_0^2 - \int_0^2 \mathrm{e}^t\,\mathrm{d}t\right) = 2(2\mathrm{e}^2 - \left[\mathrm{e}^t\right]_0^2) = 2\mathrm{e}^2 + 2$$

例 9　计算 $\displaystyle\int_{\frac{1}{e}}^{e} |\ln x|\,\mathrm{d}x$.

解　$\displaystyle\int_{\frac{1}{e}}^{e} |\ln x|\,\mathrm{d}x = \int_{\frac{1}{e}}^1 (-\ln x)\,\mathrm{d}x + \int_1^e \ln x\,\mathrm{d}x = \left[-x\ln x\right]_{\frac{1}{e}}^1 + \left[x\right]_{\frac{1}{e}}^1 + \left[x\ln x\right]_1^e -$

$\left[x\right]_1^e = 2 - \dfrac{2}{e}$

例 10　计算 $\displaystyle\int_0^{\frac{\pi}{2}} \mathrm{e}^x \sin x\,\mathrm{d}x$.

解　因为

$$\int_0^{\frac{\pi}{2}} \mathrm{e}^x \sin x\,\mathrm{d}x = \int_0^{\frac{\pi}{2}} \sin x\,\mathrm{d}\mathrm{e}^x = \left[\mathrm{e}^x \sin x\right]_0^{\frac{\pi}{2}} - \int_0^{\frac{\pi}{2}} \mathrm{e}^x \cos x\,\mathrm{d}x = \mathrm{e}^{\frac{\pi}{2}} - \int_0^{\frac{\pi}{2}} \cos x\,\mathrm{d}\mathrm{e}^x$$

$$= \mathrm{e}^{\frac{\pi}{2}} - \left(\left[\mathrm{e}^x \cos x\right]_0^{\frac{\pi}{2}} - \int_0^{\frac{\pi}{2}} \mathrm{e}^x\,\mathrm{d}\cos x\right) = \mathrm{e}^{\frac{\pi}{2}} + 1 - \int_0^{\frac{\pi}{2}} \mathrm{e}^x \sin x\,\mathrm{d}x$$

所以

$$\int_0^{\frac{\pi}{2}} \mathrm{e}^x \sin x\,\mathrm{d}x = \frac{1}{2}(\mathrm{e}^{\frac{\pi}{2}} + 1)$$

例 11 求定积分 $I_n = \int_0^{\frac{\pi}{2}} \sin^n x \, \mathrm{d}x$（$n$ 为非负整数），并用所求结果计算 $\int_0^1 x^3 \sqrt{1-x^2} \, \mathrm{d}x$.

解 （1）对于定积分 $I_n = \int_0^{\frac{\pi}{2}} \sin^n x \, \mathrm{d}x$,

当 $n=0$ 时，$I_0 = \int_0^{\frac{\pi}{2}} \mathrm{d}x = \dfrac{\pi}{2}$

当 $n=1$ 时，$I_1 = \int_0^{\frac{\pi}{2}} \sin x \, \mathrm{d}x = -\cos x \Big|_0^{\frac{\pi}{2}} = 1$

当 $n \geqslant 2$ 时，利用分部积分公式，得

$$I_n = \int_0^{\frac{\pi}{2}} \sin^n x \, \mathrm{d}x = \int_0^{\frac{\pi}{2}} \sin^{n-1} x \sin x \, \mathrm{d}x = -\int_0^{\frac{\pi}{2}} \sin^{n-1} x \, \mathrm{d}(\cos x)$$

$$= -\sin^{n-1} x \cos x \Big|_0^{\frac{\pi}{2}} + \int_0^{\frac{\pi}{2}} \cos x \, \mathrm{d}(\sin^{n-1} x)$$

$$= (n-1) \int_0^{\frac{\pi}{2}} \cos x \sin^{n-2} x \cos x \, \mathrm{d}x$$

$$= (n-1) \int_0^{\frac{\pi}{2}} \cos^2 x \sin^{n-2} x \, \mathrm{d}x$$

$$= (n-1) \int_0^{\frac{\pi}{2}} (1 - \sin^2 x) \sin^{n-2} x \, \mathrm{d}x$$

$$= (n-1) \int_0^{\frac{\pi}{2}} (\sin^{n-2} x - \sin^n x) \, \mathrm{d}x$$

即

$$I_n = (n-1)I_{n-2} - (n-1)I_n$$

所以

$$I_n = \frac{n-1}{n} I_{n-2}$$

利用上面的递推公式，并重复应用它，可得到

$$I_{n-2} = \frac{n-3}{n-2} I_{n-4}, \quad I_{n-4} = \frac{n-5}{n-4} I_{n-6}, \cdots$$

这样一直下去，后一项比前一项少 2，当 n 是奇数时，最后一项是 $I_1 = 1$；当 n

是偶数时，最后一项是 $I_0 = \dfrac{\pi}{2}$，于是

$$I_n = \int_0^{\frac{\pi}{2}} \sin^n x \, \mathrm{d}x = \begin{cases} \dfrac{n-1}{n} \cdot \dfrac{n-3}{n-2} \cdots \dfrac{3}{4} \cdot \dfrac{1}{2} \cdot \dfrac{\pi}{2}, & n \text{ 是正偶数}, I_0 = \dfrac{\pi}{2}. \\[4mm] \dfrac{n-1}{n} \cdot \dfrac{n-3}{n-2} \cdots \dfrac{4}{5} \cdot \dfrac{2}{3}, & n \text{ 是大于 } 1 \text{ 的正奇数}, I_1 = 1. \end{cases}$$

(2) $\displaystyle\int_0^1 x^3 \sqrt{1-x^2} \, \mathrm{d}x \xrightarrow{x = \sin t} \int_0^{\frac{\pi}{2}} (\sin t)^3 \cos t \, \mathrm{d}\sin t = \int_0^{\frac{\pi}{2}} (\sin t)^3 \cos^2 t \, \mathrm{d}t$

$$= \int_0^{\frac{\pi}{2}} \sin^3 t (1 - \sin^2 t) \, \mathrm{d}t = I_3 - I_5 = \frac{2}{3} \times 1 - \frac{4 \times 2}{5 \times 3} \times 1 = \frac{2}{15}$$

注：$\displaystyle\int_0^{\frac{\pi}{2}} \sin^n x \, \mathrm{d}x = \int_0^{\frac{\pi}{2}} \cos^n x \, \mathrm{d}x$.

习题 5 - 3

1. 计算下列定积分：

(1) $\displaystyle\int_0^1 \frac{\mathrm{d}x}{1 + \sqrt{x}}$；

(2) $\displaystyle\int_0^\pi (1 - \sin^3 x) \, \mathrm{d}x$；

(3) $\displaystyle\int_0^\pi \cos^2 x \, \mathrm{d}x$；

(4) $\displaystyle\int_1^{e^2} \frac{\mathrm{d}x}{x \sqrt{1 + \ln x}}$；

(5) $\displaystyle\int_1^{\sqrt{3}} \frac{\mathrm{d}x}{x^2 \sqrt{1 + x^2}}$.

2. 利用函数的奇偶性，求下列积分：

(1) $\displaystyle\int_{-1}^1 \frac{x^3 \sin^2 x}{x^4 + 3x^2 + 1} \, \mathrm{d}x$；

(2) $\displaystyle\int_{-1}^1 \frac{\sin x + (\arctan x)^2}{1 + x^2} \, \mathrm{d}x$.

3. 设 $f(x)$ 在 $[-a, a]$ 上连续，证明：

$$\int_{-a}^a f(x) \, \mathrm{d}x = \int_{-a}^a f(-x) \, \mathrm{d}x.$$

4. 求椭圆 $\dfrac{x^2}{a^2} + \dfrac{y^2}{b^2} = 1$ 的面积.

5. 计算下列定积分：

(1) $\displaystyle\int_0^1 x e^{2x} \, \mathrm{d}x$；

(2) $\displaystyle\int_1^4 \frac{\ln x}{\sqrt{x}} \, \mathrm{d}x$；

(3) $\displaystyle\int_0^{\frac{\pi}{2}} x^2 \cos x \, \mathrm{d}x$；

(4) $\displaystyle\int_{\frac{\pi}{4}}^{\frac{\pi}{3}} \frac{x}{\sin^2 x} \, \mathrm{d}x$；

(5) $\displaystyle\int_0^1 (\arcsin x)^2 \mathrm{d}x$；　　　　　(6) $\displaystyle\int_0^1 \arctan \sqrt{x}\,\mathrm{d}x$；

(7) $\displaystyle\int_1^{\sqrt{3}} \arctan x\,\mathrm{d}x$.

5.4　广义积分

在一些实际问题中，我们常遇到积分区间为无限区间，或者被积函数为无界函数的积分，它们已不属于前面讨论的定积分了．因此，我们把定积分的概念加以推广，通常称其为广义积分或反常积分．相应地，前面所讨论的定积分称为常义积分．

本节将向大家介绍无穷区间上的广义积分和无界函数的广义积分．

5.4.1　无穷区间上的广义积分

引例　求由 x 轴，y 轴以及曲线 $y = \mathrm{e}^{-x}$ 所围的，延伸到无穷远处的图形的面积 A，如图 5 - 13 所示．

分析　要求此面积 A，我们可以分两步来完成：

(1) 先求出由 x 轴，y 轴，曲线 $y = \mathrm{e}^{-x}$ 和 $x = b(b > 0)$ 所围成的曲边梯形的面积 A_b，于是 $A_b = \displaystyle\int_0^b \mathrm{e}^{-x}\mathrm{d}x$，如图 5 - 14 所示．

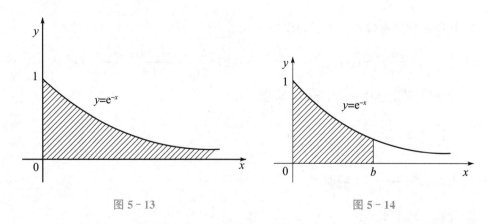

图 5 - 13　　　　　　　　　　　　图 5 - 14

(2) 然后取 $b \to +\infty$ 时的极限，如果该极限存在，则极限值便是我们要求的面积 A，即

$$A = \lim_{b \to +\infty} \int_0^b \mathrm{e}^{-x}\mathrm{d}x$$

这一引例说明确有积分区间为无穷区间的积分，我们称此类积分为无穷限的广义积分，它的计算可以通过积分限趋向于无穷大来得到.

定义 2　设函数 $f(x)$ 在区间 $[a, +\infty)$ 上连续，任取 $b>a$，如果极限 $\lim\limits_{b\to+\infty}\int_0^b f(x)\mathrm{d}x$ 存在，则称该极限值为函数 $f(x)$ 在无穷区间 $[a, +\infty)$ 上的广义积分，记作 $\int_a^{+\infty} f(x)\mathrm{d}x$，即

$$\int_a^{+\infty} f(x)\mathrm{d}x = \lim_{b\to+\infty}\int_a^b f(x)\mathrm{d}x$$

此时，也称广义积分 $\int_a^{+\infty} f(x)\mathrm{d}x$ 收敛；若极限不存在，则称广义积分 $\int_a^{+\infty} f(x)\mathrm{d}x$ 发散.

类似地，我们可以定义函数 $f(x)$ 在 $(-\infty, b]$ 上的广义积分 $\int_{-\infty}^b f(x)\mathrm{d}x$，即

$$\int_{-\infty}^b f(x)\mathrm{d}x = \lim_{a\to-\infty}\int_a^b f(x)\mathrm{d}x$$

若右端极限存在，则称广义积分 $\int_{-\infty}^b f(x)\mathrm{d}x$ 收敛；否则，则称广义积分 $\int_{-\infty}^b f(x)\mathrm{d}x$ 发散.

最后，我们还可以定义函数 $f(x)$ 在 $(-\infty, +\infty)$ 上的广义积分 $\int_{-\infty}^{+\infty} f(x)\mathrm{d}x$，即

$$\int_{-\infty}^{+\infty} f(x)\mathrm{d}x = \int_{-\infty}^c f(x)\mathrm{d}x + \int_c^{+\infty} f(x)\mathrm{d}x$$
$$= \lim_{a\to-\infty}\int_a^c f(x)\mathrm{d}x + \lim_{b\to+\infty}\int_c^b f(x)\mathrm{d}x$$

式中，c 为任意的常数；a 为小于 c 的任意数；b 为大于 c 的任意数. 此广义积分 $\int_{-\infty}^{+\infty} f(x)\mathrm{d}x$ 只有当上述等式中两极限同时存在时才是收敛的，如果有一个极限不存在，则称该广义积分是发散的.

上述积分统称为无穷限的广义积分.

在计算无穷限的广义积分时，为了书写方便，实际运算中常常略去极限符号，形式上接近于牛顿-莱布尼茨公式的格式(只是形式上的). 例如，设 $F(x)$ 是 $f(x)$ 的一

个原函数，记 $F(+\infty) - \lim\limits_{x \to +\infty} F(x)$，$F(-\infty) = \lim\limits_{x \to -\infty} F(x)$，则上述无穷限的广义积分就可以表示成如下的形式

$$\int_a^{+\infty} f(x)\mathrm{d}x = F(x) \big|_a^{+\infty} = F(+\infty) - F(a)$$

$$\int_{-\infty}^b f(x)\mathrm{d}x = F(x) \big|_{-\infty}^b = F(b) - F(-\infty)$$

$$\int_{-\infty}^{+\infty} f(x)\mathrm{d}x = F(x) \big|_{-\infty}^{+\infty} = F(+\infty) - F(-\infty)$$

这时无穷限的广义积分的收敛与发散就取决于极限 $F(+\infty)$，$F(-\infty)$ 是否存在.

例 1　计算 $\int_0^{+\infty} \mathrm{e}^{-x}\mathrm{d}x$.

解　$\int_0^{+\infty} \mathrm{e}^{-x}\mathrm{d}x = \lim\limits_{b \to +\infty} \int_0^b \mathrm{e}^{-x}\mathrm{d}x = \lim\limits_{b \to +\infty} \left[-\mathrm{e}^{-x}\right]_0^b = \lim\limits_{b \to +\infty} (-\mathrm{e}^{-b} + 1) = 1$

例 2　讨论广义积分 $\int_e^{+\infty} \dfrac{1}{x\ln x}\mathrm{d}x$ 的敛散性.

解　因为 $\int_e^{+\infty} \dfrac{1}{x\ln x}\mathrm{d}x = \int_e^{+\infty} \dfrac{1}{\ln x}\mathrm{d}(\ln x) = \ln |\ln x| \big|_e^{+\infty} = +\infty$

所以，广义积分 $\int_e^{+\infty} \dfrac{1}{x\ln x}\mathrm{d}x$ 是发散的.

例 3　计算广义积分 $\int_{-\infty}^{+\infty} \dfrac{\mathrm{d}x}{1+x^2}$.

解　$\int_{-\infty}^{+\infty} \dfrac{1}{1+x^2}\mathrm{d}x = \arctan x \big|_{-\infty}^{+\infty} = \lim\limits_{x \to +\infty} \arctan x - \lim\limits_{x \to -\infty} \arctan x$

$$= \frac{\pi}{2} - \left(-\frac{\pi}{2}\right) = \pi$$

这个反常积分值的几何意义：当 $a \to -\infty$，$b \to +\infty$ 时，虽然图 5-15 中阴影部分向左、右无限延伸，但其面积却有极限值 π. 简单地说，它是位于曲线 $y = \dfrac{1}{1+x^2}$ 的下方，x 轴上方的图形面积.

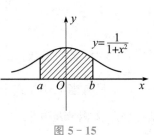

图 5-15

例 4　讨论广义积分 $\int_a^{+\infty} \dfrac{1}{x^p}\mathrm{d}x (a > 0)$ 的敛散性.

解 （1）当 $p<1$ 时，$\int_a^{+\infty}\dfrac{1}{x^p}\mathrm{d}x=\dfrac{1}{1-p}x^{1-p}\Big|_a^{+\infty}=+\infty$，此时广义积分发散；

（2）当 $p=1$ 时，$\int_a^{+\infty}\dfrac{1}{x}\mathrm{d}x=\ln x\,|_a^{+\infty}=+\infty$，此时广义积分发散；

（3）当 $p>1$ 时，$\int_a^{+\infty}\dfrac{1}{x^p}\mathrm{d}x=\dfrac{1}{1-p}x^{1-p}\Big|_a^{+\infty}=0-\dfrac{1}{1-p}a^{1-p}=\dfrac{1}{p-1}a^{1-p}$，此时广义积分收敛.

因此，当 $p>1$ 时，广义积分 $\int_a^{+\infty}\dfrac{1}{x^p}\mathrm{d}x$ 收敛，其值为 $\dfrac{a^{1-p}}{p-1}$；当 $p\leqslant1$ 时，该广义积分发散.

5.4.2 无界函数的广义积分

现在我们把定积分推广到被积函数为无界函数的情形.

定义3 如果函数 $f(x)$ 在点 a 的任一邻域内都无界，则称点 a 为函数 $f(x)$ 的瑕点.

定义4 设函数 $f(x)$ 在区间 $(a,b]$ 上连续，点 a 为 $f(x)$ 的瑕点. 取 $a<t<b$，如果极限 $\lim\limits_{t\to a^+}\int_t^b f(x)\mathrm{d}x$ 存在，则称此极限为函数 $f(x)$ 在区间 $(a,b]$ 上的广义积分，记作

$$\int_a^b f(x)\mathrm{d}x=\lim_{t\to a^+}\int_t^b f(x)\mathrm{d}x$$

这时称广义积分 $\int_a^b f(x)\mathrm{d}x$ 收敛；如果上述极限不存在，称广义积分 $\int_a^b f(x)\mathrm{d}x$ 发散.

类似地，设函数 $f(x)$ 在区间 $[a,b)$ 上连续，点 b 为 $f(x)$ 的瑕点. 取 $a<t<b$，如果极限 $\lim\limits_{t\to b^-}\int_a^t f(x)\mathrm{d}x$ 存在，则称此极限为函数 $f(x)$ 在区间 $[a,b)$ 上的广义积分，记作

$$\int_a^b f(x)\mathrm{d}x=\lim_{t\to b^-}\int_a^t f(x)\mathrm{d}x$$

这时称广义积分 $\int_a^b f(x)\mathrm{d}x$ 收敛；如果上述极限不存在，称广义积分 $\int_a^b f(x)\mathrm{d}x$ 发散.

设函数 $f(x)$ 在区间 $[a, b]$ 上除点 $c(a<c<b)$ 外连续，点 c 为 $f(x)$ 的瑕点. 如果两个广义积分 $\int_a^c f(x)\mathrm{d}x$ 和 $\int_c^b f(x)\mathrm{d}x$ 都收敛，则定义

$$\int_a^b f(x)\mathrm{d}x = \int_a^c f(x)\mathrm{d}x + \int_c^b f(x)\mathrm{d}x = \lim_{t\to c^-}\int_a^t f(x)\mathrm{d}x + \lim_{t\to c^+}\int_t^b f(x)\mathrm{d}x$$

这时称广义积分 $\int_a^b f(x)\mathrm{d}x$ 收敛；否则，就称广义积分 $\int_a^b f(x)\mathrm{d}x$ 发散.

无界函数的广义积分又称为瑕积分.

计算无界函数的广义积分，也可借助于牛顿-莱布尼茨公式.

设 $x=a$ 为 $F(x)$ 是 $f(x)$ 在 $(a, b]$ 上的原函数，a 是瑕点，则有

$$\int_a^b f(x)\mathrm{d}x = \lim_{t\to a^+}\int_t^b f(x)\mathrm{d}x = \lim_{t\to a^+}[F(b)-F(t)] = F(b)-\lim_{t\to a^+}F(t)$$
$$= F(b)-F(a+0) = F(x)\big|_a^b$$

类似地，若 b 是瑕点，则有

$$\int_a^b f(x)\mathrm{d}x = \lim_{t\to b^-}\int_a^t f(x)\mathrm{d}x = \lim_{t\to b^-}[F(t)-F(a)] = \lim_{t\to b^-}F(t)-F(a)$$
$$= F(b-0)-F(a) = F(x)\big|_a^b$$

例 5　计算广义积分 $\int_0^a \dfrac{\mathrm{d}x}{\sqrt{a^2-x^2}}(a>0)$.

解　因为 $\lim\limits_{x\to a^-}\dfrac{1}{\sqrt{a^2-x^2}}=+\infty$，所以 $x=a$ 为被积函数的瑕点，于是

$$\int_0^a \frac{\mathrm{d}x}{\sqrt{a^2-x^2}} = \arcsin\frac{x}{a}\Big|_0^a = \lim_{x\to a^-}\arcsin\frac{x}{a}-0 = \frac{\pi}{2}$$

例 6　讨论广义积分 $\int_{-1}^1 \dfrac{1}{x^2}\mathrm{d}x$ 的敛散性.

解　显然 $x=0$ 是被积函数的瑕点，因此把积分分为两部分，即

$$\int_{-1}^1 \frac{1}{x^2}\mathrm{d}x = \int_{-1}^0 \frac{1}{x^2}\mathrm{d}x + \int_0^1 \frac{1}{x^2}\mathrm{d}x$$

由于

$$\int_{-1}^0 \frac{1}{x^2}\mathrm{d}x = -\frac{1}{x}\Big|_{-1}^0 = \lim_{x\to 0^-}\left(-\frac{1}{x}\right)-1 = +\infty$$

所以广义积分 $\int_{-1}^{1} \dfrac{1}{x^2} \mathrm{d}x$ 发散.

例 7 讨论 $\int_{0}^{2} \dfrac{1}{(x-1)^2} \mathrm{d}x$ 的敛散性.

解 由于 $x=1$ 是被积函数的瑕点, 所以

$$\int_{0}^{2} \frac{1}{(x-1)^2} \mathrm{d}x = \int_{0}^{1} \frac{1}{(x-1)^2} \mathrm{d}x + \int_{1}^{2} \frac{1}{(x-1)^2} \mathrm{d}x$$

又 $$\int_{1}^{2} \frac{1}{(x-1)^2} \mathrm{d}x = \left[-\frac{1}{x-1} \right]_{1}^{2} = -1 + \lim_{x \to 1^{+}} \frac{1}{x-1} = +\infty$$

广义积分 $\int_{1}^{2} \dfrac{1}{(x-1)^2} \mathrm{d}x$ 是发散的, 因此广义积分 $\int_{0}^{2} \dfrac{1}{(x-1)^2} \mathrm{d}x$ 是发散的.

注意 对于上题下面的解法是错误的, 即

$$\int_{0}^{2} \frac{1}{(x-1)^2} \mathrm{d}x = \left(-\frac{1}{x-1} \right) \Big|_{0}^{2} = -2$$

想一想, 为什么是错误的?

例 8 证明广义积分 $\int_{0}^{1} \dfrac{1}{x^p} \mathrm{d}x$, 当 $0 < p < 1$ 时是收敛; 当 $p \geqslant 1$ 时发散.

证 因为 $x=0$ 是被积函数的瑕点, 于是有

(1) 当 $0 < p < 1$ 时, 有

$$\int_{0}^{1} \frac{1}{x^p} \mathrm{d}x = \frac{1}{1-p} x^{1-p} \Big|_{0}^{1} = \frac{1}{1-p} - \frac{1}{1-p} \lim_{x \to 0^{+}} x^{1-p} = \frac{1}{1-p}$$

此时广义积分是收敛的;

(2) 当 $p=1$ 时, 有

$$\int_{0}^{1} \frac{1}{x^p} \mathrm{d}x = \int_{0}^{1} \frac{1}{x} \mathrm{d}x = \ln x \Big|_{0}^{1} = 0 - \lim_{x \to 0^{+}} \ln x = \infty$$

此时广义积分是发散的;

(3) 当 $p > 1$ 时, 有

$$\int_{0}^{1} \frac{1}{x^p} \mathrm{d}x = \frac{1}{1-p} x^{1-p} \Big|_{0}^{1} = \frac{1}{1-p} - \frac{1}{1-p} \lim_{x \to 0^{+}} x^{1-p} = \infty$$

此时广义积分是发散的.

综上所述，广义积分 $\int_0^1 \dfrac{1}{x^p}dx$，当 $0<p<1$ 时收敛，其值为 $\dfrac{1}{1-p}$；当 $p\geqslant 1$ 时发散.

习题 5 - 4

1. 计算下列广义积分：

(1) $\displaystyle\int_1^{+\infty} \dfrac{1}{x^3}dx$；

(2) $\displaystyle\int_0^{+\infty} e^{3x}dx$；

(3) $\displaystyle\int_0^{+\infty} x e^{-x^2}dx$；

(4) $\displaystyle\int_1^{+\infty} \dfrac{\ln x}{x^2}dx$；

(5) $\displaystyle\int_{-1}^1 \dfrac{1}{\sqrt{1-x^2}}dx$；

(6) $\displaystyle\int_0^1 \ln x\,dx$；

(7) $\displaystyle\int_1^2 \dfrac{1}{(x-1)^a}dx(0<a<1)$；

(8) $\displaystyle\int_{-\infty}^{+\infty} \dfrac{1}{x^2+2x+2}dx$.

2. 判断下列广义积分的敛散性，收敛的求出值：

(1) $\displaystyle\int_{-\infty}^0 \dfrac{dx}{2-x}$；

(2) $\displaystyle\int_0^2 \dfrac{1}{x^2}dx$；

(3) $\displaystyle\int_0^{+\infty} \sin x\,dx$；

(4) $\displaystyle\int_{-1}^1 \dfrac{1}{\sqrt{1-x^2}}dx$.

5.5　定积分的应用

定积分在自然科学和社会科学中都有大量的应用，在本节中，我们将利用定积分解决一些几何和物理问题，通过这些问题的讨论，我们不仅要建立一些实用的公式，更重要的是介绍运用微元法将一个量表达成定积分的分析方法，然后利用它解决一些实际的求几何量和物理量的计算问题.

5.5.1　微元法

根据定积分的定义

$$\int_a^b f(x)\mathrm{d}x = \lim_{\lambda \to 0}\sum_{i=1}^n f(\xi_i)\Delta x_i$$

可以发现：被积表达式 $f(x)\mathrm{d}x$ 与 $f(\xi_i)\Delta x_i$ 类似，因此定积分实际上是无限细分后再累加的过程.

在 5.1 小节中，我们从分析解决曲边梯形的面积和变速直线运动的路程问题入手，引入了定积分的概念. 从这两个问题可以看出，用定积分计算的量 F（如面积 A、路程 S 等）具有以下三个特点：

(1) 所求量 F 是与一个变量 x 的变化区间 $[a, b]$ 有关的量；

(2) F 对区间 $[a, b]$ 具有可加性，即 F 是确定于区间 $[a, b]$ 上的总量，当把 $[a, b]$ 分成许多小区间时，总量 F 等于各部分量 ΔF_i 之和；

(3) 在 $[a, b]$ 的许多小区间中，$[x, x+\mathrm{d}x]$ 上对应的部分量 ΔF 的近似值可表示为 $f(x)\mathrm{d}x$.（这里改变引例中变量的记号，任取的小区间换为 $[x, x+\mathrm{d}x]$，ξ_i 换为 x，Δx_i 换为 $\mathrm{d}x$.）

通常把 $f(x)\mathrm{d}x$ 称为量 F 的元素，记作 $\mathrm{d}F$，即

$$\mathrm{d}F = f(x)\mathrm{d}x$$

在解决具体问题时，用定积分计算所求量 F 的步骤是：

(1) 选取一个积分变量 x，并确定积分区间 $[a, b]$；

(2) 在 $[a, b]$ 上任取一个区间 $[x, x+\mathrm{d}x]$，求出相应于这个小区间的部分量 ΔF 的近似值，即元素 $\mathrm{d}F = f(x)\mathrm{d}x$；

(3) 将元素 $\mathrm{d}F$ 在 $[a, b]$ 上积分，即得

$$F = \int_a^b f(x)\mathrm{d}x$$

用上述步骤解决问题的方法称为定积分的元素法（或微元法）.

这样，在 5.1 小节曲边梯形的面积问题中，面积元素 $\mathrm{d}A = f(x)\mathrm{d}x$，面积 $A = \int_a^b f(x)\mathrm{d}x$；在变速直线运动的路程问题中，路程元素 $\mathrm{d}S = v(t)\mathrm{d}t$，路程 $S = \int_{T_1}^{T_2} v(t)\mathrm{d}t$.

5.5.2 定积分在几何上的应用

1. 平面图形的面积

(1)直角坐标系中的平面图形的面积.

在平面直角坐标系中求由曲线 $y=f(x)$，$y=g(x)$ 和直线 $x=a$，$x=b$ 围成图形的面积 A，其中函数 $f(x)$，$g(x)$ 在区间 $[a,b]$ 上连续，且 $f(x) \geqslant g(x)$，如图 5-16 所示.

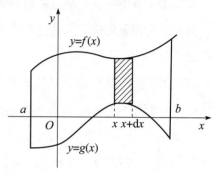

图 5-16

在区间 $[a,b]$ 上任取代表区间 $[x,x+\mathrm{d}x]$，在区间两个端点处作垂直于 x 轴的直线，由于 $\mathrm{d}x$ 非常小，这样介于两条直线之间的图形可以近似看成矩形，因此面积微元可表达为

$$\mathrm{d}A = [f(x) - g(x)]\mathrm{d}x$$

于是，所求面积为

$$A = \int_a^b [f(x) - g(x)]\mathrm{d}x$$

若 $f(x) \leqslant g(x)$，则有 $A = \int_a^b [g(x) - f(x)]\mathrm{d}x$.

综合以上两种情况，由 $y=f(x)$，$y=g(x)$，$x=a$ 以及 $x=b$ 围成图形的面积为

$$A = \int_a^b |f(x) - g(x)|\mathrm{d}x$$

同样地，由曲线 $x=\psi_1(y)$，$x=\psi_2(y)$ 和直线 $y=c$，$y=d\,(c \leqslant d)$ 围成图形（见图 5-17）的面积为

$$A = \int_c^d |\psi_2(y) - \psi_1(y)|\mathrm{d}y$$

例 1 求由两抛物线 $y=x^2$ 与 $y^2=x$ 所围成图形的面积 A.

解 由方程组 $\begin{cases} y^2=x \\ y=x^2 \end{cases}$ 得到两曲线的交点为 $(0，0)$ 和 $(1，1)$，两曲线围成的图形

如图 5 - 18 所示.

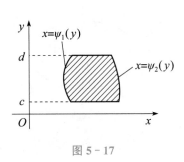

图 5 - 17

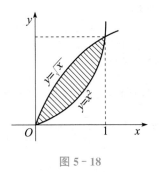

图 5 - 18

则所求面积 A 为

$$A = \int_0^1 [\sqrt{x} - x^2] \mathrm{d}x = \left(\frac{2}{3} x^{\frac{3}{2}} - \frac{1}{3} x^3 \right) \Big|_0^1 = \frac{1}{3}$$

注　本题也可以选 y 作积分变量, 所求面积为

$$A = \int_0^1 [\sqrt{y} - y^2] \mathrm{d}y = \left(\frac{2}{3} y^{\frac{3}{2}} - \frac{1}{3} y^3 \right) \Big|_0^1 = \frac{1}{3}$$

例 2　求由抛物线 $y^2 = 2x$ 与直线 $y = x - 4$ 所围成图形的面积 A.

解　解方程组 $\begin{cases} y^2 = 2x \\ y = x - 4 \end{cases}$ 得到抛物线与直线的交点

为 $(2, -2)$ 和 $(8, 4)$, 抛物线与直线围成的图形如图 5 - 19 所示.

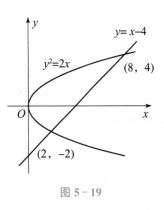

图 5 - 19

从图形可以看出, 若选 x 为积分变量, x 的取值范围是 $[0, 8]$, 但在直线 $x = 0$ 与 $x = 8$ 之间有三条曲线, 因此需要用直线 $x = 2$ 将图形分成两部分, 所求面积是两部分面积的和, 进而求两个定积分的和, 显然比较麻烦. 因此, 选 y 作为积分变量, 所以所求面积 A 为

$$A = \int_{-2}^4 \left[(y + 4) - \frac{1}{2} y^2 \right] \mathrm{d}y = \left(\frac{y^2}{2} + 4y - \frac{1}{6} y^3 \right) \Big|_{-2}^4 = 18$$

由例 2 可以看出, 积分变量的选择很重要, 合适的选择将简化计算.

例 3　求椭圆 $\begin{cases} x = a\cos t, \\ y = b\sin t, \end{cases}$ $(a > 0, \ b > 0)$ 所围图形的面积.

解 因图形是一中心对称图形（见图 5-20），所以所求面积 A 为

$$A = 4\int_0^a y\,\mathrm{d}x$$

将 $x=a\cos t$，$y=b\sin t$，$\mathrm{d}x=-a\sin t\,\mathrm{d}t$ 代入，且 $x=0$ 时，$t=\dfrac{\pi}{2}$，$x=a$ 时，$t=0$，于是

$$A = 4\int_0^a y\,\mathrm{d}x = 4\int_{\frac{\pi}{2}}^0 b\sin t\,(-a\sin t)\,\mathrm{d}t =$$

$$4ab\int_0^{\frac{\pi}{2}} \sin^2 t\,\mathrm{d}t = 4ab\cdot\frac{1}{2}\cdot\frac{\pi}{2} = \pi ab$$

特别地，当 $a=b=R$ 时，得到半径为 R 的圆的面积 $A=\pi R^2$.

遇到曲线用参数方程 $x=\varphi(t)$，$y=\psi(t)$ 表示时，都可用上述方法处理，即作变量代换 $x=\varphi(t)$，$y=\psi(t)$.

（2）极坐标中的平面图形的面积.

某些平面图形，用极坐标来计算它们的面积比较方便.

设曲线由 $\rho=\rho(\theta)$ 表示，求由曲线 $\rho=\rho(\theta)$ 及射线 $\theta=\alpha$，$\theta=\beta$ 所围图形（见图 5-21）的面积. 此类图形称为曲边扇形.

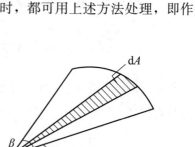

图 5-21

现在要计算它的面积. 这里 $\rho=\rho(\theta)$ 在 $[\alpha,\beta]$ 上连续，且 $\rho(\theta)\geqslant 0$，$0<\alpha-\beta\leqslant 2\pi$.

由于当 θ 在 $[\alpha,\beta]$ 上变动时，极径 $\rho=\rho(\theta)$ 也随之变动，因此所求的图形的面积不能直接利用扇形面积公式 $A=\dfrac{1}{2}R^2\theta$ 来计算.

取极角 θ 为积分变量，它的变化区间为 $[\alpha,\beta]$. 相应于任一小区间 $[\theta,\theta+\mathrm{d}\theta]$ 的窄曲边扇形的面积可以用半径为 $\rho=\rho(\theta)$，中心角为 $\mathrm{d}\theta$ 的扇形面积来近似代替，从而得到这窄曲边扇形面积的近似值，即曲边扇形的面积元素

$$\mathrm{d}A = \frac{1}{2}\rho^2(\theta)\,\mathrm{d}\theta$$

以 $\dfrac{1}{2}\rho^2(\theta)\,\mathrm{d}\theta$ 为被积表达式，在闭区间 $[\alpha,\beta]$ 上作定积分，便得到所求曲边扇形

的面积

$$A = \frac{1}{2}\int_{\alpha}^{\beta}\rho^2(\theta)\mathrm{d}\theta$$

例 4 计算心形线 $\rho = a(1+\cos\theta)(a>0)$ 所围图形的面积.

解 心形线所围成的图形如图 5–22 所示，这个图形对称于极轴，因此所求图形的面积 A 是极轴以上部分图形面积 A_1 的两倍.

对于极轴以上部分的图形，θ 的变化区间为 $[0，\pi]$. 相应于 $[0，\pi]$ 上任一小区间 $[\theta，\theta+\mathrm{d}\theta]$ 的窄曲边扇形的面积近似于半径为 $a(1+\cos\theta)$，中心角为 $\mathrm{d}\theta$ 的扇形面积. 从而得到面积元素

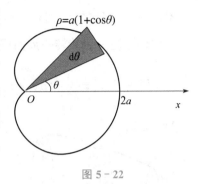

图 5–22

$$\mathrm{d}A = \frac{1}{2}\rho^2(\theta)\mathrm{d}\theta = \frac{1}{2}a^2(1+\cos\theta)^2\mathrm{d}\theta$$

所以

$$A = 2A_1 = \int_0^{\pi}a^2(1+\cos\theta)^2\mathrm{d}\theta$$

$$= a^2\int_0^{\pi}\left[\frac{3}{2}+2\cos\theta+\frac{1}{2}\cos2\theta\right]\mathrm{d}\theta$$

$$= a^2\left[\frac{3}{2}\theta+2\sin\theta+\frac{1}{4}\sin2\theta\right]_0^{\pi}$$

$$= \frac{3}{2}\pi a^2$$

2. 体积

(1) 旋转体的体积.

由一个平面图形绕这平面内一条直线旋转一周而成的立体称为旋转体，这条直线称为旋转轴，如圆柱、圆锥、圆台、球体都是旋转体.

设一旋转体由连续曲线 $y=f(x)$，直线 $x=a$，$x=b$ 及 x 轴所围成的曲边梯形绕 x 轴旋转一周而成(见图 5–23)，下面来求它的体积 V_x.

取 x 为积分变量，变化区间为 $[a，b]$，任取小区间 $[x，x+\mathrm{d}x]\subset[a，b]$，相应于小区间 $[x，x+\mathrm{d}x]$ 上的旋转体薄片的体积可近似地看作以 $f(x)$ 为底面半径，$\mathrm{d}x$ 为高的扁圆柱体的体积，即体积微元

$$\mathrm{d}V_x = \pi[f(x)]^2\mathrm{d}x$$

将体积微元作为被积表达式，就可以得到所求旋转体的体积公式

$$V_x = \int_a^b \pi[f(x)]^2\mathrm{d}x = \pi\int_a^b[f(x)]^2\mathrm{d}x$$

类似地，如图 5-24 所示，由连续曲线 $x-\varphi(y)$，直线 $y=c$，$y=d$ 及 y 轴所围成的曲边梯形绕 y 轴旋转一周而成的旋转体，其体积公式为

$$V_y = \int_c^d \pi[\varphi(y)]^2\mathrm{d}y = \pi\int_c^d[\varphi(y)]^2\mathrm{d}y$$

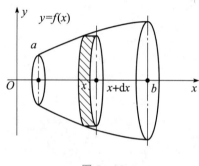
图 5-23

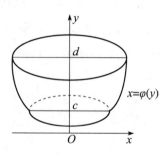
图 5-24

例 5 如图 5-25，连接坐标原 O 点及 $P(h,r)$ 点的直线，直线 $x=h$ 及 x 轴围成一个直角三角形. 将它绕 x 轴旋转一周构成一个底半径为 r，高为 h 的圆锥体. 计算这个圆锥体的体积.

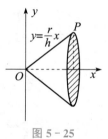
图 5-25

解 过 OP 的直线方程为 $y=\dfrac{r}{h}x$，取 x 为积分变量，变化区间为 $[0,h]$. 任取小区间 $[x,x+\mathrm{d}x]\subset[0,h]$，相应于该小区间上的旋转体薄片的体积近似于底半径为 $\dfrac{r}{h}x$，高为 $\mathrm{d}x$ 的圆柱体的体积，即体积微元为

$$\mathrm{d}V = \pi\left[\frac{r}{h}x\right]^2\mathrm{d}x$$

故所求体积为 $V = \int_0^h \pi\left[\dfrac{r}{h}x\right]^2\mathrm{d}x = \dfrac{\pi r^2 h}{3}$

例 6 计算由椭圆 $\dfrac{x^2}{a^2}+\dfrac{y^2}{b^2}=1$ 所围成的图形分别绕 x 轴、y 轴旋转一周而成的旋转体（旋转椭球体）的体积.

解　当绕 x 轴旋转时，如图 5-26 所示，旋

转椭球体可以看作上半椭圆 $y=\dfrac{b}{a}\sqrt{a^2-x^2}$ 绕 x

轴旋转而成的. 取 x 为积分变量，根据公式 $V_x=$

$\pi\displaystyle\int_a^b\left[f(x)\right]^2\mathrm{d}x$，得

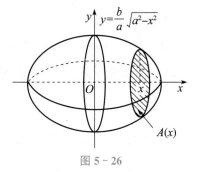

图 5-26

$$V_x=\int_{-a}^a\pi\frac{b^2}{a^2}(a^2-x^2)\mathrm{d}x=\frac{2\pi b^2}{a^2}\int_0^a(a^2-$$

$$x^2)\mathrm{d}x=\frac{2\pi b^2}{a^2}\left[a^2x-\frac{x^3}{3}\right]_0^a$$

$$=\frac{4}{3}\pi ab^2$$

同理，当绕 y 轴旋转时，根据公式 $V_y=\displaystyle\int_c^d\pi\left[\varphi(y)\right]^2\mathrm{d}y$，得

$$V_y=\int_{-b}^b\pi\frac{a^2}{b^2}(b^2-y^2)\mathrm{d}y=\frac{2\pi a^2}{b^2}\int_0^b(b^2-y^2)\mathrm{d}y=\frac{2\pi a^2}{b^2}\left(b^2y-\frac{y^3}{3}\right)\Big|_0^b$$

$$=\frac{4}{3}\pi a^2b$$

特别地，当 $a=b=R$ 时，可得半径为的球体的体积 $V=\dfrac{4}{3}\pi R^3$.

设一旋转体由连续曲线 $y=f(x)$，直线 $x=a(a\geqslant0)$，$x=b$ 及 x 轴所围成的曲
边梯形绕 y 轴旋转一周而成，则其体积为

$$V=2\pi\int_a^b x\left|f(x)\right|\mathrm{d}x$$

（2）平行截面面积为已知的立体体积.

如果一个立体不是旋转体，但却知道该
立体垂直于一定轴的各个截面面积，那么这
个立体的体积也可用定积分来计算.

如图 5-27 所示，取上述定轴为 x 轴，
并设该立体在过点 $x=a$，$x=b$ 且垂直于 x
轴的两个平行平面之间，并设过任意一点 x
的截面面积为 $A(x)$，这里 $A(x)$ 是连续函

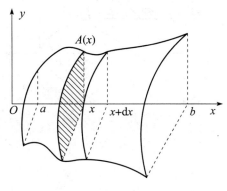

图 5-27

数，求该立体的体积.

取 x 为积分变量，变化区间为$[a，b]$，任取$[x，x+\mathrm{d}x]\subset[a，b]$，相应于该小区间的薄片近似的看作一个小扁柱体，其底面积为 $A(x)$，高为 $\mathrm{d}x$，则体积微元为

$$\mathrm{d}V=A(x)\mathrm{d}x$$

从而，在闭区间$[a，b]$上作定积分便得到所求立体的体积为

$$V=\int_a^b A(x)\mathrm{d}x$$

例7 一平面经过半径为 R 的圆柱体的底圆中心并与底面交成 α 角，计算该平面截圆柱体所得立体的体积.

解 如图 5-28(a)所示，建立平面直角坐标系，则底圆方程为 $x^2+y^2=R^2$.

取 x 为积分变量，变化区间为$[-R，R]$，过区间上任一点 x 且垂直于 x 轴的截面是一个直角三角形. 两条直角边的长分别为$\sqrt{R^2-x^2}$ 及 $\sqrt{R^2-x^2}\tan\alpha$，所以截面面积

$$A(x)=\frac{1}{2}(R^2-x^2)\tan\alpha$$

于是所求立体体积为

$$V=\tan\alpha\frac{1}{2}\int_{-R}^R (R^2-x^2)\mathrm{d}x=\frac{2}{3}R^3\tan\alpha$$

此例也可以选取 y 作为积分变量，如图 5-28(b)所示，计算过程请读者自行完成.

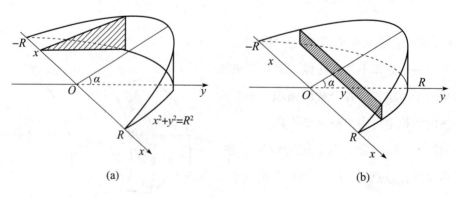

图 5-28

3. 平面曲线的弧长

如果平面中的光滑曲线弧是可求长的, 计算曲线弧的长度问题, 也可用微元法来解决.

(1) 直角坐标方程情形.

设曲线的方程为 $y=f(x)$, $x\in[a,b]$, $f(x)$ 具有一阶连续的导数, 如图 5-29 所示. 则由弧微分公式知

$$\mathrm{d}s=\sqrt{1+y'^2}\,\mathrm{d}x$$

曲线 $y=f(x)$ 对应于 $a\leqslant x\leqslant b$ 上的一段弧的长度为

$$s=\int_a^b\sqrt{1+y'^2}\,\mathrm{d}x$$

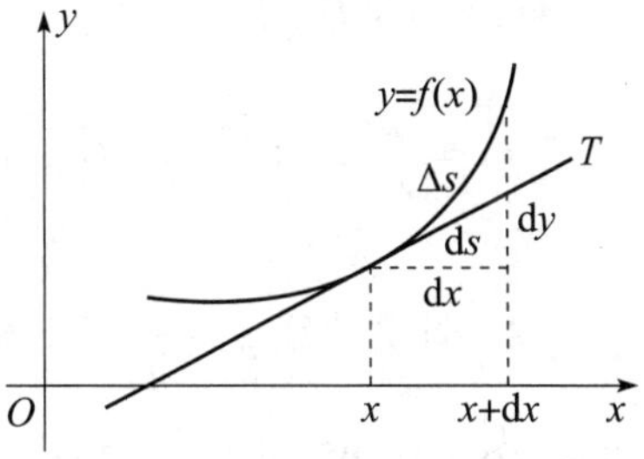

图 5-29

(2) 参数方程情形.

若曲线为参数方程

$$\begin{cases}x=\varphi(t)\\y=\psi(t)\end{cases}\quad(\alpha\leqslant t\leqslant\beta)$$

式中, $\varphi(t)$, $\psi(t)$ 在 $[\alpha,\beta]$ 上具有连续导数. 则由弧微分公式知

$$\begin{aligned}\mathrm{d}s&=\sqrt{(\mathrm{d}x)^2+(\mathrm{d}y)^2}=\sqrt{\varphi'^2(t)(\mathrm{d}t)^2+\psi'^2(t)(\mathrm{d}t)^2}\\&=\sqrt{\varphi'^2(t)+\psi'^2(t)}\,\mathrm{d}t\,(\mathrm{d}t>0)\end{aligned}$$

于是 $\alpha\leqslant t\leqslant\beta$ 对应的弧长为

$$s=\int_\alpha^\beta\sqrt{\varphi'^2(t)+\psi'^2(t)}\,\mathrm{d}t$$

(3) 极坐标方程情形.

如果曲线弧由极坐标方程 $\rho=\rho(\theta)(\alpha\leqslant\theta\leqslant\beta)$ 给出, 其中 $\rho(\theta)$ 在 $[\alpha,\beta]$ 上具有连续导数, 则可把极坐标方程转化为参数方程

$$\begin{cases}x=\rho(\theta)\cos\theta\\y=\rho(\theta)\sin\theta\end{cases}\quad(\alpha\leqslant\theta\leqslant\beta)$$

此时

$$dx = [\rho'(\theta)\cos\theta - \rho(\theta)\sin\theta]d\theta$$

$$dy = [\rho'(\theta)\sin\theta + \rho(\theta)\cos\theta]d\theta$$

从而得到弧微分

$$ds = \sqrt{(dx)^2 + (dy)^2} = \sqrt{\rho^2(\theta) + \rho'^2(\theta)}\, d\theta\, (d\theta > 0)$$

所以 $\alpha \leqslant \theta \leqslant \beta$ 对应的弧长为

$$s = \int_\alpha^\beta \sqrt{\rho^2(\theta) + \rho'^2(\theta)}\, d\theta$$

例 8　计算曲线 $y = \dfrac{2}{3}x^{\frac{3}{2}}$ 上相应于 x 从 a 到 b 的一段弧的长度（见图 5 - 30）.

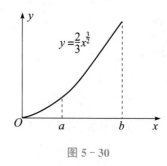

图 5 - 30

解　因为 $y' = x^{\frac{1}{2}}$，则弧微分为

$$ds = \sqrt{1 + y'^2}\, dx = \sqrt{1 + x}\, dx$$

从而

$$s = \int_a^b \sqrt{1 + x}\, dx = \frac{2}{3}\left[(1+b)^{\frac{3}{2}} - (1+a)^{\frac{3}{2}}\right]$$

例 9　计算摆线 $\begin{cases} x = a(t - \sin t) \\ y = a(1 - \cos t) \end{cases}$ $(a > 0)$ 的一拱 $(0 \leqslant t \leqslant 2\pi)$ 的长度（见图 5 - 31）.

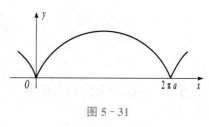

图 5 - 31

解　当 $0 \leqslant t \leqslant 2\pi$ 时，$0 \leqslant \dfrac{t}{2} \leqslant \pi$，从而 $\sin\dfrac{t}{2} > 0$. 所以弧微分为

$$ds = \sqrt{a^2(1 - \cos t)^2 + a^2 \sin^2 t}\, dt = a\sqrt{2(1 - \cos t)}\, dt = 2a\sin\frac{t}{2}dt$$

从而弧长为

$$s = \int_0^{2\pi} 2a\sin\frac{t}{2}dt = 2a\left[-2\cos\frac{t}{2}\right]_0^{2\pi} = 8a$$

例 10　求阿基米德螺线 $\rho=a\theta(a>0)$ 相应于 θ 从 0 到 2π 一段(见图 5 - 32)的弧长.

解　弧长元素为

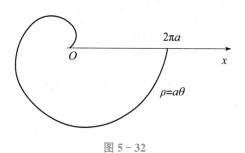

$$ds = \sqrt{\rho^2(\theta)+\rho'^2(\theta)}\,d\theta$$
$$= \sqrt{a^2\theta^2+a^2}\,d\theta$$
$$= a\sqrt{1+\theta^2}\,d\theta$$

于是所求弧长为

图 5 - 32

$$s = a\int_0^{2\pi}\sqrt{1+\theta^2}\,d\theta$$
$$= \frac{a}{2}\left[2\pi\sqrt{1+4\pi^2}+\ln(2\pi+\sqrt{1+4\pi^2})\right]$$

5.5.3　定积分在物理中的应用

1. 变力作功

由物理学可知,如果物体受常力 F 的作用沿力的方向移动一段距离 s,则力 F 所作的功是 $W=F\cdot s$.

设物体在变力 $F(x)$ 作用下沿 x 轴由 a 处移动到 b 处,求变力 $F(x)$ 所作的功.

取 x 为积分变量,x 的变化区间为 $[a,b]$,在小区间 $[x,x+dx]$ 上视作用力 $F(x)$ 保持不变,得功元素为

$$dW = F(x)dx$$

于是,所求的功为

$$W = \int_a^b F(x)dx$$

例 11　已知弹簧受力,长度的变化与所受的外力成正比,计算弹簧从静止(没有外力时)位置 O 拉伸到 a 处时,克服外力所作的功.

解　设弹簧的一端固定.以静止位置 O 为原点,拉伸方向为 x 轴正向建立坐标系.由胡克定律知,弹力 $F(x)=kx$,其中 k 是比例常数,x 为拉伸长度.

取 x 为积分变量,其变化区间为 $[0,a]$,功元素为

$$\mathrm{d}W = F(x)\mathrm{d}x$$

于是，弹簧克服外力所作的功为

$$W = \int_0^a F(x)\mathrm{d}x = \int_0^a kx\,\mathrm{d}x = \frac{1}{2}ka^2$$

在实际工作中，经常遇到抽水作功的问题. 虽然与变力作功问题略有差异，但也可以用元素法解决.

例 12　直径为 4 m，高为 8 m 的圆柱形水箱，盛满了水，试求将箱内的水全部抽出所作的功.

解　建立坐标系如图 5 - 33 所示.

取深度 x 为积分变量，在 x 的变化区间 $[0,8]$ 内任取小区间 $[x,x+\mathrm{d}x]$，则这高为 $\mathrm{d}x$ 的小薄圆柱体的水的重量为 $\rho g\pi 2^2\mathrm{d}x(\mathrm{N})$（水的密度 $\rho=10^3\ \mathrm{kg/m^3}$）.

抽出这高为 $\mathrm{d}x$ 的小薄圆柱体的水所作的功元素为

$$\mathrm{d}W = \rho g\pi 2^2\mathrm{d}x \cdot x = 4\pi\rho g x\,\mathrm{d}x$$

于是，所求的功为

$$W = \int_0^8 4\pi\rho g x\,\mathrm{d}x = 2\pi\rho g\left[x^2\right]_0^8 \approx 3.941\times 10^6(\mathrm{J})$$

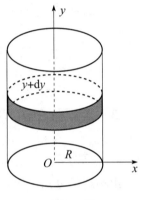

图 5 - 33

2. 液体的压力

由物理学知道，液体深度为 h 处的压强为 $p=\gamma gh$（γ 为液体的密度），面积为 A 的薄板水平放置在液体的深度为 h 处，薄板一侧所受的压力为 $P=pA=\gamma ghA$.

如果薄板垂直放置在液体中，由于薄板上在不同的深度处压强是不同的，薄板一侧所受的液体的压力就不能用上述公式计算. 下面结合具体例子来说明如何利用定积分来计算.

例 13　设半径为 R 的圆形水闸门，水面与闸顶齐，求闸门一侧所受的总压力.

解　建立坐标系如图 5 - 34 所示，在 $[0,2R]$ 上任取一子区间 $[y,y+\mathrm{d}y]$，对应这一窄条闸门所受的水压力近似看作深度为 y 处的压强与窄条闸门面积的乘积，即压力微元为

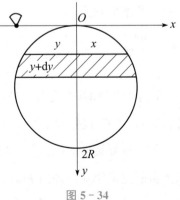

图 5 - 34

$$dF = \rho g y \cdot 2x \, dy$$

从而闸门所受总压力为

$$F = \rho g \int_0^{2R} 2xy \, dy$$

其中，$x^2 + (y-R)^2 = R^2$，即 $x = \sqrt{R^2 - (y-R)^2}$，则

$$
\begin{aligned}
F &= 2\rho g \int_0^{2R} y\sqrt{R^2 - (y-R)^2} \, dy \\
&= 2\rho g \int_0^{2R} (y-R+R)\sqrt{R^2 - (y-R)^2} \, dy \\
&= 2\rho g \int_0^{2R} (y-R)\sqrt{R^2 - (y-R)^2} \, d(y-R) + 2R\rho g \int_0^{2R} \sqrt{R^2 - (y-R)^2} \, dy \\
&= -\frac{2}{3}\rho g \left[R^2 - (y-R)^2 \right]^{\frac{3}{2}} \Big|_0^{2R} + 2R\rho g \cdot \frac{1}{2}\pi R^2 = \pi\rho g R^3
\end{aligned}
$$

积分 $\int_0^{2R} \sqrt{R^2 - (y-R)^2} \, dy$ 是一半圆的面积.

5.5.4　定积分在经济中的应用

边际概念是经济学中的一个重要概念，一般指经济函数的变化率. 已知边际函数求总量函数，就要用到定积分的方法.

例 14　设某种产品的边际收入函数为 $R'(q) = 2(2-q)e^{-\frac{q}{2}}$，其中 q 为销售量，$R = R(q)$ 为总收入，求该产品的总收入函数.

解　总收入函数

$$
\begin{aligned}
R(q) &= \int_0^q R'(x)\,dx = \int_0^q 2(2-x)e^{-\frac{x}{2}}\,dx = 4\int_0^q e^{-\frac{x}{2}}\,dx - 2\int_0^q x e^{-\frac{x}{2}}\,dx \\
&= -8\left[e^{-\frac{x}{2}}\right]_0^q + 4\left[x e^{-\frac{x}{2}} + 2e^{-\frac{x}{2}}\right]_0^q = 4q e^{-\frac{q}{2}}
\end{aligned}
$$

例 15　已知某一商品每周生产 x 单位时，总费用的变化率是 $f(x) = 0.4x - 12$（元/单位），求总费用 $F(x)$；如果这种商品的销售单价是 20 元，求总利润 $L(x)$；每周生产多少单位才能获得最大利润？并求此最大利润.

解　总费用为

$$F(x) = \int_0^x (0.4t - 12)\,dt = \left[0.2t^2 - 12t\right]_0^x = 0.2x^2 - 12x$$

设销售 x 单位商品的总收入是 $R(x)$，则

$$R(x)=20x$$

而利润　$L(x)=R(x)-F(x)$

所以

$$L(x)=20x-(0.2x^2-12x)=32x-0.2x^2$$

由 $L'(x)=32-0.4x$，令 $L'(x)=0$，得 $x=80$. 于是，最大利润为

$$L(80)=32\times80-0.2\times80^2=1\,280(元)$$

习题 5-5

1. 计算下列曲线所围成的图形的面积：

(1) $y=x^2$，$y=x$；

(2) $y=x^2$，$y=2-x^2$；

(3) $y=\ln x$，$y=\ln2$，$y=\ln7$，$x=0$；

(4) $y=\sin x$，$y=\cos x$，$x=0$，$x=\dfrac{\pi}{2}$；

(5) $xy=1$，$y=x$，$y=3$；

(6) $y^2=x$，$x^2+y^2=2$　$(x\geqslant0)$；

(7) $r=2a\cos\theta$；

(8) $r=3\cos\theta$，$r=1+\cos\theta$.

2. 计算椭圆 $\dfrac{x^2}{16}+\dfrac{y^2}{9}=1$ 所围成的图形的面积.

3. 计算阿基米德螺线 $r=a\theta(a>0)$ 上相应于 θ 从 0 变到 2π 的一段弧与极轴所围成的图形的面积.

4. 求抛物线 $y=-x^2+4x-3$ 及在点 $(0，-3)$，$(3，0)$ 处的切线所围成的面积.

5. 求由下列曲线围成的图形绕指定轴旋转所成的旋转体的体积：

(1) $y=x^2-4$，$y=0$，绕 x 轴；

(2) $x^2+y^2=2$，$y=x^2$，绕 x 轴；

(3) $y^2=x$，$y=x^2$，绕 y 轴；

(4) $y=\sin x(0\leqslant x\leqslant\pi)$，$y=0$，绕 x 轴、y 轴；

(5) $x^2+(y-2)^2=1$，绕 x 轴、y 轴.

6. 求底面半径为 r，高为 h 的圆锥的体积.

7. 计算曲线 $y=\dfrac{2}{3}x^{\frac{3}{2}}$ 上相应于 $x=3$ 到 $x=8$ 的一段弧长.

8. 把一个带 $+q$ 电量的点电荷放在 r 轴上坐标原点 O 处，它形成一个电场，由物理学知道，如果有一个单位正电荷放在这个电场中距离原点 O 为 r 的地方，那么，电场对它的作用力的大小为 $F=k\dfrac{q}{r^2}$（k 是常数），求单位正电荷在电场中沿 r 轴的方向从 $r=a$ 移到 $r=b(a<b)$ 处时，电场力所作的功.

9. 一物体按规律 $x=t^3$ 作直线运动，媒质的阻力与速度的平方成正比，计算物体由 $x=0$ 移至 $x=a$ 时，克服媒质阻力所作的功.

10. 洒水车上的水箱是一个卧置的椭圆柱体，其横截面的轴长分别为 2 m 和 1.5 m，当水箱注满水时，试计算水箱的一个端面所受的压力.

11. 已知生产某产品 x 单位（百台）的边际成本和边际收入分别为 $C'(x)=3+\dfrac{1}{3}x$（万元/百台），$R'(x)=7-x$（万元/百台），其中 $C(x)$ 和 $R(x)$ 分别是总成本函数和总收入函数. 若固定成本 $C(0)=1$ 万元，求总成本函数、总收入函数和总利润函数；产量为多少时，总利润最大？最大总利润是多少？

复习题五

微课

数学与远洋
航行安全

1. 判断题

（   ）(1) 只有当 $a=b$ 或 $f(x)=0$ 是，才有 $\int_a^b f(x)\mathrm{d}x=0$.

（   ）(2) 设 $F(x)$ 是 $f(x)$ 的一个原函数，那么 $\int_a^b f(x)\mathrm{d}x=F(b)-F(a)$.

（   ）(3) 由曲线方程 $y=f(x)$ 和 $x=a$，$x=b$ 及 $y=0$ 所围成的图形的面积即为定积分 $\int_a^b f(x)\mathrm{d}x$ 的值.

（   ）(4) 若函数 $f(x)$ 在 $[a,b]$ 上可积，则 $\int_a^b f(x)\mathrm{d}x=\int_a^c f(x)\mathrm{d}x+\int_c^b f(x)\mathrm{d}x$.

（　　）(5) $\int_{-\frac{\pi}{2}}^{\frac{\pi}{2}} \sqrt{\cos x + \cos^3 x}\, dx = 0.$

（　　）(6) 广义积分 $\int_1^{+\infty} x^p\, dx$ 当 $p=1$ 时收敛.

2. 填空题

(1) $\lim\limits_{t \to 0} \int_0^{t^2} \dfrac{\sin\sqrt{x}}{t^3}\, dx = \underline{\hspace{2cm}},\ (t<0).$

(2) $\int_0^1 \dfrac{1}{1+e^{-x}}\, dx = \underline{\hspace{2cm}}.$

(3) $\int_{-\frac{\pi}{2}}^{\frac{\pi}{2}} (x^3+1)\sin^2 x\, dx = \underline{\hspace{2cm}}.$

(4) $\int_0^2 \sqrt{4-x^2}\, dx = \underline{\hspace{2cm}}.$

(5) $\int_0^e \dfrac{1+\ln x}{x}\, dx = \underline{\hspace{2cm}}.$

(6) 设 $f(x)$ 在 $[a,b]$ 上连续，则 $f(x)$ 在 $[a,b]$ 上的平均值为 $\underline{\hspace{2cm}}$.

(7) 设 $f(x)$ 为连续函数，则 $\int_{-a}^{a} x[f(x)+f(-x)-x]\, dx = \underline{\hspace{2cm}}.$

(8) $\int_{-\pi}^{\pi} \left(\dfrac{\sin x}{1+x^2} + \cos^2 x\right) dx = \underline{\hspace{2cm}}.$

(9) $\int_0^{+\infty} 2x e^{-x^2}\, dx = \underline{\hspace{2cm}}.$

(10) 广义积分 $\int_1^{+\infty} x^p\, dx$，当 p 取时 $\underline{\hspace{2cm}}$ 收敛.

(11) 由曲线 $y=1-x^2$ 和直线 $y=0$ 所围成的图形的面积为 $\underline{\hspace{2cm}}$.

(12) 由曲线 $y^2=2x$ 和直线 $x-y=4$ 所围成的图形的面积为 $\underline{\hspace{2cm}}$.

3. 选择题

(1) 由曲线 $y=\cos x$ 和直线 $x=0$，$x=\pi$，$y=0$ 所围成的图形面积为（　　）.

A. $\int_0^{\pi} \cos x\, dx$ 　　　　B. $\int_0^{\pi} (0-\cos x)\, dx$

C. $\int_0^{\pi} |\cos x|\, dx$ 　　　　D. $\int_0^{\frac{\pi}{2}} \cos x\, dx + \int_{\frac{\pi}{2}}^{\pi} \cos x\, dx$

(2) 连续函数 $y=f_1(x)$ 与 $y=f_2(x)$ 在 $[a,b]$ 上关于 x 轴对称，则 $\int_a^b f_1(x)\, dx$

$+\int_a^b f_2(x)\, dx$ 等于（　　）.

A. $2\displaystyle\int_a^b f_1(x)\mathrm{d}x$ 	B. $2\displaystyle\int_a^b f_2(x)\mathrm{d}x$

C. $2\displaystyle\int_a^b [f_1(x)-f_2(x)]\mathrm{d}x$ 	D. 0

(3) $\displaystyle\int_{-a}^a (x^2+x\sqrt{a^2+x^2})\mathrm{d}x=(\quad)$.

A. a^3 	B. $\dfrac{2}{3}a^3$

C. $\dfrac{3}{2}a^3$ 	D. 0

(4) $\displaystyle\int_0^1 \dfrac{x}{1+x^2}\mathrm{d}x=(\quad)$.

A. $\dfrac{1}{2}\ln 2$ 	B. $2\ln 2$

C. $-2\ln 2$ 	D. $-\dfrac{1}{2}\ln 2$

(5) 下列式子中，正确的是(　　).

A. $\displaystyle\int_2^2 f(x)\mathrm{d}x=0$ 	B. $\displaystyle\int_b^a f(x)\mathrm{d}x=\displaystyle\int_a^b f(x)\mathrm{d}x$

C. $\displaystyle\int_0^1 x^2\mathrm{d}x\geqslant\displaystyle\int_0^1 x\mathrm{d}x$ 	D. $\displaystyle\int_0^1 3x^2\mathrm{d}x\neq\displaystyle\int_0^1 3t^2\mathrm{d}t$

(6) 已知 $\displaystyle\int_0^a x(2-3x)\mathrm{d}x=2$，则 $a=(\quad)$.

A. 1 	B. -1

C. 0 	D. 2

(7) 设 $F(x)=\displaystyle\int_a^x f(t)\mathrm{d}t$，自变量 x 有增量 Δx，则函数增量 $\Delta F(x)=(\quad)$.

A. $\displaystyle\int_a^x [f(t+\Delta t)-f(t)]\mathrm{d}t$ 	B. $\displaystyle\int_a^{x+\Delta x} f(t)\mathrm{d}t$

C. $f(x)\Delta x$ 	D. $\displaystyle\int_a^{x+\Delta x} f(t)\mathrm{d}t-\displaystyle\int_a^x f(t)\mathrm{d}t$

(8) $\displaystyle\int_{-2}^2 \dfrac{\mathrm{d}x}{(1+x)^2}=(\quad)$.

A. $-\dfrac{4}{3}$ 	B. $\dfrac{4}{3}$

C. $-\dfrac{2}{3}$ 	D. 不存在

（9）下列广义积分收敛的是（　　）.

A. $\int_1^{+\infty} e^x dx$ 　　　　　　　　B. $\int_1^{+\infty} \dfrac{1}{x} dx$

C. $\int_1^{+\infty} \cos x dx$ 　　　　　　D. $\int_1^{+\infty} \dfrac{1}{x^2} dx$

（10）由直线 $x=0$，$x=2\pi$，$y=\sin x$，$y=\cos x$ 所围成图形的面积为（　　）.

A. $2\sqrt{2+2}$ 　　　　　　　　B. $4\sqrt{2}-2$

C. $4\sqrt{2}$ 　　　　　　　　D. $2\sqrt{2}$

（11）抛物线 $y^2=4x$ 及直线 $x=3$ 围成图形绕 x 轴旋转一周形成立体的体积（　　）.

A. 18π 　　　　　　　　B. 18

C. $\dfrac{243}{8}\pi$ 　　　　　　　　D. $\dfrac{243}{8}$

（12）由曲线 $r=2a\cos\theta$ 和射线 $\theta=0$，$\theta=\dfrac{\pi}{6}$ 所围成的图形的面积为（　　）.

A. $a^2\left(\dfrac{\pi}{3}+\dfrac{\sqrt{3}}{2}\right)$ 　　　　　　B. $2a^2\left(\dfrac{\pi}{6}+\dfrac{\sqrt{3}}{2}\right)$

C. $a^2\left(\dfrac{\pi}{3}+\dfrac{\sqrt{3}}{4}\right)$ 　　　　　　D. $a^2\left(\dfrac{\pi}{6}+\dfrac{\sqrt{3}}{4}\right)$

（13）由直线 $2x-y=4$，$x=0$ 及 $y=0$ 所围成图形绕 x 轴旋转所围成的旋转体的体积为（　　）.

A. 4π 　　　　　　　　B. $\dfrac{16}{3}\pi$

C. $\dfrac{32}{3}\pi$ 　　　　　　　　D. 16π

4. 计算下列积分：

(1) $\int_{-1}^1 \dfrac{1}{1+e^x} dx$ ；　　　　　　(2) $\int_0^{\frac{\pi}{2}} (3x+\sin x) dx$ ；

(3) $\int_0^{\frac{\pi}{2}} \sin^2 x \cos x dx$ 　　　　　　(4) $\int_0^2 t e^{-t} dt$.

(5) $\int_{-\pi}^{\pi} \left(\dfrac{\sin x}{1+x^2}+\cos^2 x\right) dx$ 　　　　(6) $\int_0^{\ln 2} e^x (1+e^x)^2 dx$ ；

(7) $\int_{-\frac{\pi}{2}}^{\frac{\pi}{2}} \cos x \cos 2x dx$ ；　　　　(8) $\int_1^3 \dfrac{\arctan\sqrt{x}}{\sqrt{x}(1+x)} dx$ ；

(9) $\int_0^{\frac{\pi}{2}} \dfrac{\sin x \cos x}{1+\sin^4 x}\,\mathrm{d}x$；

(10) $\int_0^{\frac{\pi}{2}} \mathrm{e}^{2x}\cos x\,\mathrm{d}x$；

(11) $\int_0^{+\infty} \dfrac{1}{1+x^2}\,\mathrm{d}x$；

(12) $\int_0^1 \dfrac{1}{\sqrt{1-x^2}}\,\mathrm{d}x$.

5. 综合题

(1) 求 $\lim\limits_{x\to\infty} \dfrac{\int_0^x (\arctan t)^2\,\mathrm{d}t}{\sqrt{1+x^2}}$.

(2) 已知 $f'(\sin^2 x)=\tan^2 x+\cos 2x$，$0<x<\dfrac{\pi}{2}$，求 $f(x)$.

(3) $f(x)$ 在 $(-\infty,+\infty)$ 内连续，求 $y=\int_{x^2}^{\mathrm{e}^x} f(t)\,\mathrm{d}t$ 在 $x=0$ 处的导数.

(4) 讨论广义积分 $\int_0^6 (x-4)^{-\frac{2}{3}}\,\mathrm{d}x$ 的敛散性.

(5) 求 $f(x)=\int_0^x \dfrac{2t-1}{t^2-t+1}\,\mathrm{d}t$ 在 $[0,2]$ 上的最大值、最小值.

(6) 求抛物线 $y=-x^2+4x-3$ 及其在点 $(0,-3)$ 和点 $(3,0)$ 处的切线所围成图形的面积.

(7) 求抛物线 $y=x^2-2x-3$ 与 x 轴及 $x=-2$，$x=4$ 所围成图形的面积.

(8) 求由曲线 $y=\dfrac{1}{x}$，$x=1$，$x=\mathrm{e}$，$y=0$ 所围成的图形的面积.

(9) 求心形线 $r=a(1+\cos\theta)$　$(a>0)$ 围成的面积.

(10) 曲线 $y=x^2(x\geqslant 0)$ 与其上某点 M 处的切线及 x 轴所围成的图形的面积恰为 $\dfrac{1}{12}$ 时，求该图形绕 x 轴旋转一周形成的旋转体的体积.

(11) 计算由直线 $x=0$，$y=\mathrm{e}$，$y=\mathrm{e}^{\frac{x}{2}}$ 所围成的图形分别绕 x 轴、y 轴旋转一周所成旋转体的体积.

(12) 半径为 R 的半球形水池中充满了水，要将池内的水全部吸出，需作多少功?

06

第6章 微分方程

本章主要介绍微分方程的一些基本概念和几种常用的微分方程的解法.

6.1 微分方程的基本概念

6.1.1 实例

例1 求曲线方程的问题 已知曲线上各点的切线斜率等于该点横坐标的平方,且该曲线经过原点,求曲线方程.

解 设曲线方程 $y=f(x)$,根据题意有

$$\frac{\mathrm{d}y}{\mathrm{d}x}=x^2 \tag{6-1}$$

对式(6-1)两端积分,得

$$y=\frac{x^3}{3}+C \tag{6-2}$$

这个函数满足公式(6-1),其中 C 为任意常数. 根据题意:曲线通过原点(0,0),即当 $x=0$ 时, $y=0$. $\tag{6-3}$

将式(6-3)代入式(6-2),得 $C=0$,所求的曲线方程为

$$y=\frac{1}{3}x^3 \tag{6-4}$$

例2 确定运动规律问题 以初速度 v_0 垂直下抛一物体,设该物体运动只受重力影响,试求物体下落距离 s 与时间 t 的函数关系.

解 如图 6-1 所示,设物体的质量为 m,由于下抛后只受重力作用,故物体所受之力为

$$F = mg$$

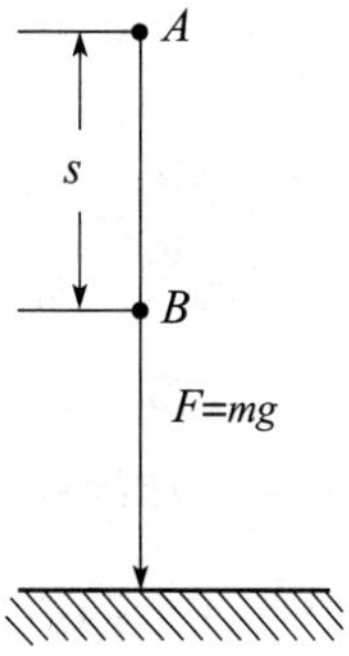

又根据牛顿第二定律，$F = mg$ 及加速度 $a = \dfrac{d^2 s}{dt^2}$，得

$$ms'' = mg$$

即

$$s'' = \frac{d^2 s}{dt^2} = g \tag{6-5}$$

图 6-1

现在来求 s 与 t 之间的函数关系，对式(6-5)两端积分，得

$$\frac{ds}{dt} = gt + C_1 \tag{6-6}$$

再两端积分，得

$$s = \frac{1}{2} gt^2 + C_1 t + C_2 \tag{6-7}$$

这里 C_1，C_2 都是任意常数.

由题意知，当 $t = 0$ 时，$s = 0$

$$v = \frac{ds}{dt} = v_0 \tag{6-8}$$

将式(6-8)分别代入式(6-6)、式(6-7)，得 $C_1 = v_0$，$C_2 = 0$，故式(6-7)为

$$s = \frac{1}{2} gt^2 + v_0 t \tag{6-9}$$

这就是初速度为 v_0 的物体垂直下抛时的距离 s 与时间 t 之间的函数关系.

6.1.2　微分方程有关概念

定义 1　凡表示未知函数的导数或微分之间的关系的方程称为微分方程.

由定义 1，式(6-1)、式(6-5)都是微分方程，再如 $y' + xy^2 = 0$，$x\,dy + y\,dx = 0$，$y'' + 2y' + y = 3x^2 + 1$ 等等也都是微分方程.

未知函数为一元函数的微分方程称为常微分方程. 本节只讨论一些常微分方程及其解法.

微分方程中出现的未知函数各阶导数的最高阶数称为微分方程的阶.

例如，$y'=x^2$，$y'+xy^2=0$，$x\mathrm{d}y+y\mathrm{d}x=0$ 都是一阶微分方程；$\dfrac{\mathrm{d}^2 s}{\mathrm{d}t^2}=g$，$y''+2y'+y=3x^2+1$ 都是二阶微分方程；$y^{(4)}+4y''+4y=x\mathrm{e}^x$ 是四阶微分方程，等等.

二阶及二阶以上的微分方程称为高阶微分方程.

定义 2 如果某个函数代入微分方程，能使该方程成为恒等式，则称这个函数为该微分方程的解.

例如，式(6-2)和式(6-4)表示的函数都是式(6-1)的解，式(6-7)和式(6-9)表示的函数都是式(6-5)的解.

含有几个任意常数的表达式，如果它们不能合并而使得任意常数的个数减少，则称这表达式中的几个任意常数相互独立.

例如，$y=C_1 x+C_2 x+1$ 与 $y=Cx+1$（C_1，C_2，C 都是任意常数）所表示的函数族是相同的，因此 $y=C_1 x+C_2 x+1$ 中的 C_1，C_2 都不是独立的；而式(6-7)$s=\dfrac{1}{2}gt^2+C_1 t+C_2$ 中的任意常数 C_1，C_2 是不能合并的，即 C_1，C_2 是相互独立的.

微分方程的解中含有任意常数，且独立的任意常数的个数与微分方程的阶数相同，这样的解称为微分方程的通解或一般解.

由于式(6-5)是二阶的，所以，式(6-7)是式(6-5)的通解. 同理，式(6-2)是式(6-1)的通解.

由于通解中含有任意常数，它还不是完全确定的. 要完全确定地反映客观事物的规律，必须根据具体问题给定的条件，从通解中确定任意常数的值，得到微分方程不含任意常数的解，这种不含任意常数的解称为微分方程的特解.

如式(6-4)是式(6-1)的特解，式(6-9)是式(6-5)的特解.

用来确定特解的条件称为定解条件，其中由未知函数或其导数取给定值的条件又称为初始条件. 如式(6-3)、式(6-8)分别为式(6-1)、式(6-5)的初始条件。本章讨论的一阶微分方程 $y'=f(x，y)$，它的定解条件通常是 $x=x_0$ 时，$y=y_0$，或写成 $y|_{x=x_0}=y_0$；二阶微分方程 $y''=f(x，y，y')$ 的定解条件通常是 $x=x_0$ 时，$y=y_0$，$y'=y_0'$ 或写成 $y|_{x=x_0}=y_0$，$y'|_{x=x_0}=y_0'$.

微分方程的特解的图形是一条曲线，称为微分方程的积分曲线，通解的图形是一簇积分曲线.

求微分方程解的过程叫解微分方程.

例 3 验证 $y=C_1\sin x+C_2\cos x$ 是微分方程 $y''+y=0$ 的通解.

解　因为 $y'=C_1\cos x-C_2\sin x$，$y''=-C_1\sin x-C_2\cos x$，把 y 和 y'' 代入微分方程左端，得

$$y''+y=-C_1\sin x-C_2\cos x+C_1\sin x+C_2\cos x=0$$

又 $y=C_1\sin x+C_2\cos x$ 中有两个独立的任意常数，方程 $y''+y=0$ 是二阶的，所以，$y=C_1\sin x+C_2\cos x$ 是该微分方程的通解.

习题 6 - 1

1. 说出下列各微分方程的阶数：

(1) $x(y')^2-2yy'+x=0$；　　　　　(2) $x^2y''-xy'+y=0$；

(3) $xy'''+2y''+x^2y=0$；　　　　　(4) $L\dfrac{\mathrm{d}^2Q}{\mathrm{d}t^2}+R\dfrac{\mathrm{d}Q}{\mathrm{d}t}+\dfrac{Q}{t}=0.$

2. 验证函数 y 是否满足方程 $(*)$：

(1) $y=x(c-\ln x)$，$(x-y)\mathrm{d}x+x\mathrm{d}y=0(*)$；

(2) $y=\dfrac{x}{\cos x}$，$y'-y\tan x=\sec x(*)$；

(3) $y=2\dfrac{\sin x}{x}+\cos x$，$xy'\sin x+(\sin x-x\cos x)y=\sin x\cos x-x(*)$；

(4) $y=\dfrac{1+x}{1-x}$，$y'=\dfrac{1+y^2}{1+x^2}(*)$.

3. 写出由下列条件确定的曲线所满足的微分方程：

(1) 曲线在点 (x,y) 处的切线的斜率等于该点的纵坐标；

(2) 曲线上点 $P(x,y)$ 处的法线与 x 轴的交点为 Q，且线段 PQ 被 y 轴平分.

6.2　一阶微分方程

6.2.1　可分离变量的一阶微分方程

形如

$$y' = f(x)g(y) \tag{6-10}$$

或

$$M_1(x)M_2(y)\mathrm{d}x + N_1(x)N_2(y)\mathrm{d}y = 0$$

的方程微分称为可分离变量的一阶微分方程. 其中 $M_1(x)$，$M_2(y)$，$f(x)$，$g(y)$，$N_1(x)$ 和 $N_2(y)$ 是已知的连续函数.

设 $g(y) \neq 0$，将式(6-10)分离变量后，得

$$\frac{\mathrm{d}y}{g(y)} = f(x)\mathrm{d}x$$

将上式两边积分得

$$\int \frac{\mathrm{d}y}{g(y)} = \int f(x)\mathrm{d}x$$

即可求得微分方程的通解.

例 1 求微分方程 $\dfrac{\mathrm{d}y}{\mathrm{d}x} = 2xy$ 的通解.

解 当 $y \neq 0$ 时，将方程分离变量，得

$$\frac{\mathrm{d}y}{y} = 2x\mathrm{d}x$$

两端积分

$$\int \frac{\mathrm{d}y}{y} = \int 2x\mathrm{d}x$$

得

$$\ln|y| = x^2 + C_1$$

从而

$$y = \pm \mathrm{e}^{x^2 + C_1} = \pm \mathrm{e}^{C_1}\mathrm{e}^{x^2}$$

因 $\pm \mathrm{e}^{C_1}$ 是不为零的任意常数，把它记作 C，便得通解 $y = C\mathrm{e}^{x^2}$.

当 $C = 0$ 时，$y = 0$ 也是原方程的解. 故上式的 C 可设为任意常数.

例 2 求微分方程 $xy\mathrm{d}y + \mathrm{d}x = y^2\mathrm{d}x + y\mathrm{d}y$ 的通解.

解　将方程分离变量，有

$$\frac{y}{y^2-1}\mathrm{d}y = \frac{1}{x-1}\mathrm{d}x$$

两边积分，得

$$\frac{1}{2}\ln|y^2-1| = \ln|x-1| + C_1$$

因此

$$\ln|y^2-1| = \ln(x-1)^2 + 2C_1$$

$$|y^2-1| = (x-1)^2 \mathrm{e}^{2C_1}$$

$$y^2-1 = \pm \mathrm{e}^{2C_1}(x-1)^2$$

因为 $\pm\mathrm{e}^{2C_1}$ 是一个不为零的任意常数，把它记作 C，便得到方程的通解为

$$y^2 = C(x-1)^2 + 1$$

可以验证 $C=0$ 时，$y=\pm 1$，它们也是原方程的解，故上式中的 C 可设为任意常数.

解方程的过程中，如果积分后出现对数，理应都需作类似上述的讨论. 为方便起见，今后凡遇到积分后出现对数时，都作如下简化处理. 以例 2 为例叙述如下.

分离变量后得

$$\frac{y}{y^2-1}\mathrm{d}y = \frac{1}{x-1}\mathrm{d}x$$

两边积分得

$$\ln(y^2-1) = \ln(x-1)^2 + \ln C$$

故通解为

$$y^2 = C(x-1)^2 + 1 \text{（其中 } C \text{ 为任意常数）}$$

例 3　求微分方程 $(1+\mathrm{e}^x)yy' = \mathrm{e}^x$ 满足初始条件 $y|_{x=0} = 1$ 的特解.

解　方程变形后分离变量得

$$y\mathrm{d}y = \frac{\mathrm{e}^x}{1+\mathrm{e}^x}\mathrm{d}x$$

两边积分得方程通解

$$\frac{1}{2}y^2=\ln(1+e^x)+C$$

由初始条件 $y\big|_{x=0}=1$，得

$$C=\frac{1}{2}-\ln2$$

故所求特解为

$$y^2=2\ln(1+e^x)+1-2\ln2$$

有的微分方程不是可分离变量的，但通过适当的变换，得到新变量是可分离变量的方程.

下面介绍一种可化为可分离变量的一阶微分方程.

形如

$$\frac{\mathrm{d}y}{\mathrm{d}x}=f\left(\frac{y}{x}\right) \tag{6-11}$$

的微分方程称为齐次方程.

令 $u=\dfrac{y}{x}$，则 $y=ux$，$\dfrac{\mathrm{d}y}{\mathrm{d}x}=u+x\dfrac{\mathrm{d}u}{\mathrm{d}x}$，代入式(6-11)，得

$$u+x\frac{\mathrm{d}u}{\mathrm{d}x}=f(u)$$

分离变量，得

$$\frac{\mathrm{d}u}{f(u)-u}=\frac{1}{x}\mathrm{d}x$$

两端分别积分后再用 $\dfrac{y}{x}$ 代替 u，便得到式(6-11)的通解.

例 4　求微分方程 $y^2+x^2\dfrac{\mathrm{d}y}{\mathrm{d}x}=xy\dfrac{\mathrm{d}y}{\mathrm{d}x}$ 的通解.

解　原方程可写成

$$\frac{\mathrm{d}y}{\mathrm{d}x}=\frac{y^2}{xy-x^2}=\frac{\left(\dfrac{y}{x}\right)^2}{\dfrac{y}{x}-1}$$

因此原方程是齐次方程. 令 $u=\dfrac{y}{x}$，则 $y=ux$，$\dfrac{\mathrm{d}y}{\mathrm{d}x}=u+x\,\dfrac{\mathrm{d}u}{\mathrm{d}x}$. 于是原方程变为

$$u+x\,\frac{\mathrm{d}u}{\mathrm{d}x}=\frac{u^{2}}{u-1}$$

即　　　$x\,\dfrac{\mathrm{d}u}{\mathrm{d}x}=\dfrac{u}{u-1}$

分离变量，得

$$\left(1-\frac{1}{u}\right)\mathrm{d}u=\frac{\mathrm{d}x}{x}$$

两端积分，得

$$u-\ln|u|+C=\ln|x|$$

或写成　$\ln|xu|=u+C$

用 $\dfrac{y}{x}$ 代上式的 u，便得所给方程的通解为

$$\ln|y|=\frac{y}{x}+C$$

6.2.2　一阶线性微分方程

形如

$$\frac{\mathrm{d}y}{\mathrm{d}x}+P(x)y=Q(x) \tag{6-12}$$

的微分方程，称为一阶线性微分方程. 其中，$P(x)$，$Q(x)$ 为已知的连续函数，$Q(x)$ 称为自由项.

如果 $Q(x)\equiv0$，式 (6-12) 变成

$$\frac{\mathrm{d}y}{\mathrm{d}x}+P(x)y=0 \tag{6-13}$$

式 (6-13) 称为一阶线性齐次微分方程；如果 $Q(x)$ 不恒为零时，式 (6-12) 称为一阶线性非齐次微分方程.

一阶线性齐次方程 (6-13) 是可分离变量的方程，分离变量得

$$\frac{\mathrm{d}y}{y} = -P(x)\mathrm{d}x$$

两边积分，得

$$\ln y = -\int P(x)\mathrm{d}x + \ln C$$

故　　$y = C\mathrm{e}^{-\int P(x)\mathrm{d}x}$ 　　　　　　　　　　　　　　　　　　　（6-14）

式(6-14)是线性齐次方程(6-13)的通解. 为了方便，这里 $\int P(x)\mathrm{d}x$ 是 $P(x)$ 的一个原函数.

现在来分析一阶线性非齐次方程(6-12)的解.

设 $y = y(x)$ 是式(6-12)的解，那么 $\dfrac{\mathrm{d}y}{y} = -P(x)\mathrm{d}x + \dfrac{Q(x)}{y}\mathrm{d}x$.

由于 y 是 x 的函数，$\dfrac{Q(x)}{y}$ 也是 x 的函数，两边积分，得

$$\ln y = -\int P(x)\mathrm{d}x + \int \frac{Q(x)}{y}\mathrm{d}x$$

因此　　$y = \mathrm{e}^{\int \frac{Q(x)}{y}\mathrm{d}x} \cdot \mathrm{e}^{-\int P(x)\mathrm{d}x}$

因为 $\mathrm{e}^{\int \frac{Q(x)}{y}\mathrm{d}x}$ 也是 x 的函数，用 $C(x)$ 表示，所以

$$y = C(x)\mathrm{e}^{-\int P(x)\mathrm{d}x}$$ 　　　　　　　　　　　　　　　（6-15）

由此可以设想方程(6-12)的解具有式(6-15)的形式，其中 $C(x)$ 是待定的函数.

由于式(6-15)是方程(6-12)的解，代入方程(6-12)，得

$$C'(x)\mathrm{e}^{-\int P(x)\mathrm{d}x} - P(x)C(x)\mathrm{e}^{-\int P(x)\mathrm{d}x} + P(x)C(x)\mathrm{e}^{-\int P(x)\mathrm{d}x} = Q(x)$$

即　　$C'(x) = Q(x)\mathrm{e}^{\int P(x)\mathrm{d}x}$

两边积分，得

$$C(x) = \int Q(x)\mathrm{e}^{\int P(x)\mathrm{d}x}\mathrm{d}x + C$$

因此，线性非齐次方程(6-12)的通解为

$$y = \mathrm{e}^{-\int P(x)\mathrm{d}x}\left[\int Q(x)\mathrm{e}^{\int P(x)\mathrm{d}x}\mathrm{d}x + C\right]$$ 　　　　　　（6-16）

这种把对应的齐次方程通解中的常数 C 变换为待定函数 $C(x)$，然后求得线性非齐次方程的通解(6-16)的方法，称为常数变易法.

将式(6-16)写成两项之和

$$y = C e^{-\int P(x)dx} + e^{-\int P(x)dx} \int Q(x) e^{\int P(x)dx} dx$$

不难看出，上式右端第一项是对应的线性齐次方程(6-13)的通解，第二项是线性非齐次方程(6-12)的一个特解，在方程(6-12)的通解(6-16)中取 $C=0$，便得到这个特解.

由此可见，一阶线性非齐次方程的通解等于对应的线性齐次方程的通解与非齐次方程的一个特解之和，这是一阶线性非齐次方程通解的结构.

例 5   求方程 $y' - \dfrac{2}{x+1} y = (x+1)^{\frac{5}{2}}$ 的通解.

解   这是一阶线性非齐次方程，对应的线性齐次微分方程为

$$y' - \frac{2}{x+1} y = 0$$

分离变量，得 $\dfrac{dy}{y} = \dfrac{2}{x+1} dx$

两端积分，得 $y = C(x+1)^2$

再用常数变易法求线性非齐次微分方程的通解.

    设 $y = C(x)(x+1)^2$

则有 $y' = C'(x)(x+1)^2 + 2C(x)(x+1)$

代入原方程，得 $C'(x)(x+1)^2 + 2C(x)(x+1) - \dfrac{2}{x+1} \cdot C(x)(x+1)^2 = (x+1)^{\frac{5}{2}}$

化简后，得 $C'(x) = (x+1)^{\frac{1}{2}}$

两端积分，得 $C(x) = \dfrac{2}{3}(x+1)^{\frac{3}{2}} + C$

故原方程的通解为 $y = (x+1)^2 \left[\dfrac{2}{3}(x+1)^{\frac{3}{2}} + C \right]$

例 6   求方程 $y' \cos^2 x + y - \tan x = 0$ 满足初始条件 $y|_{x=0} = 0$ 的特解.

解   这是一阶线性非齐次方程，对应的线性齐次微分方程为

$$y' \cos^2 x + y = 0$$

分离变量，得 $\dfrac{\mathrm{d}y}{y}=-\dfrac{\mathrm{d}x}{\cos^2 x}$

两端积分，得 $\ln y=-\tan x+\ln C$

即 $y=C\mathrm{e}^{-\tan x}$

再用常数变易法求原方程的通解.

设 $y=C(x)\mathrm{e}^{-\tan x}$，则有

$$y'=C'(x)\mathrm{e}^{-\tan x}+C(x)\mathrm{e}^{-\tan x}\cdot\dfrac{-1}{\cos^2 x}$$

代入原方程，得 $C'(x)\mathrm{e}^{-\tan x}\cos^2 x=\tan x$

因此 $C(x)=\displaystyle\int \mathrm{e}^{\tan x}\dfrac{\tan x}{\cos^2 x}\mathrm{d}x=\int \mathrm{e}^{\tan x}\tan x\,\mathrm{d}(\tan x)=\tan x\,\mathrm{e}^{\tan x}-\mathrm{e}^{\tan x}+C$

于是，求得原方程通解为

$$y=\mathrm{e}^{-\tan x}\left[\mathrm{e}^{\tan x}(\tan x-1)+C\right]=\tan x-1+C\mathrm{e}^{-\tan x}$$

由初始条件 $y\big|_{x=0}=0$ 可求出 $-1+C=0$，$C=1$

从而，所求特解为 $y=\tan x-1+\mathrm{e}^{-\tan x}$

求解线性非齐次微分方程时，也可直接利用通解公式(6–16)，但它不容易被记住，所以如果记不住公式(6–16)，就应通过常数变易法来求解.

习题 6–2

1. 求下列微分方程的通解：

(1) $4x\mathrm{d}x-3y\mathrm{d}y=3x^2 y\mathrm{d}y-2xy^2\mathrm{d}x$；　(2) $x\sqrt{1+y^2}+yy'\sqrt{1+x^2}=0$.

2. 求微分方程 $x\mathrm{d}y-3y\mathrm{d}x=0$ 满足初始条件 $y\big|_{x=1}=1$ 的特解.

3. 求下列微分方程的通解：

(1) $y'+y\cos x=\dfrac{1}{2}\sin 2x$；　　　　　(2) $y'-\dfrac{1}{x+1}y=\mathrm{e}^x(x+1)$；

(3) $y'+\dfrac{y}{x}+\dfrac{2\ln x}{x}=0$；　　　　　(4) $y'+2xy+2x^3=0$.

4. 求下列微分方程满足初始条件的特解：

(1) $y'-\dfrac{y}{x+2}=x^2+2x$，$y\big|_{x=-1}=\dfrac{3}{2}$；　(2) $y'-\dfrac{y}{x}=x\sin x$，$y\big|_{x=\frac{\pi}{2}}=1$；

(3) $y' - \dfrac{2}{x+1}y = e^x(x+1)^2$, $y|_{x=0} = 1$; (4) $y' - \dfrac{y}{x} + \dfrac{\ln x}{x} = 0$, $y|_{x=1} = 1$.

6.3　一阶微分方程的应用

前两节讨论了几种常用的一阶微分方程的解法，本节举例说明一阶微分方程在几何、物理等方面的应用.

建立微分方程解决实际问题，首先要把语言叙述的事物间的关系，通过建立坐标系，选择自变量和因变量，明确该问题中未知函数导数的实际意义，应用有关学科的基本知识，转化为含有未知函数的导数的等量关系，即微分方程. 如果实际问题中，还有一些特定的条件或具有初始状态，这是确定特解的定解条件，这在建立微分方程时是不可缺少的一步，下面通过例题加以说明.

例 1　过曲线 L 上任意一点 $P(x)$ $(x > 0,\ y > 0)$ 作 PQ 垂直于 x 轴，PR 垂直于 y 轴，作曲线 L 的切线 PT 交 x 轴于 T 点，要使矩形 $OQPR$ 与三角形 PTQ 有相同的面积，求曲线 L 的方程.

解　设曲线 L 的方程为 $y = y(x)$，由于曲线 L 上任一点 $P(x,y)$ 的切线都与 x 轴相交，因此函数 $y(x)$ 的导数保持同一个符号，$y = y(x)$ 的图形如图 6-2 所示.

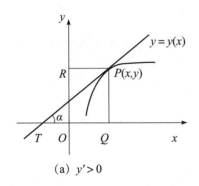
(a) $y' > 0$

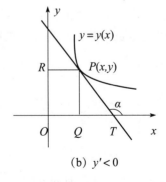
(b) $y' < 0$

图 6-2

因为　$S_{OQPR} = xy$

当 $y' > 0$ 时，　$S_{\triangle PTQ} = \dfrac{1}{2}y \cdot y\cot\alpha = \dfrac{1}{2}y^2 \cdot \dfrac{1}{y'}$

所以　$\dfrac{1}{2}y^2 \cdot \dfrac{1}{y'} = xy$

即　$y' = \dfrac{y}{2x}$

解得曲线 L 的方程　$y = C\sqrt{x}$

当 $y' < 0$ 时，　$S_{\triangle PTQ} = \dfrac{1}{2}y \cdot y\cot(\pi - \alpha) = -\dfrac{1}{2}y^2 \cdot \dfrac{1}{y'}$

所以　$-\dfrac{1}{2}y^2 \cdot \dfrac{1}{y'} = xy$

即　$y' = -\dfrac{y}{2x}$

解得曲线 L 的方程　$y = \dfrac{C}{\sqrt{x}}$

例 2　有高为 1 m 的半球形容器，水从它低部小孔流出，小孔横截面面积为 1 cm² (见图 6 - 3)，开始时容器盛满水，求水从小孔流出过程中容器里水面的高度 h 与时间 t 的函数关系.

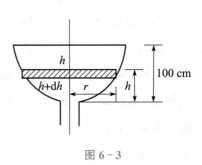

图 6 - 3

解　由力学知识可知，水从孔口流出的流量 Q (即通过孔口横截面的水的体积 V 对时间 t 的变化率)可用下列公式计算

$$Q = \frac{dV}{dt} = 0.62S\sqrt{2gh}$$

式中，0.62 为流量系数；S 为孔口的横截面面积；g 为重力加速度. 由于孔口横截面面积 $S = 1$ cm²，故

$$\frac{dV}{dt} = 0.62\sqrt{2gh}$$

或　$dV = 0.62\sqrt{2gh}\, dt$　　　　　　　　　　　　　　　(6 - 17)

另一方面，设在微小时间间隔 $[t, t + dt]$ 内，水面高度由 h 降至 $h + dh\,(dh < 0)$，则又可得到

$$dV = -\pi r^2\, dh \qquad\qquad\qquad\qquad (6 - 18)$$

式中，r 是时刻 t 的水面半径；右端置负号是由于 $dh < 0$ 而 $dV > 0$ 的缘故.

因为　$r = \sqrt{100^2 - (100 - h)^2} = \sqrt{200h - h^2}$

所以式(6-18)变成

$$dV = -\pi(200h - h^2)dh \qquad (6-19)$$

比较式(6-17)和式(6-19)，得

$$0.62\sqrt{2gh}\,dt = -\pi(200h - h^2)dh \qquad (6-20)$$

这就是未知函数 $h = h(t)$ 应满足的微分方程.

此外，开始时容器内的水是满的，所以未知函数 $h = h(t)$ 还应满足下列初始条件

$$h\big|_{t=0} = 100 \qquad (6-21)$$

方程(6-20)是可分离变量的微分方程. 分离变量后得

$$dt = -\frac{\pi}{0.62\sqrt{2g}}(200h^{\frac{1}{2}} - h^{\frac{3}{2}})dh$$

两端积分，得 $\quad t = -\dfrac{\pi}{0.62\sqrt{2g}}\displaystyle\int (200h^{\frac{1}{2}} - h^{\frac{3}{2}})dh$

即 $\quad t = -\dfrac{\pi}{0.62\sqrt{2g}}\left(\dfrac{400}{3}h^{\frac{3}{2}} - \dfrac{2}{5}h^{\frac{5}{2}}\right) + C \qquad (6-22)$

式中，C 是任意常数. 把初始条件式(6-21)代入式(6-22)，得

$$0 = -\frac{\pi}{0.62\sqrt{2g}}\left[\frac{400}{3}\times 100^{\frac{3}{2}} - \frac{2}{5}\times 100^{\frac{5}{2}}\right] + C$$

因此

$$C = \frac{\pi}{0.62\sqrt{2g}}\left(\frac{400\,000}{3} - \frac{200\,000}{5}\right) = \frac{\pi}{0.62\sqrt{2g}}\times\frac{14}{15}\times 10^5$$

把所得的 C 值代入式(6-22)并化简，就得

$$t = \frac{\pi}{4.65\sqrt{2g}}(7\times 10^5 - 10^3 h^{\frac{3}{2}} + 3h^{\frac{5}{2}})$$

例 3 某车间容积为 $10\,000\ \text{m}^3$，在生产过程中部分 CO_2 扩散在车间内，车间内空气中的 CO_2 的百分比含量稳定在 0.12%，现用一台风量为 $1\,000\ \text{m}^2/\text{min}$ 的鼓风机通入含有 0.04% 的 CO_2 的新鲜空气. 在通入空气与原有空气混合均匀后，设有相同风量的空气从车间排出，问鼓风机开动 10 min 后，车间内空气的 CO_2 百分比含量将

下降到多少？

解 设鼓风机开动 t 时间后，车间内空气的 CO_2 百分比含量为 $x\%$，经过 dt 时间间隔后，CO_2 的百分比含量元素为 $dx\%$．据题意，整个车间在 dt 这段时间内

$$CO_2 \text{ 的含量元素} = CO_2 \text{ 的通入量元素} - CO_2 \text{ 的排出量元素} \tag{6-23}$$

由题设 $\quad CO_2$ 的含量元素 $= 10\,000dx\%$ \tag{6-24}

又有 $\quad CO_2$ 的通入量元素 $= 1\,000 \times 0.04\% dt$ \tag{6-25}

计算 CO_2 的排出量元素时，虽然 CO_2 的百分比含量是连续变化的，由于 dt 是很小的正数，因此在 $[t, t+dt]$ 这段时间内，CO_2 的百分比含量可以看成 $x\%$，从而

$$CO_2 \text{ 的排出量元素} = 1\,000 \times x\% dt \tag{6-26}$$

将公式(6-24)、式(6-25)、式(6-26)代入式(6-23)，得微分方程

$$10\,000dx = 1\,000(0.04 - x)dt$$

即 $\quad 10dx = (0.04 - x)dt$ \tag{6-27}

又根据题意，有初始条件 $\quad x|_{t=0} = 0.12$

方程(6-27)的通解为 $\quad x = 0.04 - Ce^{-\frac{t}{10}}$

代入 $x|_{t=0} = 0.12$，得 $C = -0.08$，于是

$$x = 0.04 + 0.08e^{-\frac{t}{10}} \tag{6-28}$$

当 $t = 10$ 时，$x = 0.04 + 0.08e^{-1} \approx 0.069\,4$，即 10 min 后，车间内空气中的 CO_2 的百分比含量降到 $0.069\,4\%$，由式(6-28)可以看到，随 t 的增大车间内空气中的 CO_2 的含量趋向于 0.04%．

例 4 设 RC 电路如图 6-4 所示，其中电阻 R 和电容 C 均为正常数，电源电动势为 E，如果开关 K 合上 ($t = 0$)时，电容两端的电压 $u_C = 0$，试求开关合上后电压 u_C 与时间 t 的函数关系．

解 由电学知道，闭合回路中电源电压等于外电路上各段电压之和，即

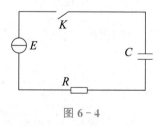

图 6-4

$$E = u_R + u_C$$

电阻两端的电压 $U_R = Ri$，其中 R 为电阻(常数)．$i = i(t)$ 为电路中的电流，电容两

端的电压 $u_C=u_C(t)$ 满足 $Q=Cu_C$，其中 C 为电容(常数). 注意到电流 i 是电量 Q 对时间 t 的变化率，即 $i=\dfrac{\mathrm{d}Q}{\mathrm{d}t}$，所以 $i=C\dfrac{\mathrm{d}u_C}{\mathrm{d}t}$，$u_R=Ri=RC\dfrac{\mathrm{d}u_C}{\mathrm{d}t}$，于是可得 u_C 满足的微分方程

$$RC\frac{\mathrm{d}u_C}{\mathrm{d}t}+u_C=E \tag{6-29}$$

且 u_C 满足初始条件 $u_C|_{t=0}=0$.

下面对两种不同的电源进行讨论.

(1) 直流电源. 这时电源电压 E 为常数，方程(6-29)是可分离变量的方程，也是一阶线性非齐次微分方程，其通解为

$$u_C(t)=\mathrm{e}^{-\int\frac{\mathrm{d}t}{RC}}\Big[\int\frac{E}{RC}\mathrm{e}^{\int\frac{\mathrm{d}t}{RC}}\mathrm{d}t+C\Big]=E+C\mathrm{e}^{-\frac{t}{RC}}$$

代入初始条件得 $C=-E$，于是

$$u_C(t)=E(1-\mathrm{e}^{-\frac{t}{RC}})$$

由于 $\lim\limits_{t\to+\infty}\mathrm{e}^{-\frac{t}{RC}}=0$，所以当 t 增大时，电容电压 u_C 逐渐增大，经过一段时间逐步接近电源电压 E.

(2) 交流电源. 设电源电压 $E=E_m\sin\omega t$，其中 E_m 与 ω 都是常数，方程(6-29)是一阶线性非齐次方程，它的通解

$$u_C(t)=\mathrm{e}^{-\int\frac{1}{RC}\mathrm{d}t}\Big[\int\Big(\frac{E_m}{RC}\sin\omega t\Big)\mathrm{e}^{\int\frac{\mathrm{d}t}{RC}}\mathrm{d}t+C\Big]$$

$$=\mathrm{e}^{-\frac{t}{RC}}\Big[\frac{E_m}{RC}\int\mathrm{e}^{\frac{t}{RC}}\sin\omega t\,\mathrm{d}t+C\Big]$$

$$=\frac{E_m}{1+(RC_\omega)^2}(\sin\omega t-RC_\omega\cos\omega t)+C\mathrm{e}^{-\frac{t}{RC}}$$

代入初始条件 $u_C|_{t=0}=0$，得 $C=\dfrac{E_mRC_\omega}{1+(RC_\omega)^2}$

于是

$$u_C(t)=\frac{E_m}{1+(RC_\omega)^2}(\sin\omega t-RC_\omega\cos\omega t)+\frac{E_mRC_\omega}{1+(RC_\omega)^2}\mathrm{e}^{-\frac{t}{RC}} \tag{6-30}$$

为了便于说明式(6-30)所反映的物理现象，把式(6-30)的第一项的形式变形如下，令

$$\cos\varphi = \frac{1}{\sqrt{1+(RC_\omega)^2}}, \sin\varphi = \frac{RC_\omega}{\sqrt{1+(RC_\omega)^2}}$$

则式(6-30)可写成

$$u_C(t) = \frac{E_\mathrm{m}}{\sqrt{1+(RC_\omega)^2}}\sin(\omega t - \varphi) + \frac{E_\mathrm{m}RC_\omega}{1+(RC_\omega)^2}\mathrm{e}^{-\frac{t}{RC}}$$

当 t 增大时，上式第二项就会逐渐变小而趋向于零(称为暂态电压)，从而电容电压主要由第一项正弦函数(称为稳定电压)决定，它的周期和电源电动势的周期相同而相位落后 φ. u_C 的这段变化过程称为过渡过程，它是电子技术中常见的现象.

习题 6-3

1. 一曲线通过点(2, 3)，它在两坐标轴间的任意切线段均被切点所平分，求这条曲线方程.

2. 镭的衰变有如下规律：镭的衰变速度与它的现存量 R 成正比，由经验材料得知，镭经过 1 600(年)后，只余原始量 R_0 的一半. 试求镭的量 R 与时间 t 的函数关系.

3. 质量为 1 kg 的质点受外力作用作直线运动，这外力和时间成正比，和质点运动的速度成反比. 在 $t = 10$ s 时，速度等于 50 m/s，外力为 4 kg · m/s^2，问从运动开始经过了 1 min 后质点的速度是多少？

4. 重量为 100 kg 的物体，在和水平面成 30° 的斜面上由静止状态下滑，如果不计摩擦，试求：

(1) 物体运动的微分方程；

(2) 求 5 s 后物体下滑的距离，以及此时的速度和加速度. （$g = 9.8$ m/s^2）

6.4 二阶线性微分方程解的结构

形如

$$y'' + p(x)y' + q(x)y = f(x) \qquad (6-31)$$

的微分方程称为二阶线性微分方程. 其中 $P(x)$，$q(x)$，$f(x)$ 是 x 的已知连续函数.

如果 $f(x) \equiv 0$，方程 (6-31) 变为

$$y'' + p(x)y' + q(x)y = 0 \qquad (6-32)$$

方程 (6-32) 称为二阶线性齐次方程.

如果 $f(x) \not\equiv 0$，方程 (6-31) 称为二阶线性非齐次方程.

如果系数 $p(x)$，$q(x)$ 都是常数，方程 (6-31)、方程 (6-32) 称为二阶常系数线性微分方程.

6.4.1　二阶线性齐次微分方程解的结构

定理 1　(1) 如果 $y_1(x)$ 是二阶线性齐次方程 (6-32) 的解，则对任意常数 C（可以是复数），$Cy_1(x)$ 也是该方程的解.

(2) 如果 $y_1(x)$ 和 $y_2(x)$ 是二阶线性齐次方程 (6-32) 的解，则 $y_1(x) + y_2(x)$ 也是该方程的解.

证　(1) 由题意可得　$y''_1 + p(x)y'_1 + q(x)y_1 = 0$

记 $y(x) = Cy_1(x)$，代入方程 (6-32) 的左端，得

$$\begin{aligned} y'' + p(x)y' + q(x)y &= Cy''_1 + Cp(x)y'_1 + Cq(x)y_1 \\ &= C[y''_1 + p(x)y'_1 + q(x)y_1] = 0 \end{aligned}$$

(2) 记 $y(x) = y_1(x) + y_2(x)$，代入方程 (6-32) 的左端

$$\begin{aligned} y'' + p(x)y' + q(x)y &= (y_1 + y_2)'' + p(x)(y_1 + y_2)' + q(x)(y_1 + y_2) \\ &= [y''_1 + p(x)y'_1 + q(x)y_1] + [y''_2 + p(x)y'_2 + q(x)y_2] \\ &= 0 \end{aligned}$$

由定理 1 可知，如果 $y_1(x)$，$y_2(x)$ 是齐次方程 (6-32) 的解，则它们的"线性迭加"

$$y(x) = C_1 y_1(x) + C_2 y_2(x) \qquad (6-33)$$

也是该方程的解，其中 C_1，C_2 为任意常数（可以是复数），那么它是不是方程 (6-32) 的通解呢？显然，如果 $y_1(x)$ 与 $y_2(x)$ 之比为常数，即

$$\frac{y_1(x)}{y_2(x)} = k \qquad (6-34)$$

则方程(6-33)成为

$$y = C_1 y_1(x) + C_2 y_2(x) = (C_1 k + C_2) y_2(x)$$

它实际上只含有一个任意常数，因而不是方程(6-32)的通解．只有当 $y_1(x)$ 和 $y_2(x)$ 不满足条件式(6-34)时，式(6-33)中的两个任意常数 C_1，C_2 不能合并成一个任意常数，从而式(6-33)是齐次方程(6-32)的通解.

我们把满足条件式(6-34)的函数 $y_1(x)$，$y_2(x)$ 称为线性相关的．而如果 $y_1(x)/y_2(x)$ 不为常数时，称它们是线性无关的．于是有下列定理.

定理 2　如果 $y_1(x)$ 和 $y_2(x)$ 是二阶线性齐次方程(6-32)的两个线性无关的解，则该方程的通解为

$$y = C_1 y_1(x) + C_2 y_2(x) \qquad\qquad (6-35)$$

例如，容易验证，$y_1 = \mathrm{e}^x$ 和 $y_2 = x\mathrm{e}^x$ 都是齐次方程 $y'' - 2y' + y = 0$ 的解.

因为 $\dfrac{y_1}{y_2} = \dfrac{\mathrm{e}^x}{x\mathrm{e}^x} = \dfrac{1}{x}$ 不是常数，即 y_1 与 y_2 线性无关，因此该齐次方程的通解为

$$y = C_1 \mathrm{e}^x + C_2 x \mathrm{e}^x$$

6.4.2　二阶线性非齐次微分方程解的结构

定理 3　如果 y^* 是二阶线性非齐次微分方程(6-31)的一个特解，$C_1 y_1 + C_2 y_2$ 是相应的齐次方程(6-32)的通解，则非齐次方程(6-31)的通解为

$$y = y^* + C_1 y_1 + C_2 y_2 \qquad\qquad (6-36)$$

证　由题意有　$(y^*)'' + p(x)(y^*)' + q(x)y^* = f(x)$

$$(C_1 y_1 + C_2 y_2)'' + p(x)(C_1 y_1 + C_2 y_2)' + q(x)(C_1 y_1 + C_2 y_2) = 0$$

将　$y = y^* + C_1 y_1 + C_2 y_2$ 代入(6-31)左端

$$
\begin{aligned}
y'' + p(x)y' + q(x)y &= [y^* + C_1 y_1 + C_2 y_2]'' + p(x)[y^* + C_1 y_1 + C_2 y_2]' + \\
&\quad q(x)[y^* + C_1 y_1 + C_2 y_2] \\
&= [(y^*)'' + p(x)(y^*)' + q(x)y^*] + [(C_1 y_1 + C_2 y_2)'' \\
&\quad + p(x)(C_1 y_1 + C_2 y_2)' + q(x)(C_1 y_1 + C_2 y_2)] \\
&= f(x)
\end{aligned}
$$

可见，$y = y^* + C_1 y_1 + C_2 y_2$ 是方程(6-31)的解，又因为解含有两个任意常数，所以(6-36)是方程的通解.

例如，容易验证 $y^* = \dfrac{x^3 e^x}{3}$ 是二阶线性非齐次方程 $y'' - 2y' + y = 2x e^x$ 的一个特解.

前面指出该微分方程相应的齐次方程 $y'' - 2y' + y = 0$ 的通解为

$$C_1 e^x + C_2 x e^x$$

因此非齐次线性微分方程的通解为

$$y = C_1 e^x + C_2 x e^x + \frac{x^3 e^x}{3}$$

定理 4　若二阶线性非齐次方程为

$$y'' + p(x)y' + q(x)y = f_1(x) + f_2(x) \tag{6-37}$$

且 y_1^* 与 y_2^* 分别是

$$y'' + p(x)y' + q(x)y = f_1(x) \text{ 和 } y'' + p(x)y' + q(x)y = f_2(x)$$

的特解，则 $y_1^* + y_2^*$ 是方程(6-37)的特解.

定理 5　若函数 $y = y_1 + \mathrm{i}y_2$ 是方程

$$y'' + p(x)y' + q(x)y = f_1(x) + \mathrm{i}f_2(x) \tag{6-38}$$

的解，其中 i 是虚数单位，$p(x)$，$q(x)$，y_1，y_2，$f_1(x)$，$f_2(x)$ 都是实值函数，则 y_1 与 y_2 分别是方程 $y'' + p(x)y' + q(x)y = f_1(x)$ 和 $y'' + p(x)y' + q(x)y = f_2(x)$ 的解.

定理 4 和定理 5 都可用定理 3 的证明方法进行类似的证明，在此不一一证明.

习题 6-4

1. 下列函数组在其定义区间内哪些是线性相关的?

(1) x，x^2；

(2) e^{2x}，$3e^{2x}$；

(3) $\cos 2x$，$\sin 2x$；

(4) e^{x^2}，$x e^{x^2}$；

(5) $\ln x$，$x \ln x$；

(6) $e^x \cos 2x$，$e^x \sin 2x$.

2. 验证 $y_1 = e^{x^2}$ 及 $y_2 = x e^{x^2}$ 都是方程 $y'' - 4xy' + (4x^2 - 2)y = 0$ 的解.

3. 已知函数 $y_1 = e^x$，$y_2 = e^{-x}$ 是方程 $y'' + py' + qy = 0$（p，q 为常数）的两个特解，（1）求常数 p，q；（2）写出该方程的通解，并求满足初始条件 $y|_{x=0} = 1$，$y'|_{x=0} = -2$ 的特解.

4. 证明：

（1）$y = C_1 e^x + C_2 e^{2x} + \dfrac{1}{12} e^{5x}$（$C_1$，$C_2$ 是任意常数）是方程 $y'' - 3y' + 2y = e^{5x}$ 的通解；

（2）$y = C_1 \cos 3x + C_2 \sin 3x + \dfrac{1}{32}(4x\cos x + \sin x)$（$C_1$，$C_2$ 是任意常数）是方程 $y'' + 9y = x\cos x$ 的通解；

（3）$y = C_1 x^2 + C_2 x^2 \ln x$（$C_1$，$C_2$ 是任意常数）是方程 $x^2 y'' - 3xy' + 4y = 0$ 的通解；

（4）$y = C_1 x^5 + \dfrac{C_2}{x} - \dfrac{x^2}{9}\ln x$（$C_1$、$C_2$ 是任意常数）是方程 $x^2 y'' - 3xy' - 5y = x^2 \ln x$ 的通解；

（5）$y = \dfrac{1}{x}(C_1 e^x + C_2 e^{-x}) + \dfrac{e^x}{2}$（$C_1$、$C_2$ 是任意常数）是方程 $xy'' + 2y' - xy = e^x$ 的通解；

（6）$y = C_1 e^x + C_2 e^{-x} + C_3 \cos x + C_4 \sin x - x^2$（$C_1$、$C_2$、$C_3$、$C_4$ 是任意常数）是方程 $y^{(4)} - y = x^2$ 的通解.

6.5　二阶常系数线性齐次微分方程

二阶常系数线性齐次微分方程的一般形式为

$$y'' + py' + qy = 0 \tag{6-39}$$

其中，p，q 均为常数.

由上节定理 2 可知，只要找到方程（6-39）的两个线性无关的特解 y_1 与 y_2，即可得（6-39）的通解

$$y = C_1 y_1 + C_2 y_2$$

根据求导的经验，我们知道指数函数 e^{rx} 的一、二阶导数 re^{rx}，r^2e^{rx} 仍是同类型的指数函数，如果选取适当的常数 r，则有可能使 e^{rx} 满足方程(6-39)．因此，猜想线性常系数微分方程的解具有形式

$$y = e^{rx}$$

为了验证这个猜想，将 $y = e^{rx}$ 代入方程(6-39)，得

$$e^{rx}(r^2 + pr + q) = 0$$

由于 $e^{rx} \neq 0$，必须　$r^2 + pr + q = 0$　　　　　　　　　　　　　　　　(6-40)

由此可见，只要 r 满足代数方程(6-40)，函数 $y = e^{rx}$ 就是方程(6-39)的解．

方程(6-40)称为微分方程(6-39)的**特征方程**，其中 r^2，r 的系数及常数项恰好依次是方程(6-39)中 y''，y' 及 y 的系数．

特征方程的两个根 r_1，r_2 称为特征根，可以用公式

$$r_{1,2} = \frac{-p \pm \sqrt{p^2 - 4q}}{2}$$

求出．它们可能出现三种情况：

(1) 当 $p^2 - 4q > 0$ 时，r_1，r_2 是不相等的两个实根；

(2) 当 $p^2 - 4q = 0$ 时，r_1，r_2 是两个相等的实根；

(3) 当 $p^2 - 4q < 0$ 时，r_1，r_2 是一对共轭复根．

下面根据特征根的三种不同情况，分别讨论齐次方程(6-39)的通解．

(1) 当 $r_1 \neq r_2$ 是两个不相等的实根时，$y_1 = e^{r_1 x}$ 和 $y_2 = e^{r_2 x}$ 是方程的两个解，且 $\dfrac{y_1}{y_2} = e^{(r_1 - r_2)x}$ 不是常数，即 y_1 与 y_2 线性无关．因此齐次微分方程(6-39)的通解为

$$y = C_1 e^{r_1 x} + C_2 e^{r_2 x}$$

(2) 当 $r_1 = r_2 = r$ 是两个相等的实根，仅得方程(6-39)的一个解 $y_1 = e^{rx}$．

为了求得方程的通解，还需要求出另一个与 y_1 线性无关的解 y_2．这可用常数变易法来求．

设 $y_2 = C(x)y_1 = C(x)e^{rx}$，为了确定 $C(x)$，把 y_2 代入方程(6-39)，得

$$e^{rx}[(C'' + 2rC' + r^2C) + p(C' + rC) + qC] = 0$$

即　$C'' + (2r + p)C' + (r^2 + pr + q)C = 0$

由于 r 是特征方程的重根，因此

$$r^2 + pr + q = 0$$

$$2r + p = 0 \quad \left(因\ p^2 - 4q = 0, r = -\frac{p}{2} \right)$$

于是　$C'' = 0$

不妨取　$C(x) = x$

由此得方程(6-39)的另一解为

$$y_2 = x\,\mathrm{e}^{rx}$$

因此，当特征方程有重根 r 时，齐次方程(6-39)的通解为

$$y = C_1 \mathrm{e}^{rx} + C_2 x \mathrm{e}^{rx} = (C_1 + C_2 x)\mathrm{e}^{rx}$$

（3）当 $r = \alpha \pm \mathrm{i}\beta(\beta \neq 0)$ 是一对共轭复根时，因为

$$\frac{\mathrm{e}^{(\alpha + \mathrm{i}\beta)x}}{\mathrm{e}^{(\alpha - \mathrm{i}\beta)x}} = \mathrm{e}^{\mathrm{i}2\beta x} \neq 常数$$

所以　$\mathrm{e}^{(\alpha + \mathrm{i}\beta)x}$ 和 $\mathrm{e}^{(\alpha - \mathrm{i}\beta)x}$ 是两个线性无关的解.

虽然这两个解可以构成齐次方程(6-39)的通解，但它们是复数形式，为了得出实数形式的解，应用欧拉公式

$$\mathrm{e}^{\mathrm{i}\theta} = \cos\theta + \mathrm{i}\sin\theta$$

于是有

$$\mathrm{e}^{(\alpha + \mathrm{i}\beta)x} = \mathrm{e}^{\alpha x}(\cos\beta x + \mathrm{i}\sin\beta x), \mathrm{e}^{(\alpha - \mathrm{i}\beta)x} = \mathrm{e}^{\alpha x}(\cos\beta x - \mathrm{i}\sin\beta x)$$

由定理 1 知道，它们的线性迭加

$$y_1 = \frac{1}{2}\left[\mathrm{e}^{(\alpha + \mathrm{i}\beta)x} + \mathrm{e}^{(\alpha - \mathrm{i}\beta)x} \right] = \mathrm{e}^{\alpha x}\cos\beta x$$

及　$y_2 = \dfrac{1}{2\mathrm{i}}\left[\mathrm{e}^{(\alpha + \mathrm{i}\beta)x} - \mathrm{e}^{(\alpha - \mathrm{i}\beta)x} \right] = \mathrm{e}^{\alpha x}\sin\beta x$

仍是微分方程(6-39)的解，且

$$\frac{y_1}{y_2} = \frac{\mathrm{e}^{\alpha x}\cos\beta x}{\mathrm{e}^{\alpha x}\sin\beta x} = \cot\beta x \neq 常数$$

即 y_1，y_2 线性无关，故

$$y = C_1 y_1 + C_2 y_2 = e^{\alpha x}(C_1 \cos\beta x + C_2 \sin\beta x)$$

是方程(6-39)的通解.

综上所述，求二阶线性常系数齐次微分方程通解的步骤如下：

第一步，写出方程(6-39)的特征方程

$$r^2 + pr + q = 0$$

第二步，求出特征方程的特征根 r_1、r_2；

第三步，根据特征根的三种情况，按表6-1写出微分方程(6-39)的通解.

表 6-1

特征根 r	方程的通解
$r_1 \neq r_2$ 是两个实根	$y = C_1 e^{r_1 x} + C_2 e^{r_2 x}$
$r_1 = r_2 = r$ 是相等的实根	$y = (C_1 + C_2 x)e^{rx}$
$r = \alpha \pm i\beta$ 是共轭复根	$y = e^{\alpha x}(C_1 \cos\beta x + C_2 \sin\beta x)$

例1　求微分方程 $y'' - 7y' + 6y = 0$ 的通解.

解　这是二阶线性常系数齐次方程，其特征方程为

$$r^2 - 7r + 6 = 0$$

特征根为 $r_1 = 6$，$r_2 = 1$，故方程通解为

$$y = C_1 e^{6x} + C_2 e^x$$

例2　求微分方程 $y'' - 6y' + 9y = 0$ 的通解.

解　这是二阶线性常系数齐次微分方程，其特征方程为

$$r^2 - 6r + 9 = 0$$

特征根为 $r = 3$，故方程通解为

$$y = (C_1 + C_2 x)e^{3x}$$

例3　求微分方程 $y'' - 6y' + 13y = 0$ 的通解.

解　这是二阶线性常系数齐次方程，其特征方程为

$$r^2 - 6r + 13 = 0$$

有一对共轭复根 $r=3\pm2\mathrm{i}$，故方程通解为

$$y=\mathrm{e}^{3x}(C_1\cos2x+C_2\sin2x)$$

例 4　求微分方程 $y''-y'-2y=0$ 满足初始条件 $y|_{x=0}=0$，$y'|_{x=0}=3$ 的特解.

解　特征方程

$$r^2-r-2=0$$

有两个不同实根 $r_1=2$，$r_2=-1$，方程通解为

$$y=C_1\mathrm{e}^{2x}+C_2\mathrm{e}^{-x}$$

于是　$y'=2C_1\mathrm{e}^{2x}-C_2\mathrm{e}^{-x}$

把初始条件代入上面二式，得关于 C_1，C_2 的方程组

$$\begin{cases}C_1+C_2=0\\2C_1-C_2=3\end{cases}$$

解得　$C_1=1$，$C_2=-1$

故满足初始条件的特解是

$$y=\mathrm{e}^{2x}-\mathrm{e}^{-x}$$

习题 6-5

1. 求下列微分方程的通解：

(1) $y''+y'-2y=0$；

(2) $y''-9y=0$；

(3) $3y''-2y'-8y=0$；

(4) $y''+y=0$；

(5) $y''+6y'+13y=0$；

(6) $4y''-8y'+5y=0$；

(7) $y''-2y'+y=0$；

(8) $4\dfrac{\mathrm{d}^2x}{\mathrm{d}t^2}-20\dfrac{\mathrm{d}x}{\mathrm{d}t}+25x=0.$

2. 求下列微分方程满足初始条件的特解：

(1) $y''-4y'+3y=0$，　$y|_{x=0}=6$，$y'|_{x=0}=10$；

(2) $4y''+4y'+y=0$，　$y|_{x=0}=2$，$y'|_{x=0}=0$；

(3) $y''+4y'+29y=0$，　$y|_{x=0}=0$，$y'|_{x=0}=15.$

6.6　二阶常系数线性非齐次微分方程

形如

$$y'' + py' + qy = f(x) \qquad\qquad (6-41)$$

的微分方程，叫二阶常系数线性非齐次微分方程，其中 p，q 是常数.

由定理 3 知道，方程(6-41)的通解 y 是它的一个特解 y^* 与相应的线性齐次方程的通解之和. 上一节已详细讨论了求齐次方程通解的特征方程法，因此，只需讨论如何求方程(6-41)的一个特解 y^* 即可.

下面只介绍当 $f(x)$ 取两种常见形式时求 y^* 的方法.

1. $f(x) = P_m(x)e^{\lambda x}$

此式中，λ 是常数；$P_m(x)$ 是关于 x 的一个 m 次多项式.

即

$$P_m(x) = a_m x^m + a_{m-1}x^{m-1} + \cdots + a_1 x + a_0$$

我们知道，$P_m(x)e^{\lambda x}$ 的导数仍是多项式与指数函数乘积，因此，推测方程的特解也是多项式与 $e^{\lambda x}$ 的乘积. 故设

$$y^* = Q(x)e^{\lambda x}$$

其中 $Q(x)$ 为多项式，把 y^* 及

$$(y^*)' = e^{\lambda x}[\lambda Q(x) + Q'(x)]$$
$$(y^*)'' = e^{\lambda x}[\lambda^2 Q(x) + 2\lambda Q'(x) + Q''(x)]$$

代入方程(6-41)，经整理得

$$Q''(x) + (2\lambda + p)Q'(x) + (\lambda^2 + p\lambda + q)Q(x) = P_m(x) \qquad\qquad (6-42)$$

(1) 如果 λ 不是方程(6-41)的特征方程的根，即

$$\lambda^2 + p\lambda + q \neq 0$$

由于 $P_m(x)$ 是一个 m 次多项式，要使(6-42)两端恒等，$Q(x)$ 应是一个与 $P_m(x)$ 次数相同的多项式 $Q_m(x)$

$$Q_m(x) = b_m x^m + b_{m-1} x^{m-1} + \cdots + b_1 x + b_0$$

这时特解的形式为

$$y^* = Q_m(x) e^{\lambda x}$$

为了确定未知系数 b_0，b_1，$\cdots$，b_m，可将 $y^* = Q_m(x) e^{\lambda x}$ 代入原方程，令同次幂的系数相等，即用待定系数法.

（2）如果 λ 恰为特征方程的单根，即

$$\lambda^2 + p\lambda + q = 0 \text{ 而 } 2\lambda + p \neq 0$$

则式(6-42)成为

$$Q''(x) + (2\lambda + p)Q'(x) = P_m(x) \tag{6-43}$$

因 $Q'(x)$ 是比 $Q(x)$ 低一次的多项式，要使式(6-43)两端恒等，$Q(x)$ 应是 $m+1$ 次的多项式，此时可令

$$Q(x) = xQ_m(x)$$

这时特解 y^* 的形式为

$$y^* = xQ_m(x) e^{\lambda x}$$

（3）如果特征方程有重根，而 λ 恰为此重根，则

$$\lambda^2 + p\lambda + q = 0, 2\lambda + p = 0$$

式(6-43)成为

$$Q''(x) = P_m(x)$$

表明 $Q(x)$ 为 $m+2$ 次多项式，于是可令

$$y^* = x^2 Q_m(x) e^{\lambda x}$$

归纳起来，当方程(6-41)的自由项 $f(x) = P_m(x) e^{\lambda x}$ 时，其特解形式为

$$y^* = x^k Q_m(x) e^{\lambda x} \tag{6-44}$$

其中，$Q_m(x)$ 是与 $P_m(x)$ 同次的多项式，而 k 视 λ 不是特征方程的根、是特征方程的单根或是特征方程的重根，分别取 0，1 或 2，然后将 y^* 代入方程(6-41)，令两边同次幂的系数相等，可求出系数 $b_i (i = 0, 1, 2, \cdots, m)$，从而求得 y^*.

例 1 求微分方程 $y''-2y'-3y=(x+1)e^x$ 的一个特解.

解 这是二阶线性常系数非齐次方程,其自由项呈 $P_m(x)e^{\lambda x}$ 的形式,其中

$$P_m(x)=x+1 \quad (m=1), \lambda=1$$

而该微分方程的特征方程是

$$r^2-2r-3=0$$

特征根是 $r_1=-1$,$r_2=3$. 由于 $\lambda=1$ 不是特征根,故设特解为

$$y^*=(b_1x+b_0)e^x$$

为了确定 b_1 和 b_0,把 y^* 代入原方程,经化简,可得

$$-4b_1x-4b_0=x+1$$

令此式两端同次幂系数相等,有

$$\begin{cases} -4b_1=1 \\ -4b_0=1 \end{cases}$$

解得 $b_1=-\dfrac{1}{4}$,$b_0=-\dfrac{1}{4}$

因此特解为

$$y^*=-\frac{1}{4}(x+1)e^x$$

例 2 求微分方程 $y''-5y'+6y=xe^{2x}$ 的通解.

解 这是二阶常系数非齐次方程. 首先求相应的齐次方程

$$y''-5y'+6y=0$$

的通解. 由于特征方程 $r^2-5r+6=0$ 的两个实根为 $r_1=2$,$r_2=3$,故齐次方程的通解为

$$\overline{y}=C_1e^{2x}+C_2e^{3x}$$

其次,求非齐次方程的一个特解 y^*.

因为 $f(x)=xe^{2x}$,$\lambda=2=r_1$,即 λ 恰为单特征根,所以特解应为

$$y^*=x(b_1x+b_0)e^{2x}$$

为了求出 b_1 和 b_0，将 y^* 代入原方程，整理后得

$$-2b_1 x + 2b_1 - b_0 = x$$

令两端同次幂系数相等，得

$$\begin{cases} -2b_1 = 1 \\ 2b_1 - b_0 = 0 \end{cases}$$

解得　$b_1 = -\dfrac{1}{2}$，$b_0 = -1$

因此特解为

$$y^* = x\left(-\frac{1}{2}x - 1\right)e^{2x} = -\frac{1}{2}(x^2 + 2x)e^{2x}$$

最后得原方程通解为

$$y = \overline{y} + y^* = C_1 e^{2x} + C_2 e^{3x} - \frac{1}{2}(x^2 + 2x)e^{2x}$$

例3　求方程 $y'' - 4y' + 4y = e^{2x}$ 的通解.

解　特征方程为

$$r^2 - 4r + 4 = 0$$

特征根为重根 $r = 2$，故相应的齐次方程的通解为

$$\overline{y} = C_1 e^{2x} + C_2 x e^{2x}$$

为了求非齐次方程的一个特解，考察自由项 $f(x) = e^{2x}$，这里，$P_m(x) = 1$，而 $\lambda = 2$ 恰为特征方程的重根，故应设特解为

$$y^* = b_0 x^2 e^{2x}$$

把 y^* 代入原方程，得

$$2b_0 e^{2x} = e^{2x}$$

于是，$b_0 = \dfrac{1}{2}$，特解为

$$y^* = \frac{x^2}{2}e^{2x}$$

因此原方程的通解为

$$y = C_1 e^{2x} + C_2 x e^{2x} + \frac{x^2}{2} e^{2x}$$

2. $f(x) = e^{\alpha x}[P_l(x)\cos\beta x + \overline{P_n}(x)\sin\beta x]$

其中，α，β 为常数，$P_l(x)$ 和 $\overline{P_n}(x)$ 是两个次数分别为 l 和 n 的多项式. 类似当 $f(x) = P_m(x)e^{\lambda x}$ 时的讨论，这时，方程(6-41)具有形如

$$y^* = x^k e^{\alpha x}[Q_m(x)\cos\beta x + \overline{Q_m}(x)\sin\beta x]$$

的特解. 其中 $Q_m(x)$，$\overline{Q_m}(x)$ 是两个待定的 m 次多项式，共有 $2(m+1)$ 个待定系数，其中，$m = \max\{l, n\}$，而 k 按 $\alpha \pm i\beta$ 不是特征根或是特征根而取 0 或 1.

例 4 求微分方程 $y'' + y = 3\sin x$ 的一个特解.

解 特征方程 $r^2 + 1 = 0$ 有一对共轭复根 $r = \pm i$，而自由项

$$f(x) = 3\sin x = e^{0x}(0 \cdot \cos x + 3\sin x)$$

即 $\alpha = 0$，$\beta = 1$，$P_l(x) = 0$，$\overline{P_n}(x) = 3$(于是 $m = 0$).

因为 $0 \pm i$ 是特征根，所以应设特解

$$y^* = x(A\cos x + B\sin x)$$

式中，A，B 表示两个待定的零次多项式，即待定常数. 将 y^* 代入原方程，得

$$-2A\sin x + 2B\cos x = 3\sin x$$

比较 $\sin x$ 及 $\cos x$ 各自的系数，可得

$$\begin{cases} -2A = 3 \\ 2B = 0 \end{cases}$$

由此解得

$$A = -\frac{3}{2}, B = 0$$

从而求得一个特解为

$$y^* = -\frac{3}{2}x\cos x$$

例 5　求微分方程 $y''+y'-2y=\cos x-3\sin x$ 在初始条件 $y|_{x=0}=1$，$y'|_{x=0}=2$ 下的特解.

解　先求相应的齐次方程的通解 $\overline{y}$. 由特征方程

$$r^2+r-2=0$$

解得，特征根 $r_1=1$，$r_2=-2$

于是　　$\overline{y}=C_1 e^x+C_2 e^{-2x}$

其次，求非齐次方程的一个特解 y^*.

因为 $0\pm i$ 不是特征根，且 $P_l(x)=1$ 和 $\overline{P_n}(x)=-3$ 都是零次多项式，所以设

$$y^*=A\cos x+B\sin x$$

代入原方程，整理得

$$(B-3A)\cos x+(-3B-A)\sin x=\cos x-3\sin x$$

比较两端同名三角函数的系数

$$\begin{cases}B-3A=1\\-3B-A=-3\end{cases}$$

由此解得 $A=0$，$B=1$，因此得到一个特解

$$y^*=\sin x$$

从而得出方程的通解

$$y=\overline{y}+y^*=C_1 e^x+C_2 e^{-2x}+\sin x$$

最后，由初始条件确定 C_1，C_2

$$y'=C_1 e^x-2C_2 e^{-2x}+\cos x$$

将初始条件代入通解 y 及 y' 的表达式，整理后为

$$\begin{cases}C_1+C_2=1\\C_1-2C_2+1=2\end{cases}$$

解得

$$C_1=1,C_2=0$$

故满足初始条件的特解为

$$y = e^x + \sin x$$

综上所述，求解二阶线性常系数非齐次微分方程 $y'' + py' + qy = f(x)$ 的步骤如下：

第一步，用特征根法求出相应的齐次方程的通解 $\overline{y}$；

第二步，用待定系数法求出方程的一个特解 y^*；

第三步，写出通解 $y = \overline{y} + y^*$；

第四步，如果题目还给出初始条件

$$y\big|_{x=x_0} = y_0, y'\big|_{x=x_0} = y_0'$$

则将此条件代入通解的表达式，确定出常数 C_1，C_2，从而求得满足初始条件的特解.

习题 6-6

1. 求下列方程的通解：

(1) $2y'' + y' - y = 4e^x$；

(2) $2y'' + 5y' = 5x^2 - 2x - 1$；

(3) $y'' + y = 2x^2 - 3$；

(4) $y'' - 6y' + 9y = 2x^2 - x + 3$；

(5) $y'' + 2y' = 4e^x(\sin x + \cos x)$；

(6) $y'' + 6y' + 13y = e^{-3x}\cos 5x$；

(7) $y'' + y = 2\cos 4x + 3\sin 4x$；

(8) $y'' + 4y = x\sin 2x$.

2. 求下列方程的特解：

(1) $y'' + y = 4e^x$，$y(0) = 4$，$y'(0) = -3$.

(2) $y'' + 2y' + 2y = xe^{-x}$，$y(0) = 0$，$y'(0) = 0$.

(3) $y'' + y = -\sin 2x$，$y(\pi) = 1$，$y'(\pi) = 1$.

复习题六

1. 什么叫微分方程？什么叫微分方程的阶、解、通解、特解？

2. 什么叫一阶线性微分方程？什么叫二阶线性微分方程？

3. 关于二阶线性微分方程解的定理有哪些？

4. 求下列一阶微分方程的通解：

(1) $ay' - y = e^x$　$a \neq 0$ 常数；

(2) $xyy' = 1 - x^2$；

(3) $xy' - y = y^3$；

(4) $xy' - y\ln y = 0$；

(5) $(e^{x+y} - e^x)dx + (e^{x+y} + e^y)dy = 0$；

(6) $xy' + y = x^2 + 3x + 2$.

5. 求下列方程满足初始条件(＊)的特解：

(1) $y' = -\dfrac{y}{x}$　$y|_{x=1} = 1$　（＊）；

(2) $m\dfrac{dv}{dt} = mg - kv$　$v|_{t=0} = 0$　（＊）（其中 m，g，k 均为常数）.

6. 设 $f(x)$ 为连续函数，且满足 $\displaystyle\int_0^x tf(t)dt = f(x) + x^2$，求 $f(x)$.

（提示：方程两端分别对 x 求导，得到一阶线性微分方程，求其通解；通解应满足条件，当 $x = 0$ 时，有 $f(0) = 0$，代入通解即得.）

7. 求下列二阶常系数齐次线性微分方程：

(1) $y'' + 4y' - 5y = 0$；

(2) $y'' + 4y' + 4y = 0$；

(3) $y'' + 2y' + 4y = 0$；

(4) $y = y'' + y'$；

(5) $y'' - ky = 0$；

(6) $y'' + 3y = 0$；

(7) $y'' + \pi^2 y = 0$.

8. 求下列二阶常系数线性微分方程：

(1) $y'' + 3y' + 2y = 2x^2 + x + 1$；

(2) $y'' + 2y' - 3y = 2e^x$；

(3) $y'' + y' - 2y = 2\cos 2x$；

(4) $y'' + 3y' = 3x$；

(5) $y'' - 4y' + 4y = x^2$；

(6) $y'' + y = \cos x$；

(7) $y'' - 8y' + 7y = 14$；

(8) $y'' - y' + y = x^3 + 6$；

(9) $y'' + 2y' + 10y = \sin 3x$.

参考文献

[1]同济大学应用数学系. 高等数学. 7 版. 北京：高等教育出版社，2014.

[2]张天德. 高等数学. 北京：人民邮电出版社，2020.

[3]孙霞. 高等数学. 济南：山东教育出版社，2007.

附录一　简易积分表

一、含有 $a+bx$ 的积分

1. $\displaystyle\int \frac{\mathrm{d}x}{a+bx}=\frac{1}{b}\ln|a+bx|+C$

2. $\displaystyle\int (a+bx)^n\,\mathrm{d}x=\frac{(a+bx)^{n+1}}{b(n+1)}+C \quad (n\neq -1)$

3. $\displaystyle\int \frac{x\,\mathrm{d}x}{a+bx}=\frac{1}{b^2}(a+bx-a\ln|a+bx|)+C$

4. $\displaystyle\int \frac{x^2\,bx}{a+bx}=\frac{1}{b^3}\left[\frac{1}{2}(a+bx)^2-2a(a+bx)+a^2\ln|a+bx|\right]+C$

5. $\displaystyle\int \frac{\mathrm{d}x}{x(a+bx)}=-\frac{1}{a}\ln\left|\frac{a+bx}{x}\right|+C$

6. $\displaystyle\int \frac{\mathrm{d}x}{x^2(a+bx)}=-\frac{1}{ax}+\frac{b}{a^2}\ln\left|\frac{a+bx}{x}\right|+C$

7. $\displaystyle\int \frac{x\,bx}{(a+bx)^2}=\frac{1}{b^2}\left(\ln|a+bx|+\frac{a}{a+bx}\right)+C$

8. $\displaystyle\int \frac{x^2\,\mathrm{d}x}{(a+bx)^2}=\frac{1}{b^3}\left(a+bx-2a\ln|a+bx|-\frac{a^2}{a+bx}\right)+C$

9. $\displaystyle\int \frac{\mathrm{d}x}{x(a+bx)^2}=\frac{1}{a(a+bx)}-\frac{1}{a^2}\ln\left|\frac{a+bx}{x}\right|+C$

二、含有 $\sqrt{a+bx}$ 的积分

10. $\displaystyle\int \sqrt{a+bx}\,\mathrm{d}x=\frac{2}{3b}\sqrt{(a+bx)^3}+C$

11. $\displaystyle\int x\sqrt{a+bx}\,\mathrm{d}x=-\frac{2(2a-3bx)\sqrt{(a+bx)^3}}{15b^2}+C$

12. $\displaystyle\int x^2\sqrt{a+bx}\,\mathrm{d}x=\frac{2(8a^2-12abx+15b^2x^2)\sqrt{(a+bx)^3}}{105b^3}+C$

13. $\displaystyle\int \frac{x\,\mathrm{d}x}{\sqrt{a+bx}}=-\frac{2(2a-bx)}{3b^2}\sqrt{a+bx}+C$

14. $\displaystyle\int \frac{x^2\,\mathrm{d}x}{\sqrt{a+bx}}=\frac{2(8a^2-4abx+3b^2x^2)}{15b^3}\sqrt{a+bx}+C$

15. $\displaystyle\int \frac{\mathrm{d}x}{x\sqrt{a+bx}}=\begin{cases}\dfrac{1}{\sqrt{a}}\ln\dfrac{|\sqrt{a+bx}-\sqrt{a}\,|}{\sqrt{a+bx}+\sqrt{a}}+C & (a>0)\\[4mm]\dfrac{2}{\sqrt{-a}}\arctan\sqrt{\dfrac{a+bx}{-a}}+C & (a<0)\end{cases}$

16. $\displaystyle\int \frac{\mathrm{d}x}{x^2\sqrt{a+bx}}=-\frac{\sqrt{a+bx}}{ax}-\frac{b}{2a}\int \frac{\mathrm{d}x}{x\sqrt{a+bx}}$

17. $\displaystyle\int \frac{\sqrt{a+bx}\,\mathrm{d}x}{2}=2\sqrt{a+bx}+a\int \frac{\mathrm{d}x}{x\sqrt{a+bx}}$

三、含有 $a^2\pm x^2$ 的积分

18. $\displaystyle\int \frac{\mathrm{d}x}{a^2+x^2}=\frac{1}{a}\arctan\frac{x}{a}+C$

19. $\displaystyle\int \frac{\mathrm{d}x}{(x^2+a^2)^n}=\frac{x}{2(n-1)a^2(x^2+a^2)^{n-1}}+\frac{2n-3}{2(n-1)a^2}\int \frac{\mathrm{d}x}{(x^2+a^2)^{n-1}}$

20. $\displaystyle\int \frac{\mathrm{d}x}{a^2-x^2}=\frac{1}{2a}\ln\left|\frac{a+x}{a-x}\right|+C$

21. $\displaystyle\int \frac{\mathrm{d}x}{x^2-a^2}=\frac{1}{2a}\ln\left|\frac{x-a}{x+a}\right|+C$

四、含有 $a\pm bx^2$ 的积分

22. $\displaystyle\int \frac{\mathrm{d}x}{a+bx^2}=\frac{1}{\sqrt{ab}}\arctan\sqrt{\frac{b}{x}}x+C \quad (a>0,\ b<0)$

23. $\displaystyle\int \frac{\mathrm{d}x}{a-bx^2}=\frac{1}{2\sqrt{ab}}\ln\left|\frac{\sqrt{a}+\sqrt{b}\,x}{\sqrt{a}-\sqrt{b}\,x}\right|+C$

24. $\displaystyle\int \frac{x\,\mathrm{d}x}{a+bx^2}=\frac{1}{2b}\ln|a+bx^2|+C$

25. $\displaystyle\int \frac{x^2\,\mathrm{d}x}{a+bx^2}=\frac{x}{b}-\frac{a}{b}\int \frac{\mathrm{d}x}{a+bx^2}$

26. $\displaystyle\int \frac{\mathrm{d}x}{x(a+bx^2)}=\frac{1}{2a}\ln\left|\frac{x^2}{a+bx^2}\right|+C$

27. $\displaystyle\int \frac{\mathrm{d}x}{x^2(a+bx^2)}=-\frac{1}{ax}-\frac{b}{a}\int \frac{\mathrm{d}x}{a+bx^2}$

28. $\displaystyle\int \frac{\mathrm{d}x}{(a+bx^2)^2}=\frac{x}{2a(a+bx^2)}+\frac{1}{2a}\int \frac{\mathrm{d}x}{a+bx^2}$

五、含有 $\sqrt{x^2+a^2}$ 的积分

29. $\displaystyle\int \sqrt{x^2+a^2}\,\mathrm{d}x = \frac{x}{2}\sqrt{x^2+a^2} + \frac{a^2}{2}\ln(x+\sqrt{x^2+a^2}) + C$

30. $\displaystyle\int \sqrt{(x^2+a^2)^3}\,\mathrm{d}x = \frac{x}{8}(2x^2+5a^2)\sqrt{x^2+a^2} + \frac{3a^4}{8}\ln(x+\sqrt{x^2+a^2}) + C$

31. $\displaystyle\int x\sqrt{x^2+a^2}\,\mathrm{d}x = \frac{\sqrt{(x^2+a^2)^3}}{3} + C$

32. $\displaystyle\int x^2\sqrt{x^2+a^2}\,\mathrm{d}x = \frac{x}{8}(2x^2+a^2)\sqrt{x^2+a^2} - \frac{a^4}{8}\ln(x+\sqrt{x^2+a^2}) + C$

33. $\displaystyle\int \frac{\mathrm{d}x}{\sqrt{x^2+a^2}} = \ln(x+\sqrt{x^2+a^2}) + C$

34. $\displaystyle\int \frac{\mathrm{d}x}{\sqrt{(x^2+a^2)^3}} = \frac{x}{a^2\sqrt{x^2+a^2}} + C$

35. $\displaystyle\int \frac{x\,\mathrm{d}x}{\sqrt{x^2+a^2}} = \sqrt{x^2+a^2} + C$

36. $\displaystyle\int \frac{x^2\,\mathrm{d}x}{\sqrt{x^2+a^2}} = \frac{x}{2}\sqrt{x^2+a^2} - \frac{a^2}{2}\ln(x+\sqrt{x^2+a^2}) + C$

37. $\displaystyle\int \frac{x^2\,\mathrm{d}x}{\sqrt{(x^2+a^2)^3}} = -\frac{x}{\sqrt{x^2+a^2}} + \ln(x+\sqrt{x^2+a^2}) + C$

38. $\displaystyle\int \frac{\mathrm{d}x}{x\sqrt{x^2+a^2}} = \frac{1}{a}\ln\frac{|x|}{a+\sqrt{x^2+a^2}} + C$

39. $\displaystyle\int \frac{\mathrm{d}x}{x^2\sqrt{x^2+a^2}} = -\frac{\sqrt{x^2+a^2}}{a^2 x} + C$

40. $\displaystyle\int \frac{\sqrt{x^2+a^2}}{x}\,\mathrm{d}x = \sqrt{x^2+a^2} - a\ln\frac{a+\sqrt{x^2+a^2}}{|x|} + C$

41. $\displaystyle\int \frac{\sqrt{x^2+a^2}}{x^2}\,\mathrm{d}x = -\frac{\sqrt{x^2+a^2}}{x} + \ln(x+\sqrt{x^2+a^2}) + C$

六、含有 $\sqrt{x^2-a^2}$ 的积分

42. $\displaystyle\int \frac{\mathrm{d}x}{\sqrt{x^2-a^2}} = \ln|x+\sqrt{x^2-a^2}| + C$

43. $\displaystyle\int \frac{\mathrm{d}x}{\sqrt{(x^2-a^2)^3}} = -\frac{x}{a^2\sqrt{x^2-a^2}} + C$

44. $\displaystyle\int \frac{x\,\mathrm{d}x}{\sqrt{x^2-a^2}}=\sqrt{x^2-a^2}+C$

45. $\displaystyle\int \sqrt{x^2-a^2}\,\mathrm{d}x=\frac{x}{2}\sqrt{x^2-a^2}-\frac{a^2}{2}\ln|x+\sqrt{x^2-a^2}|+C$

46. $\displaystyle\int \sqrt{(x^2-a^2)^3}\,\mathrm{d}x=\frac{x}{8}(2x^2-5a^2)\sqrt{x^2-a^2}+\frac{3a^4}{8}\ln|x+\sqrt{x^2-a^2}|+C$

47. $\displaystyle\int x\sqrt{x^2-a^2}\,\mathrm{d}x=\frac{\sqrt{(x^2-a^2)^3}}{3}+C$

48. $\displaystyle\int x\sqrt{(x^2-a^2)^3}\,\mathrm{d}x=\frac{\sqrt{(x^2-a^2)^5}}{5}+C$

49. $\displaystyle\int x^2\sqrt{x^2-a^2}\,\mathrm{d}x=\frac{x}{8}(2x^2-a^2)\sqrt{x^2-a^2}-\frac{a^4}{8}\ln|x+\sqrt{x^2-a^2}|+C$

50. $\displaystyle\int \frac{x^2\,\mathrm{d}x}{\sqrt{x^2-a^2}}=\frac{x}{2}\sqrt{x^2-a^2}+\frac{a^2}{2}\ln|x+\sqrt{x^2-a^2}|+C$

51. $\displaystyle\int \frac{x^2\,\mathrm{d}x}{\sqrt{(x^2-a^2)^3}}=-\frac{x}{\sqrt{x^2-a^2}}+\ln|x+\sqrt{x^2-a^2}|+C$

52. $\displaystyle\int \frac{\mathrm{d}x}{x\sqrt{x^2-a^2}}=\frac{1}{a}\arccos\frac{a}{x}+C$

53. $\displaystyle\int \frac{\mathrm{d}x}{x^2\sqrt{x^2-a^2}}=\frac{\sqrt{x^2-a^2}}{a^2x}+C$

54. $\displaystyle\int \frac{\sqrt{x^2-a^2}}{x}\,\mathrm{d}x=\sqrt{x^2-a^2}-\arccos\frac{a}{x}+C$

55. $\displaystyle\int \frac{\sqrt{x^2-a^2}}{x^2}\,\mathrm{d}x=-\frac{\sqrt{x^2-a^2}}{x}+\ln|x+\sqrt{x^2-a^2}|+C$

七、含有 $\sqrt{a^2-x^2}$ 的积分

56. $\displaystyle\int \frac{\mathrm{d}x}{\sqrt{a^2-x^2}}=\arcsin\frac{x}{a}+C$

57. $\displaystyle\int \frac{\mathrm{d}x}{\sqrt{(a^2-x^2)^3}}=\frac{x}{a^2\sqrt{a^2-x^2}}+C$

58. $\displaystyle\int \frac{x\,\mathrm{d}x}{\sqrt{a^2-x^2}}=-\sqrt{a^2-x^2}+C$

59. $\displaystyle\int \frac{x\,\mathrm{d}x}{(\sqrt{a^2-x^2})^3}=\frac{1}{\sqrt{a^2-x^2}}+C$

60. $\displaystyle\int \frac{x^2\,\mathrm{d}x}{\sqrt{a^2-x^2}}=-\frac{x}{2}\sqrt{a^2-x^2}+\frac{a^2}{2}\arcsin\frac{x}{a}+C$

61. $\displaystyle\int \sqrt{a^2-x^2}\,\mathrm{d}x=\frac{x}{2}\sqrt{a^2-x^2}+\frac{a^2}{2}\arcsin\frac{x}{a}+C$

62. $\displaystyle\int \sqrt{(a^2-x^2)^3}\,\mathrm{d}x=\frac{x}{8}(5a^2-2x^2)\sqrt{a^2-x^2}+\frac{3a^4}{8}\arcsin\frac{x}{a}+C$

63. $\displaystyle\int x\sqrt{a^2-x^2}\,\mathrm{d}x=\frac{\sqrt{(a^2-x^2)^3}}{3}+C$

64. $\displaystyle\int x\sqrt{(a^2-x^2)^3}\,\mathrm{d}x=\frac{\sqrt{(a^2-x^2)^3}}{5}+C$

65. $\displaystyle\int x^2\sqrt{a^2-x^2}\,\mathrm{d}x=\frac{x}{8}(2x^2-a^2)\sqrt{a^2-x^2}+\frac{a^4}{8}\arcsin\frac{x}{a}+C$

66. $\displaystyle\int \frac{x^2\,\mathrm{d}x}{\sqrt{(a^2-x^2)^3}}=\frac{x}{\sqrt{a^2-x^2}}-\arcsin\frac{x}{a}+C$

67. $\displaystyle\int \frac{\mathrm{d}x}{x\sqrt{a^2-x^2}}=\frac{1}{a}\ln\left|\frac{x}{a+\sqrt{a^2-x^2}}\right|+C$

68. $\displaystyle\int \frac{\mathrm{d}x}{x^2\sqrt{a^2-x^2}}=-\frac{\sqrt{a^2-x^2}}{a^2 x}+C$

69. $\displaystyle\int \frac{\sqrt{a^2-x^2}}{x}\,\mathrm{d}x=\sqrt{a^2-x^2}-a\ln\left|\frac{a+\sqrt{a^2-x^2}}{x}\right|+C$

70. $\displaystyle\int \frac{\sqrt{a^2-x^2}}{x^2}\,\mathrm{d}x=-\frac{\sqrt{a^2-x^2}}{x}-\arcsin\frac{x}{a}+C$

八、含有 $a+bx\pm cx^2\,(c>0)$ 的积分

71. $\displaystyle\int \frac{\mathrm{d}x}{a+bx-cx^2}=\frac{1}{\sqrt{b^2+4ac}}\ln\left|\frac{\sqrt{b^2+4ac}+2cx-b}{\sqrt{b^2+4ac}-2cx+b}\right|+C$

72. $\displaystyle\int \frac{\mathrm{d}x}{a+bx+cx^2}=\begin{cases}\dfrac{2}{\sqrt{4ac-b^2}}\arctan\dfrac{2cx+b}{\sqrt{4ac-b^2}}+C & (b^2<4ac)\\[3mm] \dfrac{1}{\sqrt{b^2-4ac}}\ln\left|\dfrac{2cx+b-\sqrt{b^2-4ac}}{2cx+b+\sqrt{b^2-4ac}}\right|+C & (b^2>4ac)\end{cases}$

九、含有 $\sqrt{a+bx\pm cx^2}\,(c>0)$ 的积分

73. $\displaystyle\int \frac{\mathrm{d}x}{\sqrt{a+bx+cx^2}}=\frac{1}{\sqrt{c}}\ln|2cx+b+2\sqrt{c}\sqrt{a+bx+cx^2}|+C$

74. $\displaystyle\int \sqrt{a+bx+cx^2}\,\mathrm{d}x = \frac{2cx+b}{4c}\sqrt{a+bx+cx^2} - \frac{b^2-4ac}{8\sqrt{c^3}}\ln\mid 2cx+b+2\sqrt{c}$

$\sqrt{a+bx+cx^2}\mid +C$

75. $\displaystyle\int \frac{x\,\mathrm{d}x}{\sqrt{a+bx+cx^2}} = \frac{\sqrt{a+bx+cx^2}}{c} - \frac{b}{2\sqrt{c^3}}\ln\mid 2cx+b+2\sqrt{c}\sqrt{a+bx+cx^2}\mid +C$

76. $\displaystyle\int \frac{\mathrm{d}x}{\sqrt{a+bx-cx^2}} = \frac{1}{\sqrt{c}}\arcsin\frac{2cx-b}{\sqrt{b^2+4ac}} +C$

77. $\displaystyle\int \sqrt{a+bx-cx^2}\,\mathrm{d}x = \frac{2cx-b}{4c}\sqrt{a+bx-cx^2} + \frac{b^2+4ac}{8\sqrt{c^3}}\arcsin\frac{2cx-b}{\sqrt{b^2+4ac}} +C$

78. $\displaystyle\int \frac{x\,\mathrm{d}x}{\sqrt{a+bx-cx^2}} = -\frac{\sqrt{a+bx-cx^2}}{c} + \frac{b}{2\sqrt{c^3}}\arcsin\frac{2cx-b}{\sqrt{b^2+4ac}} +C$

十、含有 $\sqrt{\dfrac{a\pm x}{b\pm x}}$ 的积分和含有 $\sqrt{x-a)(b-x)}$ 的积分

79. $\displaystyle\int \sqrt{\frac{a+x}{b+x}}\,\mathrm{d}x = \sqrt{(a+x)(b+x)} + (a-b)\ln(\sqrt{a+x}+\sqrt{b+x}) +C$

80. $\displaystyle\int \sqrt{\frac{a-x}{b+x}}\,\mathrm{d}x = \sqrt{(a-x)(b+x)} + (a+b)\arcsin\sqrt{\frac{x+b}{a+b}} +C$

81. $\displaystyle\int \sqrt{\frac{a+x}{b-x}}\,\mathrm{d}x = -\sqrt{(a+x)(b-x)} - (a+b)\arcsin\sqrt{\frac{b-x}{a+b}} +C$

82. $\displaystyle\int \frac{\mathrm{d}x}{\sqrt{(x-a)(b-x)}} = 2\arcsin\sqrt{\frac{x-a}{b-a}} +C$

十一、含有三角函数的积分

83. $\displaystyle\int \sin x\,\mathrm{d}x = -\cos x +C$

84. $\displaystyle\int \cos x\,\mathrm{d}x = \sin x +C$

85. $\displaystyle\int \tan x\,\mathrm{d}x = -\ln\mid\cos x\mid +C$

86. $\displaystyle\int \cot x\,\mathrm{d}x = \ln\mid\sin x\mid +C$

87. $\displaystyle\int \sec x\,\mathrm{d}x = \ln\mid\sec x+\tan x\mid +C = \ln\left|\tan\left(\frac{\pi}{4}+\frac{x}{2}\right)\right| +C$

88. $\displaystyle\int \csc x\,\mathrm{d}x = \ln\mid\csc x-\cot x\mid +C = \ln\left|\tan\frac{x}{2}\right| +C$

89. $\displaystyle\int \sec^2 x \, \mathrm{d}x = \tan x + C$

90. $\displaystyle\int \csc^2 x \, \mathrm{d}x = -\cot x + C$

91. $\displaystyle\int \sec x \tan x \, \mathrm{d}x = \sec x + C$

92. $\displaystyle\int \csc x \cot x \, \mathrm{d}x = -\csc x + C$

93. $\displaystyle\int \sin^2 x \, \mathrm{d}x = \frac{x}{2} - \frac{1}{4}\sin 2x + C$

94. $\displaystyle\int \cos^2 x \, \mathrm{d}x = \frac{x}{2} + \frac{1}{4}\sin 2x + C$

95. $\displaystyle\int \sin^n x \, \mathrm{d}x = -\frac{\sin^{n-1} x \cos x}{n} + \frac{n-1}{n}\int \sin^{n-2} x \, \mathrm{d}x$

96. $\displaystyle\int \cos^n x \, \mathrm{d}x = \frac{\cos^{n-1} x \sin x}{n} + \frac{n-1}{n}\int \cos^{n-2} x \, \mathrm{d}x$

97. $\displaystyle\int \frac{\mathrm{d}x}{\sin^n x} = -\frac{1}{n-1}\frac{\cos x}{\sin^{n-1} x} + \frac{n-2}{n-1}\int \frac{\mathrm{d}x}{\sin^{n-2} x}$

98. $\displaystyle\int \frac{\mathrm{d}x}{\cos^n x} = \frac{1}{n-1}\frac{\sin x}{\cos^{n-1} x} + \frac{n-2}{n-1}\int \frac{\mathrm{d}x}{\cos^{n-2} x}$

99. $\displaystyle\int \cos^m x \sin^n x \, \mathrm{d}x = \frac{\cos^{m-1} x \sin^{n+1} x}{m+n} + \frac{m-1}{m+n}\int \cos^{m-2} x \sin^n x \, \mathrm{d}x$

$$= -\frac{\sin^{n-1} x \cos^{m+1} x}{m+n} + \frac{n-1}{m+n}\int \cos^m x \sin^{n-2} x \, \mathrm{d}x$$

100. $\displaystyle\int \sin mx \cos nx \, \mathrm{d}x = -\frac{\cos(m+n)x}{2(m+n)} - \frac{\cos(m-n)x}{2(m-n)} + C \quad (m \neq n)$

101. $\displaystyle\int \sin mx \sin nx \, \mathrm{d}x = -\frac{\sin(m+n)x}{2(m+n)} + \frac{\sin(m-n)x}{2(m-n)} + C \quad (m \neq n)$

102. $\displaystyle\int \cos mx \cos nx \, \mathrm{d}x = \frac{\sin(m+n)x}{2(m+n)} + \frac{\sin(m-n)x}{2(m-n)} + C \quad (m \neq n)$

103. $\displaystyle\int \frac{\mathrm{d}x}{a + b\sin x} = \frac{2}{\sqrt{a^2 - b^2}}\arctan \frac{a\tan\frac{x}{2} + b}{\sqrt{a^2 - b^2}} + C \quad (a^2 > b^2)$

104. $\displaystyle\int \frac{\mathrm{d}x}{a + b\sin x} = \frac{1}{\sqrt{b^2 - a^2}}\ln\left|\frac{a\tan\frac{x}{2} + b - \sqrt{b^2 - a^2}}{a\tan\frac{x}{2} + b + \sqrt{b^2 - a^2}}\right| + C \quad (a^2 < b^2)$

105. $\displaystyle\int \frac{\mathrm{d}x}{a+b\cos x}=\frac{2}{\sqrt{a^2-b^2}}\arctan\left(\sqrt{\frac{a-b}{a+b}}\tan\frac{x}{2}\right)+C \quad (a^2>b^2)$

106. $\displaystyle\int \frac{\mathrm{d}x}{a+b\cos x}=\frac{1}{\sqrt{b^2-a^2}}\ln\left|\frac{\tan\frac{x}{2}+\sqrt{\frac{b+a}{b-a}}}{\tan\frac{x}{2}-\sqrt{\frac{b+a}{b-a}}}\right|+C \quad (a^2<b^2)$

107. $\displaystyle\int \frac{\mathrm{d}x}{a^2\cos^2 x+b^2\sin^2 x}=\frac{1}{ab}\arctan\left(\frac{b\tan x}{a}\right)+C$

108. $\displaystyle\int \frac{\mathrm{d}x}{a^2\cos^2 x-b^2\sin^2 x}=\frac{1}{2ab}\ln\left|\frac{b\tan x+a}{b\tan x-a}\right|+C$

109. $\displaystyle\int x\sin ax\,\mathrm{d}x=\frac{1}{a^2}\sin ax-\frac{1}{a}x\cos ax+C$

110. $\displaystyle\int x^2\sin ax\,\mathrm{d}x=\frac{-1}{a}x^2\cos ax+\frac{2}{a^2}x\sin ax+\frac{2}{a^3}\cos ax+C$

111. $\displaystyle\int x\cos ax\,\mathrm{d}x=\frac{1}{a^2}\cos ax+\frac{1}{a}x\sin ax+C$

112. $\displaystyle\int x^2\cos ax\,\mathrm{d}x=\frac{1}{a}x^2\sin ax+\frac{2}{a^2}x\cos ax-\frac{2}{a^3}\sin ax+C$

十二、含有反三角函数的积分

113. $\displaystyle\int \arcsin\frac{x}{a}\,\mathrm{d}x=x\arcsin\frac{x}{a}+\sqrt{a^2-x^2}+C$

114. $\displaystyle\int x\arcsin\frac{x}{a}\,\mathrm{d}x=\left(\frac{x^2}{2}-\frac{a^2}{4}\right)\arcsin\frac{x}{a}+\frac{x}{4}\sqrt{a^2-x^2}+C$

115. $\displaystyle\int x^2\arcsin\frac{x}{a}\,\mathrm{d}x=\frac{x^3}{3}\arcsin\frac{x}{a}+\frac{1}{9}(x^2+2a^2)\sqrt{a^2-x^2}+C$

116. $\displaystyle\int \arccos\frac{x}{a}\,\mathrm{d}x=x\arccos\frac{x}{a}-\sqrt{a^2-x^2}+C$

117. $\displaystyle\int x\arccos\frac{x}{a}\,\mathrm{d}x=\left(\frac{x^2}{2}-\frac{a^2}{4}\right)\arccos\frac{x}{a}-\frac{x}{4}\sqrt{a^2-x^2}+C$

118. $\displaystyle\int x^2\arccos\frac{x}{a}\,\mathrm{d}x=\frac{x^3}{3}\arccos\frac{x}{a}-\frac{1}{9}(x^2+2a^2)\sqrt{a^2-x^2}+C$

119. $\displaystyle\int \arctan\frac{x}{a}\,\mathrm{d}x=x\arctan\frac{x}{a}-\frac{a}{2}\ln(a^2+x^2)+C$

120. $\displaystyle\int x\arctan\frac{x}{a}\,\mathrm{d}x=\frac{1}{2}(x^2+a^2)\arctan\frac{x}{a}-\frac{ax}{2}+C$

121. $\displaystyle\int x^2 \arctan \frac{x}{a} \mathrm{d}x = \frac{x^3}{3} \arctan \frac{x}{a} - \frac{ax^2}{6} + \frac{a^3}{6} \ln(a^2 + x^2) + C$

十三、含有指数函数的积分

122. $\displaystyle\int a^x \mathrm{d}x = \frac{a^x}{\ln a} + C$

123. $\displaystyle\int \mathrm{e}^{ax} \mathrm{d}x = \frac{\mathrm{e}^{ax}}{a} + C$

124. $\displaystyle\int \mathrm{e}^{ax} \sin bx \,\mathrm{d}x = \frac{\mathrm{e}^{ax}(b \sin bx - b \cos bx)}{a^2 + b^2} + C$

125. $\displaystyle\int \mathrm{e}^{ax} \cos bx \,\mathrm{d}x = \frac{\mathrm{e}^{ax}(b \sin bx + a \cos bx)}{a^2 + b^2} + C$

126. $\displaystyle\int x\mathrm{e}^{ax} \mathrm{d}x = \frac{\mathrm{e}^{ax}}{a^2}(ax - 1) + C$

127. $\displaystyle\int x^n \mathrm{e}^{ax} \mathrm{d}x = \frac{x^n \mathrm{e}^{ax}}{a} - \frac{n}{a} \int x^{n-1} \mathrm{e}^{ax} \mathrm{d}x$

128. $\displaystyle\int xa^{mx} \mathrm{d}x = \frac{xa^{mx}}{m \ln a} - \frac{a^{mx}}{(m \ln a)^2} + C$

129. $\displaystyle\int x^n a^{mx} \mathrm{d}x = \frac{a^{mx} x^n}{m \ln a} - \frac{n}{m \ln a} \int x^{n-1} a^{mx} \mathrm{d}x$

130. $\displaystyle\int \mathrm{e}^{ax} \sin^n bx \,\mathrm{d}x = \frac{\mathrm{e}^{ax} \sin^{n-1} bx}{a^2 + b^2 n^2}(a \sin bx - nb \cos bx) + \frac{n(n-1)}{a^2 + b^2 n^2} b^2 \int \mathrm{e}^{ax} \sin^{n-2} bx \,\mathrm{d}x$

131. $\displaystyle\int \mathrm{e}^{ax} \cos^n bx \,\mathrm{d}x = \frac{\mathrm{e}^{ax} \cos^{n-1} bx}{a^2 + b^2 n^2}(a \cos bx + nb \sin bx) + \frac{n(n-1)}{a^2 + b^2 n^2} b^2 \int \mathrm{e}^{ax} \cos^{n-2} bx \,\mathrm{d}x$

十四、含有对数函数的积分

132. $\displaystyle\int \ln x \,\mathrm{d}x = x \ln x - x + C$

133. $\displaystyle\int \frac{\mathrm{d}x}{x \ln x} = \ln |\ln x| + C$

134. $\displaystyle\int x^n \ln x \,\mathrm{d}x = x^{n+1} \left[\frac{\ln x}{n+1} - \frac{1}{(n+1)^2} \right] + C$

135. $\displaystyle\int \ln^n x \,\mathrm{d}x = x \ln^n x - n \int \ln^{n-1} x \,\mathrm{d}x$

136. $\displaystyle\int x^m \ln^n x \,\mathrm{d}x = \frac{x^{m+1}}{m+1} \ln^n x - \frac{n}{m+1} \int x^m \ln^{n-1} x \,\mathrm{d}x$

十五、定积分

137. $\displaystyle\int_{-\pi}^{\pi} \cos nx \,\mathrm{d}x = \int_{-\pi}^{\pi} \sin nx \,\mathrm{d}x = 0$

138. $\int_{-\pi}^{\pi} \cos mx \sin nx \, \mathrm{d}x = 0$

139. $\int_{-\pi}^{\pi} \cos mx \cos nx \, \mathrm{d}x = \begin{cases} 0, & m \neq n \\ \pi, & m = n \end{cases}$

140. $\int_{-\pi}^{\pi} \sin mx \sin nx \, \mathrm{d}x = \begin{cases} 0, & m \neq n \\ \pi, & m = n \end{cases}$

141. $\int_{0}^{\pi} \sin mx \sin nx \, \mathrm{d}x = \int_{0}^{\pi} \cos mx \cos nx \, \mathrm{d}x = \begin{cases} 0, & m \neq n \\ \dfrac{\pi}{2}, & m = n \end{cases}$

142. $I_n = \int_{0}^{\frac{\pi}{2}} \sin^n x \, \mathrm{d}x = \int_{0}^{\frac{\pi}{2}} \cos^n x \, \mathrm{d}x$

$I_n = \dfrac{n-1}{n} I_{n-2}$

$\begin{cases} I_n = \dfrac{n-1}{n} \cdot \dfrac{n-3}{n-2} \cdots \dfrac{4}{5} \cdot \dfrac{2}{3} \ (n \text{ 为大于 1 的奇数}), \ I_1 = 1 \\ I_n = \dfrac{n-1}{n} \cdot \dfrac{n-3}{n-2} \cdots \dfrac{3}{4} \cdot \dfrac{1}{2} \cdot \dfrac{\pi}{2} \ (n \text{ 为正偶数}), \ I_0 = \dfrac{\pi}{2} \end{cases}$

附录二 常见曲线的图形

（1）心形线 $r=a(1+\cos\theta)$，$r=a(1-\cos\theta)$，$r=a(1+\sin\theta)$，$r=a(1-\sin\theta)$，其中 $a>0$.

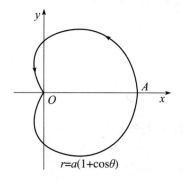

$r=a(1+\cos\theta)$ 的图形对称极轴.

当 θ 由 0 变到 π 时，图形由点 A 经第一、第二象限到原点.

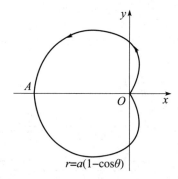

$r=a(1-\cos\theta)$ 的图形对称极轴.

当 θ 由 0 变到 π 时，图形由原点经过第一、第二象限到点 A.

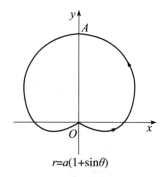

$r=a(1+\sin\theta)$ 的图形对称 $\theta=\dfrac{\pi}{2}$.

当 θ 由 $-\dfrac{\pi}{2}$ 变到 $\dfrac{\pi}{2}$ 时图形由原点经第四、第一象限到点 A.

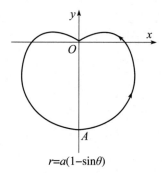

$r=a(1-\sin\theta)$ 的图形对称 $\theta=\dfrac{\pi}{2}$.

当 θ 由 $-\dfrac{\pi}{2}$ 变到 $\dfrac{\pi}{2}$ 时图形经过第四、第一象限到原点.

（2）玫瑰线 $r=a\sin3\theta$（三叶），$r=a\cos3\theta$（三叶），$r=a\cos2\theta$（四叶），$r=a\sin2\theta$（四叶），其中 $a>0$.

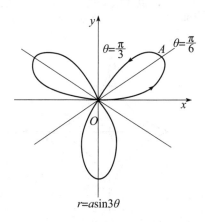

$$r=a\sin3\theta$$

$r=a\sin3\theta$ 的图形对称 $\theta=\dfrac{\pi}{2}$.

当 θ 由 0 变到 $\dfrac{\pi}{6}$，再由 $\dfrac{\pi}{6}$ 变到 $\dfrac{\pi}{3}$ 时图形由原点经第一象限到 A，再回到原点.

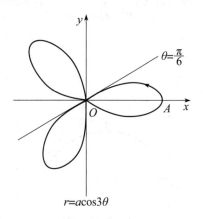

$$r=a\cos3\theta$$

$r=a\cos3\theta$ 的图形对称极轴.

当 θ 由 0 变到 $\dfrac{\pi}{6}$ 时，图形经过第一象限到原点.

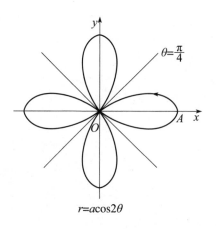

$$r=a\cos2\theta$$

$r=a\cos2\theta$ 的图形对称极轴.

当 θ 由 0 变到 $\dfrac{\pi}{4}$ 时，图形由点 A 经过第一象限（$0\leqslant\theta\leqslant\dfrac{\pi}{4}$）到原点.

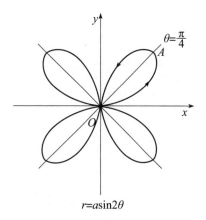

$$r=a\sin2\theta$$

$r=a\sin2\theta$ 的图形对称 $\theta=\dfrac{\pi}{2}$.

当 θ 由 0 变到 $\dfrac{\pi}{4}$，再变到 $\dfrac{\pi}{2}$ 时，图形由原点经第一象限点 A 回到原点.

（3）参数方程中摆线与星形线的图形.

摆线方程 $\begin{cases} x=a(t-\sin t) \\ y=a(1-\cos t) \end{cases}$，星形线方程 $\begin{cases} x=a\cos^3 t \\ y=a\sin^3 t \end{cases}$，其中 $a>0$.

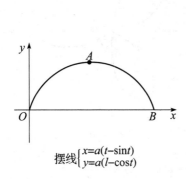

摆线 $\begin{cases} x=a(t-\sin t) \\ y=a(1-\cos t) \end{cases}$

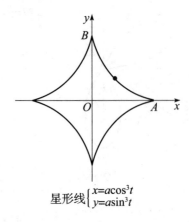

星形线 $\begin{cases} x=a\cos^3 t \\ y=a\sin^3 t \end{cases}$

图形对称 x 轴和 y 轴.

当 t 由 0 变到 π 再变到 2π 时，图形经第一象限原点到最高点 A 再到点 B.

当 t 由 0 变到 $\dfrac{\pi}{2}$ 时图形经第一象限由点 A 变到点 B.